2018年全国农田土壤墒情监测报告

2018NIAN QUANGUO NONGTIAN TURANG SHANGQING JIANCE BAOGAO

全国农业技术推广服务中心　编著

中国农业出版社
北　京

编 委 会

主　　编： 杜　森　徐晶莹　吴　勇

副 主 编： 钟永红　张　赓　仇志军　陈广锋

编写人员：（按姓名笔画排序）

丁　蕾　于立宏　于洪娇　于景鑫　王　进　王　屾
王　凯　王永欢　尤　迪　仇志军　仇学峰　邓玉龙
邓银珍　卢桂菊　白云龙　白惠义　吕　岩　吕烈武
朱大双　朱伟锋　刘　戈　刘晓丽　刘晓霞　闫　东
阳小民　杜　森　杨文兵　李　晶　李慧昱　李德忠
吴　勇　吴　越　何　彦　张　锐　张　赓　张　滈
张　宁　张石锐　张忠义　张钟莉莉　张晓波　张德才
陆若辉　陈广锋　陈子学　陈明全　陈海鹏　武艳荣
林日强　林碧珊　罗昭耿　岳焕芳　郑文刚　郑育锁
郑春莲　孟范玉　赵　禹　胡芹远　钟永红　侯冰鑫
耿　荣　夏艳涛　徐晶莹　高祥照　郭　凯　郭军成
郭明霞　黄顺坚　曹阿翔　葛承暄　蒋亚芬　韩　旭
曾　娥　管泽民　潘晓丽　薛彦东　魏固宁

前　言

墒情是评价农田水分状况满足作物需要程度的指标。土壤墒情监测是指长期对不同层次土壤含水量进行测定，调查作物长势长相，掌握土壤水分动态变化规律，评价土壤水分状况，为农业结构调整、农民合理灌溉、科学抗旱保墒、节水农业技术推广等提供依据。土壤墒情监测是农业生产中不可缺少的基础性、公益性、长期性工作，与病虫害预测预报、苗情监测一样，是农业生产过程农情动态监测的重要内容。

我国水资源严重紧缺，总量仅为世界的6%，人均不足世界平均水平的1/4，每年农业用水3 700亿米^{3}左右，约占全国总用水量的62%，缺口超过300亿米^3。水资源时空分布不均，南方水资源占全国水资源总量的81%，但耕地面积仅占全国耕地面积的40%，全国旱地面积近10亿亩①。近年来，我国北方地区旱灾频繁发生，华北、东北地下水资源严重超采，南方季节性、区域性干旱日趋严重，干旱缺水已成为威胁粮食安全、制约农业可持续发展的主要限制因素。由于节水农业投入不足，节水技术推广普及率偏低，农业用水粮食生产力仅为1千克/米^3，远低于发达国家。开展土壤墒情监测工作，大力推广因墒种植、测墒灌溉、水肥一体化、自动控制灌溉等旱作节水农业技术，全面提高农业用水生产效率，是转变农业发展方式、建设现代农业的必然选择。

为总结、交流、宣传各地土壤墒情监测工作的成效和经验，我们组织编写了《2018年全国农田土壤墒情监测报告》。由于时间仓促，不足和错漏之处敬请广大读者批评指正。

编　者

2020年5月

① 亩为非法定计量单位，1亩=1/15公顷≈667米^2。——编者注

目　录

2018年全国土壤墒情监测技术报告

一、农业生产基本情况

（一）农业资源特点

我国耕地面积20.23亿亩。2018年受灾面积20 814千公顷，成灾面积10 569千公顷，其中水灾面积3 950千公顷，成灾面积2 551千公顷；旱灾面积7 712千公顷，成灾面积2 621千公顷。我国水资源严重紧缺，总量仅为世界的6%，人均不足世界平均水平的1/4。2018年，全国水资源总量27 462.5亿米^3，与多年平均值基本持平。其中，地表水资源量26 323.2亿米^3，地下水资源量8 246.5亿米^3，地下水与地表水资源不重复量为1 139.3亿米^3。全国用水总量6 015.5亿米^3，较2017年减少27.9亿米^3。其中，农业用水3 693.1亿米^3，占用水总量的61.4%。地表水源供水量4 952.7亿米^3，占供水总量的82.3%；地下水源供水量976.4亿米^3，占供水总量的16.2%；其他水源供水量86.4亿米^3，占供水总量的1.5%。全国有效灌溉面积68 271.64千公顷，耕地实际灌溉亩均用水量365米^3，农田灌溉水有效利用系数0.554。

（二）主要区域特点

东北区：年均降水量300～900毫米，主要降水集中在6～9月，春旱十分严重。地形波状起伏，平均海拔200～1 200米，土壤退化严重，亩均水资源量620米^3。东北区是我国的粮食重要产区。本区主要包含平原类型区、漫岗风沙类型区。平原类型区主要包括三江平原、松辽平原、辽河平原等。年均降水量500毫米左右，一年一熟，旱作耕地适合进行大豆和玉米生产。漫岗风沙类型区主要包括东北三省西部和内蒙古东部。年均降水量300～500毫米，水资源不足。受地形和干旱、大风气候影响，春旱较严重，水土流失和土地退化等环境问题较突出。

华北区：年均降水量400～800毫米，亩均水资源仅有400米^{3}左右，降水年变率高，季节分布不均。西部和北部为山丘地，其余大部分属于黄河、淮河、海河下游冲积平原，平均海拔50～1 200米。土壤类型多样，大部分土壤比较肥沃，耕性良好。华北区是我国冬小麦、棉花、夏玉米、花生等农作物的主要产区，也是板栗、山楂及苹果、梨、桃等果树的重要种植区域。本区主要包含平原类型区、山地丘陵类型区。平原类型区主要是黄淮海平原地区，年均降水量550～800毫米。本区主要作物为玉米、冬小麦、棉花和蔬菜等，一年二熟或二年三熟。农业生产水平较高，但水资源短缺，地下水位下降问题严重，春旱和冬春连旱发生频率高。山地丘陵类型区主要包括太行山东西两侧、燕山南麓、山东半岛及豫北、豫西，年均降水量450～600毫米。山地多，水资源紧缺，水土流失严重。主要作物为小麦、玉米、花生、豆类及板栗、山楂等，粮食作物可以二年三熟。

西北区：一是干旱少雨，大部分地区年均降水量不到400毫米，且季节分布不均，夏秋季节降水占年降水的70%～80%。亩均水资源500～550米^3，单位面积耕地拥有水资源总量仅为全国平均水平的10%，春旱、冬春连旱严重，是全国缺水最严重的地区。二是人口增加较快，植被破坏严重，生态环境脆弱且不断恶化，土壤沙化和水土流失严重制约着农业生产的发展，尤其以长城沿线的风沙半干旱区为甚。三是该区域内有我国主要的农牧交错带，天然草场资源丰富，但过牧和草场退化严重。四是农业资源丰富多样，人均土地面积大，人均耕地资源超过全国平均水平的30%左右，光热资源丰富，生物资源多样，适合特色旱作农业的发展。本区包含黄土旱塬类型区、丘陵风沙类型区、西北内陆类型区。黄土旱塬类型区主要包括陕西中部及甘肃东部，属暖温带半湿润气候，年降水量450～650毫米，热量资源较丰富，农作物可一年一熟或两年三熟。土壤以黑垆土、黄绵土为主，土层深厚，质地优良，蓄水能力强，但土壤有机质、氮、磷偏低，土壤肥力不高，降水利用率不足40%。丘陵风沙类型区主要包括陕北、甘肃中南部、宁夏中南部、青海东部和内蒙古中西部。本区大部分地区年降水量在300～500毫米之间，土壤以灰钙土、黄绵土、栗钙土、栗褐土为主，养分含量较低，水土流失严重；农业基础设施落后，草原退化、土地沙漠化面积不断扩大，是我国土地沙漠化最集中、最严重的地区。西北内陆类型区主要包括新疆和甘肃河西。本区气候干燥，年降雨量50～250毫米，大部分地区多年平均降水量不足100毫米，而蒸发量高达2 000～3 000毫米。农业生产存在的主要问题是水资源过度消耗严重，现有农业生产布局已经超出了水资源的承载能力；由于农业技术与设施落后，水资源浪费很大，土壤次生盐渍化等问题日益突出。本区是重要的粮、油、糖、瓜果商品生产基地，也是我国优质陆地棉、长绒棉生产基地。

西南区：年均降水量800～2 000毫米，但季节分配不均，4～6月多大雨暴雨，7～9月多伏旱。旱作耕地多为红黄壤及紫色土，土壤黏、土层薄，地面坡度大，不利于雨水蓄积。本区山地占70%以上，盆地和平坝地不足10%，田高水低，田块分散，开发条件较差，难度大，且岩溶地区地表水漏失严重。农作物一年两熟至三熟，适宜种植甘蔗、茶叶、木薯、桑、水果等经济作物。本区主要包含西南高原类型区、河谷盆地类型区、丘陵山地类型区。西南高原类型区主要包括滇、黔、桂西、川南等地。平均海拔800～2 500米，水热垂直呈带状分布，类型多样。年均降水量700～1 400毫米，但春旱严重。山地占90%左右，地表切割强烈，坡陡土薄，土壤以黄壤为主。耕地面积只占总面积的10%左右，在有限耕地中又以中低产田为主，约80%属于旱坡耕地。河谷盆地类型区主要包括四川盆地，云南红河、金沙江流域，以及广西桂中和南宁盆地、左右江流域、红水河流域等地。海拔200～800米，年均降水量在800～1 400毫米之间，干湿季分明，冬、春旱严重。坡耕地土层薄，蓄水能力差，水土流失严重，农业生产受季节干旱影响极不稳定。丘陵山地类型区主要包括四川、重庆、湖南、湖北、广西等省（自治区）的盆地周边地区、三峡库区、武陵山区等。地貌以山地丘陵和岩溶为主，地形起伏大，地表切割破碎，土壤以红黄壤和紫色土为主，坡耕地具有"陡、薄、瘦、蚀、旱"的特点。年均降雨量在800～1 000毫米之间，80%雨量集中在7～9月，并以暴雨的方式产生，以洪水的方式流失，春旱、伏旱严重。旱地主要农作物为玉米、花生、薯类、豆类、甘蔗和经济林果。

南方区：年降水量800～2 000毫米，平原、丘陵区耕作制度以一年两熟或三熟制为主。耕作制度复杂，是我国水稻、油菜、甘蔗、柑橘和亚热带水果的主产区。主要包含平原河网类型区、丘岗冲垄类型区和山地高原类型区3个类型区。平原河网类型区包括长江三角洲平原、太湖平原、鄱阳湖平原、洞庭湖平原、江汉平原和苏北里下河平原、珠江三角洲平原以及长江、珠江等大河流的干流、主要支流的两岸狭长的冲积地带、山间盆地等，海拔大部分在 200 米以下，地势平坦，灌溉方便。年降水 800～2 000 毫米，以双季稻、稻麦（油菜）一年两熟或以双、三季稻种植为主的多熟制。土壤类型主要有水稻土、潮土，粮食产量水平较高，是我国重要的水稻、小麦、油菜主产区。丘岗冲垄类型区包括江淮丘陵、江南丘陵、华南山地丘陵。年降水 800～2 000 毫米。土壤类型主要是水稻土，或地带性红、黄壤，非地带性岩性土。以双季稻、稻麦（油菜）一年两熟以及双、三熟制为主。山地高原类型区包括粤北、闽西、赣南、皖南、海南山地等地区。地势起伏大，河流切割形成复杂的地形条件，气候垂直差异明显，形成特殊的“立体农业”格局。年降水 800～1 600 毫米。以旱地为主，缺少灌溉水源，季节性干旱严重。以旱耕地为主，一年一熟到一年多熟制。

（三）农业生产情况

2018 年农作物总播种面积 165 902.38 千公顷，粮食作物播种面积 117 038.21 千公顷，粮食总产65 789.22万吨。全国小麦播种面积24 266.19千公顷，产量13 144.05万吨；玉米播种面积42 130.05 千公顷，产量25 717.39 万吨；稻谷播种面积30 189.45 千公顷，产量21 212.90万吨；豆类播种面积 10 186.34 千公顷，产量 1 920.27 万吨；薯类播种面积7 180.43千公顷，产量2 865.37万吨；花生播种面积4 619.66 千公顷，产量1 733.26万吨；油菜播种面积6 550.61千公顷，产量 1 328.12 万吨；棉花播种面积3 354.41千公顷，产量563.5 万吨；糖料播种面积1 622.94千公顷，产量11 937.41万吨；烟叶播种面积1 130.6千公顷，产量 224.10 万吨。全国蔬菜播种面积20 438.94千公顷，产量70 346.72万吨。

二、气象及墒情状况分析

（一）气象状况分析

1 月，全国平均气温－5.9℃，较常年同期偏低 0.3℃，其中中东部大部出现低温雨雪冰冻天气，气温较上年同期偏低 1～2℃，新疆北部偏低 2～6℃。平均降水量 19.0 毫米，较上年和常年同期分别偏多 56.7%和 48.6%，为 1981 年以来历史同期第四多，其中黑龙江中南部、吉林西部、内蒙古中西部、甘肃、陕西、山西南部、河南大部、湖北、江苏南部、江西南部、福建中南部、广东、广西北部、贵州中部、云南等地降水量较常年同期偏多 1～4 倍，其他地区降水量接近常年或偏少；新疆北部、内蒙古东北部、黑龙江大部、吉林东部、陕西中部、山西南部、河南、安徽、江苏、湖北北部等地最大积雪深度 10～20 厘米，部分地区达 20～50 厘米。月内 3 次降雪过程给北方冬麦区带来稳定积雪覆盖，有利于麦田保温增墒，亦有利于冬小麦安全越冬和减少越冬作物病虫基数，降温幅度大、积雪较少地区冬小麦晚弱苗遭受霜冻害。

2 月，全国大部地区气温接近常年同期或偏低 1～2℃（平均气温－2.5℃，较常年同期偏低 0.3℃），其中黑龙江、吉林、辽宁、内蒙古东部等地偏低 2～4℃；仅湖南南部、四川西部、云南西部和西藏等地偏高 1～2℃，部分地区偏高 2～4℃。日照时数为 173.6 小时，较常年同期偏多 3.9%。平均降水量 8.1 毫米，较常年同期偏少 51.6%，为 1981 年以来第三低值。中东部大部降水量较常年同期偏少，其中黑龙江东部、辽宁西部、内蒙古东北部和中部、陕西大部、河北、北京、天津、山西大部、山东、江苏北部以及长江以南大部地区降水量比常年同期偏少5成至1倍；江南、江汉、江淮、华南中东部以及西南地区东部的部分地区降水量达10～50毫米；其他大部降水不足10毫米。北方冬麦区处于越冬阶段，大部气温持续偏低，有利于减少越冬病虫源基数；下半月西北东部、黄淮大部、华北西南部出现明显降雪或雨夹雪天气，降水量1～5毫米，部分地区5～10毫米，有利于冬小麦后期安全越冬和返青生长。南方大部地区气温偏高，普遍降水10～50毫米，光温水较好，有利于油菜、露地蔬菜和经济林果等作物稳健生长。

3月，全国大部地区气温较常年同期偏高2～4℃，西北地区大部及山西、内蒙古中西部偏高4～6℃；仅黑龙江大部、云南大部和青藏高原南部气温接近常年。日照时数为182.7小时，较常年同期偏多11.5%，利于北方冬小麦返青起身及拔节、南方冬小麦拔节孕穗及抽穗和油菜现蕾抽薹及开花。大部地区出现降水，平均降水量为47.2毫米，较常年同期偏少4.7%，16～19日北方冬麦区出现小到中雨（雪）天气，降水及时补充了土壤水分，对冬小麦返青起身及拔节十分有利。东北地区下半月升温迅速，土壤解冻加快，有利于适时开展春耕备播。江南、华南、西南及西北春播区热量充足，墒情适宜，水稻播种育秧用水较充足，春播进展顺利，幼苗生长良好。

4月，全国平均气温12.4℃，较常年同期偏高1.5℃，为1981年以来第五高值。平均降水量为43.7毫米，较常年同期偏少0.7%。北方大部降水偏多3成至1倍，内蒙古中部、华北东部、黄淮北部偏多1～4倍；南方大部以及东北地区西南部、新疆中南部等地降水偏少3～9成。平均日照时数为218.0小时，较常年同期偏多1.0%，江南西部、华南东部、西南地区东部偏多3～8成。东北大部气温回升明显，有利于春玉米趁墒播种。北方冬麦区、黄淮北部降水充沛，有利于冬小麦拔节、孕穗和抽穗。北方春播区大部降水偏多、气温偏高，有利于春播作物播种出苗；上旬受大风降温影响，西北地区东部、华北大部、黄淮北部部分地区有1～3天最低气温降至0℃以下，造成苹果、核桃、梨、杏等经济作物遭受一定程度冻害，不利于开花坐果。南方大部天气晴好、日照偏多、气温偏高，有利于冬小麦和油菜产量形成及春播和春播作物生长。

5月，全国大部气温接近常年同期或偏高（平均气温17.2℃，较常年同期偏高0.9℃），内蒙古中西部、江南大部、华南中东部偏高2～4℃。平均降水量为72.5毫米，较常年同期偏多6.1%。东北大部、西北东南部、华北、黄淮大部等地降水25～100毫米，长江中下游、华北西南部、黄淮大部、四川盆地大部、云南北部等地降水偏多3成至4倍。平均日照时数为236.9小时，较常年同期偏少0.8%。北方春播区大部水热条件较好，有利于春玉米、大豆和棉花等旱地作物播种出苗、幼苗生长及东北地区一季稻育秧和移栽。北方冬麦区大部光温水适宜，有利于冬小麦开花授粉和灌浆。长江中下游及西南地区东部降水强度大，不利于夏收作物成熟收晒。四川盆地大部和云南光热正常，有利于冬小麦、油菜成熟收晒以及一季稻、春玉米、马铃薯等作物生长。江南和华南大部光温水匹配较好，有利于早稻返青分蘖以及棉花、春玉米等作物播种出苗和幼苗生长。

6月，全国大部气温接近常年同期或偏高（平均气温21.2℃，较常年同期偏高0.9℃），内蒙古大部、华北、黄淮大部等地偏高1～2℃。平均降水量为93.0毫米，东北北中部、黄淮北部、西北东部、西南东南部、江南东南部和华南南部等地降水偏多3成至4倍，内蒙古大部、华北、长江中下游地区降水偏少3～8成。平均日照时数为226.6小时，较常年同期偏少5.0%，仅云南大部地区偏少3～8成。东北大部地区气象条件总体利于一季稻、玉米、大豆等作物正常生长。6月中旬华北、黄淮部分麦区出现大风冰雹为主的强对流天气，部分瓜果蔬菜和设施农业受灾，对小麦收晒作业略有不利。江淮、江汉、江南和华南地区大部光温基本接近常年同期，利于水稻、玉米、棉花等作物生长发育。西南地区大部光热适宜利于作物生长，云南中南部、贵州西部降水偏多，影响春玉米开花吐丝、一季稻晒田控蘖、马铃薯开花及夏玉米幼苗生长等。

7月，全国大部气温接近常年同期或偏高（平均气温23.3℃，较常年同期偏高1.1℃），东北地区南部、黄淮北部和四川盆地东部等地的部分地区偏高2～4℃；新疆南部、江淮、江汉、西南地区东北部、江南大部出现11～25天日最高气温≥35℃的高温天气。除新疆降水10～50毫米外，其余大部地区降水50～250毫米，较常年同期偏多10.6%。大部地区日照时数接近常年同期，仅黑龙江南部、西北地区东部、四川西部等地偏少3～5成。东北大部气象条件利于一季稻、春玉米等生长发育，部分地区降水强度较大，低洼农田出现渍涝，不利于水稻分蘖、大豆开花和玉米雌穗分化。西北、华北、黄淮大部气象条件利于玉米、棉花等秋收作物生长发育，部分地区降水强度大导致低洼农田出现短时积涝，对马铃薯、玉米、果树等健壮生长略为不利。华南大部气象条件总体利于早稻灌浆成熟和收晒、晚稻秧苗生长及成熟瓜果采收上市和蔬菜生长。云贵高原光温水条件适宜，利于一季稻、玉米等作物健壮生长，但四川盆地中西部多雨寡照，东部高温持续，对一季稻、玉米生长发育不利。

8月，全国大部气温接近常年同期或偏高（平均气温22.2℃，较常年同期偏高1.1℃），西北、内蒙古大部、东北东南部、华北、黄淮、江淮、江汉大部、西南东北部、江南东北部等地偏高1～4℃。平均降水量125.7毫米，较常年同期偏多20.1%，除新疆、山西中南部、陕西关中东部、河南西部、湖北北部、江西北部部分地区降水10～50毫米外，其余大部地区降水50～250毫米。平均日照时数为215.4小时，较常年同期偏少5.7%。东北大部气温偏高、热量充足，降水100～250毫米，利于土壤增墒，有利于春玉米、一季稻、大豆等作物生长发育和产量形成。西北、华北、黄淮大部气温偏高、降水充沛，利于土壤增墒蓄墒，对玉米和棉花等作物生长发育和产量形成有利；但华北、黄淮等地的高温影响夏玉米开花授粉，导致结实不良。华南大部气象条件总体利于晚稻移栽返青和分蘖生长、柑橘和香蕉等果实膨大及龙眼和火龙果采收上市等。西南大部气象条件总体利于一季稻和玉米开花灌浆和乳熟成熟。

9月，全国大部气温接近常年同期或偏高（平均气温16.8℃，较常年同期偏高0.1℃），江淮东部、江汉东部、江南大部等地偏高1～2℃。平均降水量71.8毫米，较常年同期偏多11.4%，华北西部和南部、黄淮大部降水25～100毫米。平均日照时数194.1小时，较常年同期偏少6.5%。东北地区大部光温基本正常，有利于玉米、大豆、一季稻等秋收作物灌浆成熟。华北、黄淮大部气象条件有利于玉米、大豆灌浆成熟以及棉花裂铃吐絮。西北地区中东部阴雨寡照，不利于玉米、马铃薯等作物成熟收晒。西南地区大部多阴雨寡照天气，不利于一季稻、玉米灌浆成熟和收获晾晒。长江中下游、华南大部光温充足，多晴少雨，有利于一季稻灌浆成熟收晒以及晚稻孕穗抽穗和棉花裂铃吐絮。

10月，全国大部气温接近常年同期或略偏低（平均气温9.9℃，较常年同期偏低0.4℃），内蒙古中部、华北北部、江南南部、华南大部、西南地区中部、青藏高原中东部偏低1～2℃，仅黑龙江大部和内蒙古东北部等地偏高1～4℃。平均降水量27.5毫米，较常年同期偏少21.2%，西北地区东部、内蒙古大部、华北大部、黄淮大部、江淮、江汉及黑龙江中部等地偏少5成至1倍。平均日照时数203.9小时，较常年同期偏多0.8%，山西南部、河南大部、陕西中南部偏多3～5成，西南地区东部和南部偏少3～8成。北方大部及江淮、江汉降水偏少、光照充足，气象条件有利于一季稻、玉米和大豆等作物成熟收晒、棉花吐絮采摘。华北中南部、黄淮中西部、江淮和江汉北部降水偏少，导致秋播延迟，已播小麦发育期偏晚，苗情偏弱。西南地区东部持续阴雨寡照，不利于油菜培育壮苗和移栽作业及冬小麦备耕播种。江南、华南大部气温略偏低、光照正常，有利于晚稻灌浆成熟及增加千粒重。

11月，全国平均气温为2.8℃，较常年同期偏高0.2℃，内蒙古东部、东北地区、华北、黄淮、江淮、江南东部、华南中东部偏高1～3℃。平均降水量24.5毫米，较常年同期偏多32.7%，其中西南大部、华北、内蒙古东部和东北地区西部偏少3～9成，其余大部地区偏多5成至2倍。平均日照时数为163.7小时，较常年同期偏少9.2%。西北、华北、黄淮大部水热条件总体利于小麦冬前分蘖生长，苗情长势较好。西南南部多晴少雨，光照充足，光温条件有利于油菜和冬小麦幼苗健壮生长。江南和华南大部多雨寡照，不利于油菜幼苗生长、晚稻收晒和柑橘等水果采收，地势低洼田块排水不畅，局地出现轻度湿渍害。

12月，全国大部气温接近常年同期（平均气温为－4.3℃，较常年同期偏低0.7℃），西北大部、华北西北部、贵州东部和湖南西部偏低1～4℃；东北北部、江淮东南部、江南东部、华南东南部和云南大部偏高1～4℃。平均降水量为17.7毫米，较常年同期偏多41.5%，黄淮大部、江淮、江汉、江南、华南西部和西南南部降水偏多3成至4倍，东北大部、华北北部和西部偏少3～9成。全国平均日照时数为148.9小时，较常年同期偏少12.8%，黄淮南部、江淮、江汉、江南、华南偏少3～9成。北方冬麦区大部水热条件利于小麦分蘖和安全越冬，华北北部降水偏少，干土层不断加厚。西南地区大部气温和日照接近常年同期，光温条件有利于油菜和冬小麦生长。南方大部多雨寡照，不利于作物健壮生长和林果采收。江淮、江南北部等地出现降温雨雪天气，对设施农业生产不利，部分温室大棚受损。贵州和湖南西部出现冻雨，对部分晚弱苗的油菜生长不利。

（二）墒情状况分析

1月，全国主要农区中，华北中北部和东北西部降水偏少、墒情不足，南方部分地区墒情过多，其他大部地区墒情总体适宜，有利于越冬作物生长。

2月立春以来，全国主要农区墒情总体适宜，有利于冬小麦、油菜等作物生长。

2月，东北地区大部积雪厚度5～40厘米，辽宁西南部、吉林西部、内蒙古中西部去年11月份以来降水较常年同期偏少2～6成，底墒不足。华北大部、黄淮东北部去年入冬后降水偏少5～8成，山东中部和西南部、河北部分地区表墒不足，0～20厘米土壤相对含水量45%～60%；其他地区去年播期降水偏多，2018年1月普降大雪，墒情适宜，0～40厘米土壤相对含水量70%～85%。西北大部分地区墒情适宜，0～40厘米土壤相对含水量在70%左右，仅甘肃陇中和陕北部分地区表墒不足，0～20厘米土壤相对含水量小于55%，麦苗长势较弱，分蘖少。西南大部分地区墒情适宜，0～40厘米土壤相对含水量63%～84%，仅四川西南和云南中部干热河谷区表墒不足，0～20厘米土壤相对含水量41%～60%。南方墒情基本适宜，局部过多。江淮、江汉、江南北部去冬以来气温偏低、降水偏多，墒情过多，0～

40厘米土壤相对含水量在85%以上，油菜、小麦等作物长势偏弱；其他地区墒情适宜，0～40厘米土壤相对含水量60%～80%。

3月，东北大部天气晴好，气温逐步回升，土壤开始解冻，墒情基本适宜。据全国墒情监测结果显示，华北和黄淮大部地区墒情适宜，0～40厘米土壤相对含水量65%～85%，利于冬小麦返青拔节；河北中部和南部、山西南部部分地区墒情不足，土壤相对含水量低于65%，其中河北中南部自去年11月以来，降水持续偏少，部分地区土壤相对含水量低于50%，旱情持续。西北冬麦区大部分麦田墒情适宜，土壤相对含水量60%～80%；春播区陕西陕北和渭北、甘肃陇中和陇东、宁夏中南部部分地区墒情不足，土壤相对含水量低于60%。西南大部分地区墒情适宜，土壤相对含水量64%～85%；四川南部和云南北部部分地区降雨偏少，墒情不足，土壤相对含水量低于60%。中下旬以来南方普遍降水，大部地区墒情适宜；江南北部、华南北部出现60～90毫米降雨，局地超过100毫米，部分低洼排水不畅地块出现渍涝，墒情过多，0～40厘米土壤相对含水量超过85%。

4月以来，全国主要农区墒情总体适宜，利于冬小麦扬花灌浆、油菜结实、玉米播种出苗。

据全国墒情监测结果显示，5月上旬东北大部分地区普遍降水，墒情适宜，0～40厘米土壤相对含水量60%～80%。内蒙古中西部和东南部、吉林西部、辽宁西部部分地区墒情不足，0～40厘米土壤相对含水量50%～60%，局部地区土壤相对含水量低于50%，发生干旱。华北和黄淮冬麦区4月以来降水充足，大部分地区墒情适宜，0～40厘米土壤相对含水量60%～88%，利于小麦扬花灌浆；山西中部部分地区墒情不足，0～40厘米土壤相对含水量低于60%；沿淮部分地区低洼地块墒情过多。西北大部4月以来降水偏多，墒情适宜，0～40厘米土壤相对含水量60%～80%；陕北、渭北、陇中、陇东和宁夏中部的部分地区墒情不足，0～40厘米土壤相对含水量低于60%。西南大部分地区墒情适宜，0～20厘米土壤相对含水量60%～79%，20～40厘米土壤相对含水量62%～86%；四川西南和云南西北局部表墒不足，0～20厘米土壤相对含水量54%～58%。南方大部分地区墒情适宜，0～40厘米土壤相对含水量60%～85%；华南、江汉、江淮、江南部分地区出现强降水，墒情过多。

5月下旬（21～23日）东北地区出现大范围降水，据墒情监测结果，辽宁大部地区墒情适宜，0～40厘米土壤相对含水量60%～85%，降水补充了表墒，接上了底墒，前期旱情得到了有效缓解。黑龙江大部地区墒情适宜，0～20厘米土壤相对含水量60%～85%；前期出现旱情的齐齐哈尔、大庆、牡丹江等地旱情缓解；哈尔滨、绥化大部地区墒情不足，0～20厘米土壤相对含水量低于60%，旱情持续。吉林中东部墒情适宜，0～20厘米土壤相对含水量60%～85%；西部地区墒情不足，0～20厘米土壤相对含水量低于60%，旱情持续。内蒙古大部地区墒情适宜，0～20厘米土壤相对含水量60%～85%；燕山丘陵区北部和阴山北麓部分地区降雨偏少，墒情不足，0～20厘米土壤相对含水量低于60%，旱情持续。

夏收夏种期间，东北大部降水25～150毫米，其中黑龙江西北部和吉林西部降水量有100～250毫米，较常年偏多3成至2倍，大部墒情适宜。华北北部、西北北部及内蒙古中西部部分地区墒情不足，0～40厘米土壤相对含水量低于60%，局部干旱。华南、江淮、江汉、西南大部分地区墒情过多，0～40厘米土壤相对含水量超过85%，部分地区出现渍涝。

7月，东北地区大部降水50～250毫米，墒情适宜；黑龙江南部、吉林西部部分地区降水过多，土壤偏湿（0～20厘米土壤相对含水量超过85%）。西北、华北、黄淮大部降水充沛，墒情适宜；西北东部、华北北部部分地区降水过多，土壤偏湿（0～40厘米土壤相对含水量超过85%），局部发生渍涝。南方大部地区受台风影响，降水偏多，部分农田积水受淹。

8月，据全国墒情监测结果显示，中下旬东北大部出现大范围降水，墒情适宜，0～40厘米土壤相对含水量60%～80%；内蒙古东部偏南墒情不足，0～40厘米土壤相对含水量50%～60%；呼伦贝尔岭东地区持续降雨，发生渍涝。华北和黄淮大部夏播以来气温偏高，降水与常年基本持平，墒情适宜，0～40厘米土壤相对含水量65%～85%；山西中南部部分地区墒情不足，0～40厘米土壤相对含水量低于65%。西北大部8月以来气温偏高、降水偏多，墒情适宜，0～40厘米土壤相对含水量70%～80%，利于秋粮作物产量形成；陕西陕北和渭北、甘肃河西局地高温少雨，墒情不足，0～40厘米土壤相对含水量低于60%。西南大部分地区墒情适宜，0～40厘米土壤相对含水量61%～85%；云南及贵州局部墒情过多，0～40厘米土壤相对含水量超过85%；西南地区北部局地墒情不足，0～40厘米土壤相对含水量低于60%。南方大部分地区墒情适宜，0～40厘米土壤相对含水量65%～85%；华南大部、江南南部墒情过多，0～40厘米土壤相对含水量超过85%。9月初，全国主要农区墒情总体适宜，利于秋粮作物产量形成。

10月，据全国墒情监测结果，上旬以来黄淮江淮麦区降水不足10毫米，较常年偏少5成到1倍，气温偏高，土壤失墒较快，墒情不足，0～20厘米土壤相对含水量低于65%，影响冬小麦播种出苗。南方大部旱地墒情适宜，0～40厘米土壤相对含水量65%～85%，局部墒情过多，其中江南中部、华南西部以及云南南部降水量偏多，局地降水70～120毫米，墒情过多，土壤相对含水量超过85%，影响油菜等在地作物生长。其他地区墒情适宜，利于在地作物生长。

入冬前，据全国墒情监测结果，华北、西北冬麦区降水偏少，干土层加厚，墒情不足，旱象露头。四川南部降水偏少，墒情不足。江淮、江汉、江南、华南大部多阴雨天气，局部土壤墒情过多，0～40厘米土壤相对含水量超过85%。其他地区墒情适宜。

（三）主要作物不同生育期墒情状况分析

1. 小麦 播种—拔节期，北方冬小麦播种至冬前气温正常略偏高，墒情良好，利于幼苗生长和扎根分蘖；仅河南、安徽等地部分冬小麦受秋播期多阴雨天气影响，晚弱苗比例高、长势偏差。冬季北方冬麦区出现多次大范围雨雪天气过程，积雪覆盖利于麦田增墒保温。返青以来北方冬小麦产区气温显著偏高，并且出现明显降水，大部地区墒情适宜，小麦长势良好。3月，全国冬小麦自南向北陆续进入拔节期，北方冬麦区出现小到中雨（雪）天气，降水及时补充了土壤水分，对冬小麦返青起身及拔节十分有利。截至3月底，全国大部农区0～20厘米墒情较好，仅四川盆地西南部、河北中南部的部分地区墒情略差。全国冬小麦一、二类苗比例分别为22%、76%，长势总体较好，接近上年。4月孕穗期，北方冬麦区出现3次明显降水过程（3～5日、12～14日、19～23日），大部地区降水量25～150毫米，较常年偏多3成至4倍；其中20～21日华北东部、黄淮北部出现大到暴雨，充沛的降水和良好的墒情条件有利于需水关键期的冬小麦孕穗和抽穗，北方大部冬小麦发育期正常偏早，长势良好。灌浆—成熟期，5月北方冬麦区大部降水量为25～100毫米，黄淮部分地区为100～250毫米，其中15～16日河北和山东、17～22日河南等地的部分地区出现强降水，墒情普遍较好，利于冬小麦开花授粉和灌浆成熟。

2. 春玉米 播种—苗期，北方春播区大部气温接近常年同期或偏高1～2℃，降水25～100毫米，墒情适宜，利于春玉米播种出苗及幼苗生长；吉林西部、辽宁西北部、黑龙江西南部、内蒙古兴安盟等地5月上中旬降水持续偏少，土壤失墒较快，部分已播田块出现缺苗断垄、出苗率低。5月21～23日、26～29日上述地区大部出现中到大雨，墒情状况明显好转，旱情得到缓解，有利于趁墒抢播补种春玉米和幼苗生长。7月，东北地区大部气温偏高1～4℃，降水50～250毫米，有利于土壤增墒，大部地区墒情较好，辽宁西部等地缺墒状况缓解，有利于春玉米生长发育。8月，主产区大部累计降水100～250毫米，有利于土壤增墒，光照基本接近常年，气象条件总体利于春玉米生长发育和产量形成，截至8月末，春玉米一、二类苗比例分别为37%、63%，与上年基本持平。成熟期，东北地区大部光温基本正常，墒情较为适宜，利于春玉米灌浆成熟，其中东北地区中北部、内蒙古东北部9月3～8日、20～24日出现阶段性阴雨天气，部分地区出现1～2天大到暴雨，黑龙江北部、吉林东部部分农田墒情过多，对玉米产量形成及收晒较为不利。

3. 夏玉米 播种—苗期，5月下旬至6月中旬，华北、黄淮和西北地区东部普遍降水25～100毫米，江淮和江汉降水50～250毫米，其中6月8～9日、18～19日华北、黄淮出现明显降水，大部地区墒情适宜，有利于夏玉米播种出苗和幼苗生长。截至6月底，全国夏玉米一、二类苗比例分别为23%、76%，较去年同期略好。7月西北、华北、黄淮等夏玉米产区普遍降水50～250毫米，大部地区墒情适宜，满足夏玉米拔节期、小喇叭口期生长发育需求。8月华北、黄淮等地出现4～10天高温天气，陕西南部、山西西南部高温日数达11～20天，受降水持续偏少、气温偏高影响，山西南部、陕西中南部、河南西部等地局部地区墒情不足，不利于夏玉米开花授粉。中旬，受两次台风影响，山东、河南东部、苏皖北部等地降水充沛，有利于土壤增墒蓄墒。9月华北西部和南部、黄淮大部降水25～100毫米，其中西北地区中东部降水日数达到12～20天，大部地区墒情适宜，有利于夏玉米灌浆成熟。

4. 大豆 播种期，6月上旬华北、黄淮大部地区降水充足，墒情适宜，有利于夏大豆的播种出苗和幼苗生长；安徽和江苏北部、山西南部、山东南部部分地区因降水少，导致墒情不足，对大豆的播种造成不利影响。苗期，东北北部、华北南部、黄淮北部、西北地区中东部等地降水偏多3～8成，大部时间墒情适宜，有利于大豆生长发育；仅辽宁中部和南部、黑龙江嫩江平原部分地区出现阶段性干旱，墒情不足，对大豆苗期生长略有不利，但影响较上年偏轻。截至6月底，全国大豆一、二类苗比例分别为36%、63%，长势较好，与上年基本持平。7月大豆主要产区热量充足，降水量普遍有50～250毫米，大部地区墒情适宜，有利于大豆生长发育；但江淮西南部、江汉东部、江南大部出现11～25天高温天气，部分豆田土壤失墒情快，造成大豆生长缓慢。8月大豆主产区降水充沛，北方产区墒情适宜，大豆长势良好；东部产区（主要是沪浙苏皖等地）受暴雨和台风影响，墒情过多，局部发生渍涝，对大豆生长造成不利影响。9月成熟期，东北地区大部光温基本正常，墒情较为适宜，有利于大豆灌浆成熟，但东北中北部、内蒙古东北部上旬、下旬出现阶段性阴雨天气，部分地区有1～2天大到暴雨，黑龙江北部、吉林东部部分农田墒情过多，对大豆产量形成略有不利；西北、华北、黄淮大部气温接近常年，墒情适宜，有利于大豆灌浆成熟。

5. 棉花 播种—苗期，北方主产区大部气温接近常年同期或偏高1～2℃，降水25～100毫米，墒情适宜，有利于棉花播种出苗及幼苗生长；江南、华南大部天气晴好、日照充足，墒情适宜，有利于棉花播种出苗及幼苗生长，但江南北部、华南中西部部分地区出现强降水，造成棉田墒情过多，棉花正常生长受到不利影响。蕾期，江淮、江汉、江南和华南地区大部光温基本接近常年同期，土壤墒情适宜，有利于棉花等作物生长发育。花铃期，西北产区气温偏高，尤其是新疆南部出现11～20天高温天气，局地超过20天，土壤失墒快，部分棉田出现落花落铃；长江中下游产区气温偏高1～2℃，江淮西南部、江汉东部、江南大部出现11～25天高温天气，部分地区墒情不足，导致棉田落花落铃。8月，棉花大部分产区气候条件整体适宜，墒情适宜，长势良好，截至8月底，全国棉花一、二类苗比例分别为16%、80%，略好于上年。吐絮期，全国主要产区大部光温充足，土壤墒情适宜，有利于棉花裂铃吐絮。10月，北方大部及江淮、江汉天气晴好，光照充足，降水偏少，有利于棉花吐絮和采摘。

6. 油菜 播栽期，油菜主产区大部光温条件较好，墒情适宜，有利于油菜播种出苗和移栽成活；安徽、湖北、湖南北部和四川盆地东部等地部分地区秋播期持续阴雨，墒情过多，导致油菜播期延迟、出苗率低。开花结荚期，主产区大部气温偏高1～4℃、降水偏少，但墒情基本适宜，有利于油菜开花结荚形成产量，截至4月底，全国油菜一、二类苗比例分别为16%、80%，三类苗偏少2%，长势略好于上年同期。成熟期，长江中下游及西南地区东部部分地区降水过程频繁，强降水导致部分低洼农田出现渍涝，局地油菜受淹倒伏，不利于收获；四川盆地大部和云南光热正常，土壤墒情适宜，有利于油菜成熟收晒。

7. 马铃薯 播种以来，西南产区尤其是四川盆地大部和云南光热正常，土壤墒情适宜，有利于马铃薯生长。6月，云南中部和南部、贵州西部降水偏多，日照偏少，薯田内墒情过多，不利于作物生长，影响马铃薯开花。7月，西北东部、华北北部降雨11～15天，降水量较常年同期偏多1～4倍，部分薯田降水强度较大、日照偏少3～5成，墒情过多，对马铃薯健壮生长较为不利。收获期，西北地区中东部降水12～20天，单日日照时数≤3小时的天数有10～15天，阴雨寡照导致墒情过多，不利于马铃薯成熟和收晒。

（四）不利气候因素对农业生产的影响

1月2～4日、5～8日和24～28日，中东部大部地区出现大范围雨雪，强度大、积雪深，并伴有大风降温，导致部分设施温棚棚膜撕裂、棚体垮塌损毁，特别是连栋大棚受损较为严重，棚内作物、蔬菜瓜果受冻。同时，积雪降低了棚内透光性，减弱了作物光合作用，导致作物生长缓慢，产量和品质下降。强降温还造成南方部分油菜、露地蔬菜、经济林果等遭受不同程度的寒冻害。

2月上旬，南方大部地区出现阶段低温天气，最低气温较常年同期偏低6～8℃，广西东部、广东北部、福建西北部、浙江、云南北部和东部、贵州等地部分地区露地蔬菜、经济林果等作物遭受轻度冻害或寒害。月内，湖北东南部、安徽中南部、江苏南部、浙江北部以及云南东北部、贵州中西部等地出现阶段阴雨寡照天气，对油菜现蕾抽薹有一定的不利影响。

3月，受强对流天气影响，南方多地频发大风、冰雹等灾害，4～5日，浙赣鄂皖湘闽桂部分地区遭受风雹灾害，农作物受灾面积达34.7万亩。15日，江西靖安、宜丰等地出现风雹，直径最大可达3厘米，导致蔬菜大棚、简易圈舍倒塌。17～20日，广西、贵州、云南等地部分地区遭受大风、冰雹、短时强降雨等袭击，云南红河州玉米、柑橘、蜜柚、香蕉、茶叶等作物受灾较重，广西柳州和百色等地火龙果、柑橘等亚热带水果受损，影响春播进行。

4 月 3～8 日，受较强冷空气影响，北方大部出现大风降温天气，西北东部、华北大部、黄淮北部部分地区有 1～3 天最低气温降至 0℃以下，正处于开花或坐果期的苹果、核桃、猕猴桃、樱桃、梨、杏等经济林果遭受中度至重度冻害，受冻果园坐果率下降 50%～90%，部分果园基本绝收。甘肃东南部、山西中南部、河南北部等地部分发育期偏早、已进入拔节孕穗期的小麦幼穗或叶片受冻。陕南、江汉、江淮以及江南北部部分春茶遭受轻至中度冻害，部分茶农损失严重。大风导致山东等地部分温室大棚被毁，棚内蔬菜受冻。据不完全统计，陕西、山西经济林果和农作物受灾近 495 万亩，浙江茶叶受冻约 36 万亩。

5 月上中旬，吉林西部、辽宁西北部、黑龙江西南部、内蒙古兴安盟等地降水持续偏少，温高雨少导致土壤失墒加剧，部分农田出现轻度至中度干旱，春播受阻，已播田块出现缺苗断垄，出苗率低。15～16 日河北和山东、17～22 日河南等地部分地区遭遇强降水和大风、冰雹等强对流天气，局地冬小麦发生一定程度倒伏，对后期产量造成不利影响。月内，长江中下游及西南东部部分地区频繁降水，大部地区累计降水量 100～250 毫米，部分地区达 250～400 毫米，较常年同期偏多 5 成至 4 倍；大部地区降水 11～20 天，其中大到暴雨天数达 3～7 天，强降水导致部分低洼农田出现渍涝，局部冬小麦和油菜受淹倒伏，不利于夏收作物充分灌浆成熟和收获晾晒。另外，江南北部、华南中西部部分地区出现强降水，局地农田遭受洪涝灾害，水稻、棉花和春玉米等作物被淹。

6 月 5～6 日，受第四号台风“艾云尼”影响，华南南部出现暴雨或大暴雨，广东沿海、海南东北部局地特大暴雨，广东沿海、广西沿海及海南北部出现 7～9 级大风。此次台风过程正值早稻抽穗扬花及荔枝、龙眼等果实膨大至成熟期，强风暴雨造成部分地区出现“雨洗禾花”，影响早稻授粉结实，部分荔枝、龙眼等裂果、落果。23～27 日，内蒙古东部地区出现中到大雨、局地大暴雨，部分地区农作物遭受风雹灾害。月内，辽宁中部和南部降水较常年偏少，出现阶段性干旱，导致部分地区夏播作物播种困难，出苗率偏低、长势偏弱。

7 月 23～24 日，受台风“安比”影响，山东中部、河北东部及京津地区出现强降水，导致低洼农田出现短时积涝、作物倒伏。受台风“玛莉亚”和“安比”综合影响，浙江南部、江西中南部、江苏东部等地出现大雨或暴雨，浙江东南部、江西中部等地部分地区有大暴雨，部分农田受淹、作物倒伏，塑料大棚被掀翻，棚内蔬菜和瓜果受灾。

7 月下旬至 8 月 5 日，辽宁中北部、吉林西部等地降水持续偏少，高温天气偏多，部分地区发生轻度或中度干旱。上中旬，长江中下游地区大部出现 11～20 天日最高气温≥35℃高温天气，持续高温导致一季稻和玉米抽穗开花、棉花开花受到不利影响，柑橘等经济林果遭受日灼危害。同期，湖南北部、江西北部、安徽南部受持续降水偏少及高温天气影响，土壤失墒较快，出现阶段轻度到中度干旱。受台风“温比亚”和“苏力”以及冷空气等影响，辽宁东部、吉林东部、黑龙江东南部出现 250～400 毫米降水，较常年偏多 8 成至 4 倍，局地同时伴有短时强降水、大风冰雹等强对流天气，部分地区出现农田内涝和洪涝灾害，局地出现农作物倒伏，影响作物开花灌浆和乳熟。中旬，受台风“摩羯”和“温比亚”影响，山东、河南东部、苏皖北部等地部分地区遭遇大暴雨、局地特大暴雨及大风，部分农田遭受洪涝，造成农作物倒伏、经济林果茎秆折断、蔬菜大棚和牲畜养殖场被淹损毁等，农林渔业受损较重。其中，山东潍坊、江苏徐州等地受灾重，山东寿光蔬菜大棚遭受严重损失。受台风“云雀”、“摩羯”和“温比亚”影响，沪浙苏皖等地部分地区出现较强风雨天气，降水量达

200～500 毫米，造成部分农田被淹、作物倒伏，蔬菜和经济林果及禽畜养殖不同程度受灾。

9 月，受台风“百里嘉”和“山竹”影响，华南沿海出现强风暴雨，其中 16～18 日广东大部和广西东部最大 24 小时累计降水量达 316.3 毫米，部分地区出现农田内涝，经济林果折断和落果，农渔业遭受不同程度损失。

10 月，华北中南部、黄淮中西部、江淮和江汉北部降水量不足 5 毫米，较常年偏少 8 成以上，其中华北月降水量仅 6.2 毫米，为 1981 年以来同期最低值，河北中南部、河南南部和安徽北部部分地区已播小麦发育期偏晚 4～10 天，苗情偏弱。10 月 5 日，受台风“康妮”带来的大风影响，浙江东部等地部分水稻出现倒伏，影响光合作用，不利于后期产量形成。

华北地区冬小麦播种后，降水持续偏少，特别是河北、山西 10、11 月降水分别为 1981 年以来同期第二和第三低值，没有灌溉的麦田墒情较差，不利于冬小麦幼苗生长和冬前分蘖。11 月，江南、华南和西南地区东部降水 50～200 毫米，降雨天数达 10～19 天，较常年同期偏多 4～9 天，日照偏少 3～7 成。其中，江南、华南地区中旬持续阴雨天气，日照时数为 1981 年以来第二低值，阴雨寡照不利于油菜幼苗生长、晚稻收晒和柑橘等水果采收，地势低洼田块排水不畅，局部地区出现轻度湿渍害。

12 月上旬，江淮、江南北部等地出现降温雨雪，对设施农业生产不利，部分温室大棚受损；贵州和湖南西部出现冻雨，对部分晚弱苗的油菜生长不利。26～31 日，受冷空气影响，湖北、四川、贵州以及江南、华南北部等地先后出现雨雪，最低气温 0℃，湖南中北部、湖北南部、江西北部和贵州东部出现暴雪，最大积雪深度 10～20 厘米。江汉、江淮、江南、西南地区东部在地作物遭受霜冻害，部分设施农业遭受雪灾，局地温棚出现垮塌。

三、墒情监测工作情况

1. 建立了墒情监测网络体系 2007 年，农业部实施西北、华北农田土壤墒情监测标准站建设项目，建设了 18 个国家级农田土壤墒情监测站。在全国农业技术推广中心组织下，各地结合优质粮食产业工程标准粮田建设、旱作节水农业示范县建设和农业技术推广体系建设等项目，配套完善了部分省、县级土壤墒情监测站。据不完全统计，截止到 2018 年年底，已建设土壤墒情自动监测站 420 个，配备远程无线传输固定自动监测仪 420 台，其他监测仪器设备 630 台（套）。2012 年，农业部设立土壤墒情监测专项，每年财政投入 700 多万元，组织开展监测工作。在项目带动下，许多省份也设立财政专项，用于开展土壤墒情监测工作。2018 年年底，共有 600 多个监测县、3 000多个监测点开展土壤墒情监测工作。

2. 建立了技术方法和操作规范 全国农业技术推广服务中心组织有关科研教学单位和农业技术推广部门专家，开展土壤墒情监测技术方法研究，编制了《土壤墒情监测技术手册》、《农田土壤墒情监测技术规范》和《土壤墒情数据采集规范》等技术资料。2012年农业部办公厅印发《全国土壤墒情监测工作方案》，明确监测点布设、数据采集、指标体系建立、墒情评价、信息编报、成果应用等一系列工作要求，形成了较为系统的技术方法和操作规范，为土壤墒情监测工作发展奠定了坚实的基础。

3. 培养了一支专业技术队伍 据统计，目前各级监测技术人员共计1 500多名，其中，省级监测技术人员 50 多名，市级监测技术人员 180 多名，县级监测技术人员1 320多名。多年来，全国农业技术推广服务中心每年都举办一期全国土壤墒情监测技术培训班，讲解墒情监测工作方案和技术规范，培训国内外墒情监测新技术，研讨指标体系建立方法，每年培训省、县级技术骨干 100 多人次。各地也纷纷开展市县级监测技术人员培训，每年培训1 000多人次。通过常年组织开展土壤墒情监测工作，锻炼、培养了一批国家级、省级、地县级监测专家和技术人员。

4. 为农业生产和节水农业发展提供了重要支撑 各级土肥水技术推广部门积极开展土壤墒情监测，获取大量监测数据，及时发布信息，特别是在春耕备耕、“三夏”、秋冬种以及旱涝自然灾害发生期间，组织专家研讨会商，有针对性的提出生产建议，科学指导探墒播种、测墒灌溉、因墒施肥和抗旱减灾，有效地缓解了灾害影响，取得了很好的成效。土壤墒情作为农业三情（墒情、苗情、病虫情）之一，成为各级政府农业生产研究和决策的重要参考依据。据统计，每年各地采集监测数据 12 万组（个），发布墒情监测信息 4 000 期（次）。

2018年北京市土壤墒情监测技术报告

一、农业生产基本情况

（一）农业资源特点

北京市位于我国华北地区，全市总面积 16 410.54 千米^2，地处东经 115.7°～117.4°之间，北纬 39.4°～41.6°，中心位于北纬 39°54′20″，东经 116°25′29″，共包含 16 个市辖区，东与天津相邻，其余方向均与河北相邻，地势为西北高、东南低，平均海拔 43.5 米。西部、北部和东北部三面均环山，东南部是一片缓缓向渤海倾斜的平原，山区面积 10 200 千米^2，约占总面积的 62%，平原区面积为 6 200 千米^2，约占总面积的 38%，2018 年日照时数为 2 484.0小时，接近常年（2 491.4 小时），太阳辐射量全年平均为 468.8～569.3 千焦/厘米。年平均气温为 8.5～12℃，平原地区年平均气温 11.5℃，≥0℃积温 4 400℃，山前暖区≥0℃积温 4 600℃。北京地带性土壤为褐土，约占全市面积的 64.7%。

北京天然河道自西向东贯穿五大水系：拒马河水系、永定河水系、北运河水系、潮白河水系和蓟运河水系。多由西北部山地发源，穿过崇山峻岭，向东南蜿蜒流经平原地区，最后分别汇入渤海。北京没有天然湖泊，共有水库 85 座，其中大型水库包括密云水库、官厅水库、怀柔水库、海子水库等。全市 18 座大、中型水库年末蓄水总量为 27.75 亿米^3，可利用来水量为 6.71 亿米^3。官厅、密云两大水库年末蓄水量为 24.72 亿米^3，可利用来水量为 5.84 亿米^3。根据 2017 年北京市水资源公报数据，北京市水资源总量为 29.77 亿米^3，地表水资源量为 12.03 亿米^3，地下水资源量为 17.74 亿米^3，按照年末常住人口 2170.7 万人计算，北京市人均水资源占有量为 137 米^3，人多水少是北京市的基本市情水情。全市入境水量为 5.03 亿米^3，出境水量为 17.26 亿米^3，南水北调中线工程全年入境水量 10.77 亿米^3，全市平原区年末地下水平均埋深为 24.97 米。2017 年全市总供水量 39.5 亿米^3，其中生活用水 18.3 亿米^3，环境用水 12.6 亿米^3，工业用水 3.5 亿米^3，农业用水 5.1 亿米^3（图 1）。

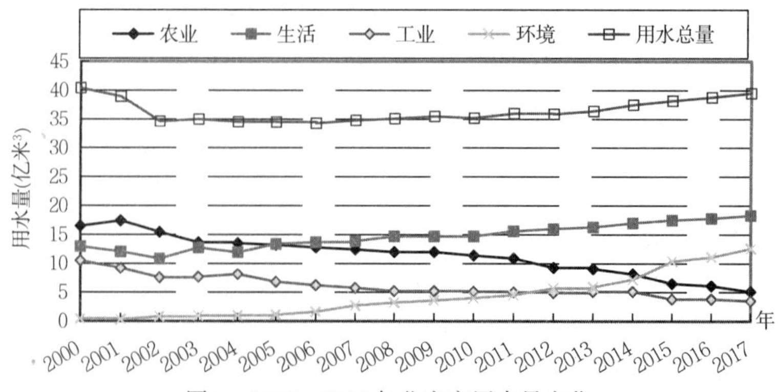

图 1　2000—2017 年北京市用水量变化

（2017 年北京市水资源公报）

北京的气候为典型的暖温带半湿润大陆性季风气候，夏季高温多雨，冬季寒冷干燥，春、秋短促，全年无霜期180～200天，西部山区较短。2018年北京降水量为575.5毫米，与常年同期（540.7毫米）相比略偏多，年降水日数为57天，比常年（66.3天）偏少，年内出现有记录以来的最长连续145天无降水日数，打破了最长连续无降水日数记录（114天，1970年10月25日至1971年2月15日）。北京地区降水季节分配很不均匀，全年降水的80%集中在夏季6、7、8三个月，7、8月有大雨。冬季降水量显著偏少，平均降水量只有0.2毫米，较常年（8.3毫米）显著偏少，是1981年以来降水最少的一个冬季。夏季降雨量较多，2018年夏季共出现2次强降雨天气过程，分别是“7.16”暴雨和7月24日台风“安比”强降雨，两次过程累计雨量占2018年夏季降水量的30%以上。

（二）不同区域特点

北京市包含山区和平原，不同区域之间农业生产相关的气候条件差异较大，北京市年辐射量低值区位于房山区的霞云岭附近，为468.8千焦/厘米，年平均日照时数在2 000～2 800小时之间。最大值在延庆县和古北口，为2 800小时以上，最小值分布在霞云岭，日照为2 063小时。山区主要为棕壤、淋溶褐土、褐土，土壤质地以砂壤、轻壤、中壤为主；平原主要是潮土、褐潮土、潮褐土与褐土，土壤质地53.4%为轻壤，土壤肥力在华北平原地区属中上等水平。北京市大部分地区年平均风速为1.7～2.5米/秒，城区与一些谷地、盆地的风速较小，延庆佛爷顶、昌平南口、密云上甸子等风口处较大。北京地区年平均相对湿度57%，平原地区较大，为58%～59%，山区较小，为52%，两个高值区分别分布在延庆盆地及密云县西北部至怀柔东部一带。由于地理因素的影响，北京地区的气温空间分布变化较大，年平均气温，平原区在11～12℃之间，城区略高于12℃，年平均气温与各季气温，均随海拔高度的增高而由平原向西部、北部山区递减，等值线的走向与山脉等高线走向基本一致，平原与山脉交界地带等温线较为密集，气温随高度分布的梯度较大。

全市降水量地区分布不均，东部、西部降水普遍偏多，降水量地理分布与地形密切相关，山前迎风坡一带（密云、怀柔、平谷、门头沟、房山）是多雨区，山后的背风区为少雨区。怀柔降水量最多，汤河口降水最少；2018年“7.16”暴雨，石景山达到176.6毫米，海淀、怀柔和密云也超过了150毫米，密云有3个自动气象观测站（非国家级观测站）雨量超过了300毫米。

（三）农业生产情况

根据北京市第三次全国农业普查主要数据公报，北京地区实际耕种的耕地面积105.2千公顷，实际经营的林地面积（不含未纳入生态公益林补偿面积的生态林防护）688.0千公顷，实际经营的牧草地（草场）面积78.1公顷，全市温室占地面积7 448.7公顷，大棚占地面积6 555.8公顷，渔业养殖用房面积25.2公顷。全市土地资源约62%为山地，38%为平原。北京市共有农业生产经营人员53.0万人，在农业生产经营人员中年龄35岁及以下的5.3万人，年龄在36～54岁之间的26.2万人，年龄55岁及以上的21.5万。全市登记农户103.3万户，其中农业经营户42.4万户，规模农业经营户3 282户。

北京市能够正常使用的机电井数量27 142眼，排灌站数量328个，能够使用的灌溉用水塘和水库数量193个，全市灌溉耕地面积70 222.2公顷，其中有喷灌、滴灌、渗灌设施的耕地面积26 988.2公顷；灌溉用水主要水源中，17.5万户和农业生产单位使用地下水，占91.5%，1.6万户和农业生产单位使用地表水，占8.5%。化肥施用量为85 493.7吨，其中氮肥37 993吨，磷肥4 663吨，钾肥4 388吨。

北京郊区农业逐步适应了符合城市需要、服务城市发展的生产特点，农业布局与自然特点相适应，平原以粮、畜、菜为主，低山丘陵以果为主，近郊以蔬菜为主，粮食作物中，夏粮作物以冬小麦为主，秋粮作物以玉米为主，蔬菜生产占显著地位。根据北京市2018年统计年鉴，2017年冬小麦播种面积为11 196.6公顷，单产5 504.3千克/公顷，总产量67 628.9吨；玉米播种面积为49 741.7公顷，单产6 676.8千克/公顷，总产量332 115.2吨；蔬菜及食用菌播种面积为41 848.6公顷，单产37 472.8千克/公顷，总产量为1 568 184.0吨。2017年农业总产值1 298 303.6万元，其中谷物产值为73 446.8万元，蔬菜、食用菌产值为600 805.7万元（图2）。

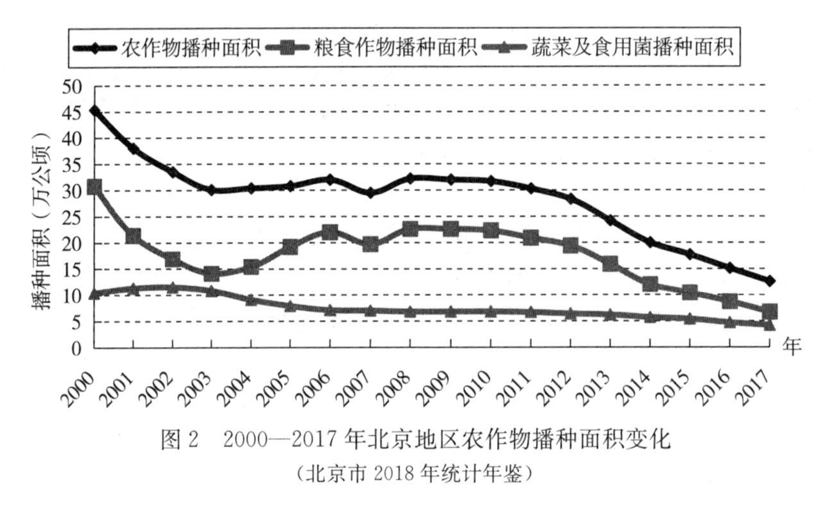

图2　2000—2017年北京地区农作物播种面积变化

（北京市2018年统计年鉴）

二、气象与墒情状况分析

（一）冬小麦气象状况分析

2017年9月25日至11月30日，麦区平均气温较常年和去年同期偏低4.6和4.2℃，偏低50%以上，其中10月略偏低，11月中下旬偏低较多；冬前日照时数总体偏少。总体上，冬前温度偏低光照少，不利形成冬前壮苗。小麦返青期后，3月气温偏高，越冬期（2017年11月28日至2018年3月12日）麦区平均气温为−0.9℃，比常年偏高1.2℃，比去年偏高1.3℃；日照时数为693.5小时，比常年和去年分别偏多83.8小时、142.8小时；麦区平均较常年偏高1℃，其中3月下旬偏高4.3℃，导致小麦发育在返青期较常年晚的情况下起身期接近常年；4月平均较常年偏高0.5℃，其中4月下旬偏高1.4℃，受3～5日雨雪的影响，4月4～5日麦区平均气温降至3℃，较常年偏低8.8℃，对小麦穗分化造成一定影响；5月麦区平均气温21.4℃，较常年偏高1.1℃，其中5月最后5天平均气温较常年偏高1.6℃，导致小麦抽穗期较常年提前3天、开花期提前5天。进入6月，至6月13日，麦区平均气温24.6℃，较常年偏高0.8℃，小麦成熟期较常年提前2

天。3月1日至6月12日，麦区累计日照时数为775.1小时，较常年的806.6小时偏多31.5小时，偏多3.9%。

（二）冬小麦不同生育期墒情状况分析

冬前降雨较常年偏多27.4毫米，较去年少38.1毫米，降雨主要集中在10月上旬，11月降雨为0；越冬期降水0毫米，比常年偏少10.5毫米，比上年偏少14.3毫米，无有效降水、光照足、温度高，总体表现为干旱气象，不利于小麦安全越冬。春季3月1日至6月12日，麦区累计降水87.2毫米，与常年同期持平略少2.8毫米，具体为：自2017年10月23日至2018年3月16日，连续145天无有效降雨后，3月累计降水2.8毫米，降水日期只有3月17日，较常年同期的9.7毫米偏少6.9毫米，常年仅有3月7日1天无降水，其余7日均有不同程度的降水，返青后降水偏少不利于小麦返青生长；4月麦区累计降水57.0毫米，较常年4月累计降水22毫米偏多35毫米，降水主要集中在4月3～5日12.8毫米，13～14日10.6毫米和4月21～23日32.7毫米，4月份起身期、拔节期、孕穗期均有有效降水，利于小麦植株生长和籽粒形成；5月麦区累计降水20.2毫米，较常年同期的41.5毫米偏少31.3毫米，且单次降雨都较小，仅有5月12和17日降雨达5毫米，5月总体较旱。6月份，至6月13日麦收前累计降雨6.8毫米，常年同期降雨16.8毫米，麦收前较旱，利于小麦成熟。

监测表明，2017—2018年度全市小麦平均越冬期为11月28日，与常年基本一致，平均冬前总茎数为73.7万/亩，较去年减少8.4万/亩，与常年接近，其中大于100万/亩群体较大的麦田占16.8%，较去年减少21.1个百分点，但该部分麦田小麦叶片短宽、叶鞘未伸长、分蘖正常、幼苗匍匐，属于壮苗；80万～100万的一类苗占12.2%，较去年增加3.1个百分点；60万～80万的二类苗占25.5%，较去年增加8个百分点；小于60万的三类苗占45.5%，较去年增加10个百分点。总体来看，由于播期有所推迟，冬前群体较去年偏少，三类苗比例较大。

今年全市小麦起身期为4月5日，较去年晚8天，与常年接近，起身期总茎数93.0万/亩，较去年和常年分别减少21.5万/亩和6.3万/亩，主要是受冬春干旱影响所致。拔节期为4月16日，较去年和常年分别晚5天和1天，拔节期总茎数为60.7万/亩，较去年减少0.9万/亩，较常年增加5.8万/亩。亩穗数41.1万，较上年减少4.7万，减少10.3%，穗粒数减少0.1粒，千粒重减少0.4克，监测点亩产397.3千克，统计局亩产357.8千克，较上年减产5.0%（图3）。

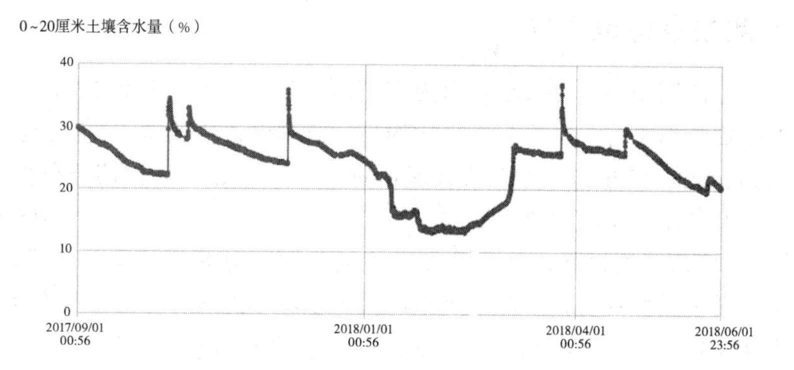

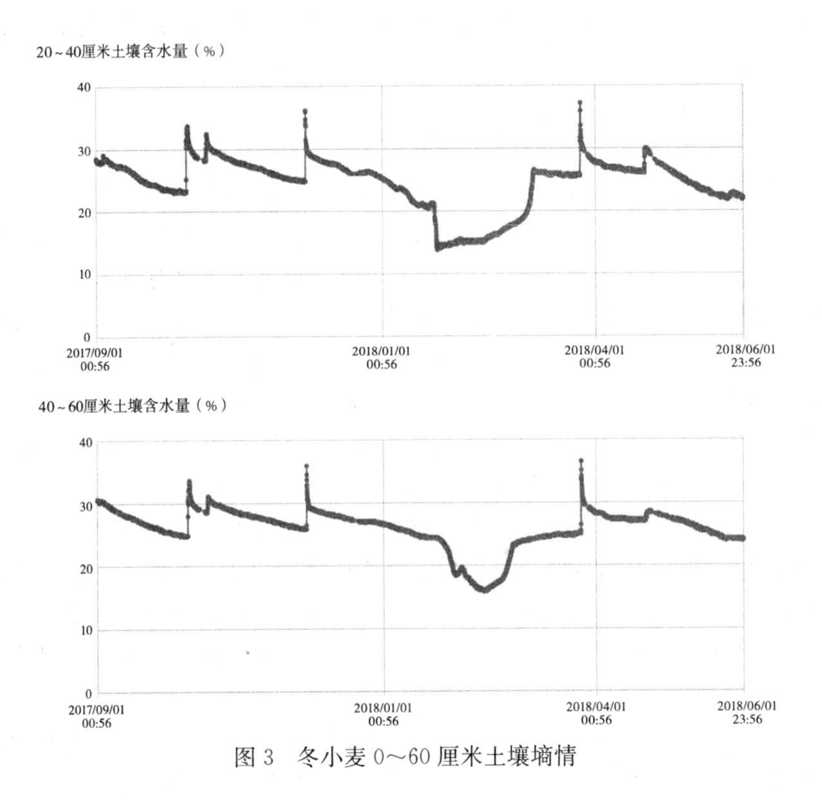

图3　冬小麦0～60厘米土壤墒情

（三）自然灾害发生情况分析

据北京市气候中心统计，自2017年10月23日至2018年3月16日，北京连续145天无有效降雨，创下历史同期降水最少年份。历史上越冬期无有效降雨日数最长的是114天，为1970年10月25日至1971年2月15日，近十年最长无有效降水日为108天，为2010年10月25日至2011年2月9日，秋冬创下历史最旱年份。据调查统计，2017—2018年度全市小麦返青期为3月12日，较去年和常年分别晚6天和4天。返青期平均总茎数为74.3万/亩，较冬前总茎数增加0.6万/亩，较去年减少21.1万/亩，较常年减少8.3万/亩。越冬期叶片青枯、茎部萎蔫严重。

三、土壤墒情监测体系建设

（一）监测站点建设情况

北京市墒情监测网络体系是自动站点为主，人工站点为辅，目前共有85个自动站点入网，站点涉及房山、昌平等7个区县；采购的自动监测设备包括浙江托普云农、沈阳巍图农业科技有限公司、北京东方润泽生态科技股份有限公司、北京派得伟业科技发展有限公司等，实现了0～60厘米土层墒情自动监测，全年共采集数据92 000个；2018年主要安装的是FDR管式自动墒情监测设备，是一款高精度的土壤水分测量仪器，仪器具有高灵敏性，通过对于土壤中介电常数的分析，能准确地反映出土壤中的水分含量，具有体积小，携带方便，安装、操作及维护简单等特点。人工站点共建立了107个，除去每年11月到次年2月的冬季上冻时节，在每个月的10号和25号定期采集墒情数据，并进行数据上传和墒情发布，2018年共发布墒情简报20期，建立了为全市农业服务的墒情监测体系。

（二）工作制度、监测队伍及资金投入

北京市自墒情工作开展以来，十分重视工作制度的完善和监测队伍的加强。根据农业农村部和全国农业技术推广服务中心的要求，为了规范数据采集和信息发布，提升墒情监测服务能力，对全市的墒情监测数据采集、汇总上报和信息发布统一要求，提高数据的科学性和准确度。2018年组织北京市土壤墒情监测技术培训班一期，邀请北京市农林科学院有关博士对全国土壤墒情监测系统使用进行讲解，提高监测队伍的知识储备和操作熟练度。北京市共有墒情监测人员12名，其中市级技术人员2名，区县级技术人员10名。在小麦的关键节点，技术人员及时了解墒情，对农事操作提供指导，全年共下乡指导100余人次。墒情队伍技术人员和墒情相关数据，为农业主管部门信息决策提供了保障，为农业生产者具体农事操作提供了技术指导。为了更全面的开展墒情监测工作，北京市积极争取各方面财政资金支持，力争将墒情工作与水肥一体化、高标准农田建设等工作挂钩，推动墒情工作的进一步发展。

（三）主要作物墒情指标体系

准确有效地测量土壤含水量，是科学控制调节土壤水分状况，进行节水灌溉，实现科学用水和灌溉自动化的基础，为了更好地利用墒情数据指导农事生产，北京市经过多年的数据积累，选用0～20厘米、20～40厘米、40～60厘米深度的土层进行墒情评价，以土壤墒情评价深度的土壤层相对湿度作为墒情评价依据，建立了小麦和玉米等主要农作物的墒情指标评价体系，农业种植者可以直观的根据土壤墒情等级，进行相关农事生产（表1、表2）。

表1　小麦各生育期土壤墒情评价指标

评价项目	作物各生育期墒情指标（%）				
	幼苗期	返青期	拔节期	灌浆期	成熟期
过多	＞75		＞80	＞75	
适墒	60～75		65～80	60～75	
轻旱	45～60		55～65	45～60	
中旱	35～45		45～55	35～45	
重旱	＜35		＜45	＜35	

表2　玉米各生育期土壤墒情评价指标

评价项目	作物各生育期墒情指标（%）				
	苗期	拔节期	抽穗期	灌浆期	成熟期
过多	＞75	＞80	＞85	＞75	
适墒	65～75	70～80	75～85	65～75	
轻旱	55～65	60～70	65～75	55～65	
中旱	35～55	40～60	45～65	35～55	
重旱	＜35	＜40	＜45	＜35	

2018 年天津市土壤墒情监测技术报告

一、农业生产基本情况

（一）农业资源特点

天津市位于东经 116°43′～118°4′，北纬 38°34′～40°15′之间，处于国际时区的东八区。土地总面积 11 916.85 千米^2，疆域周长 1 290.814 千米，其中海岸线长 153.334 千米，陆界长 1 137.48 千米。天津地处太平洋西岸，华北平原东北部，海河流域下游，东临渤海，北依燕山，西靠首都北京，是海河五大支流南运河、子牙河、大清河、永定河、北运河的汇合处和入海口，素有“九河下梢”“河海要冲”之称。

天津市气候属典型的暖温带半湿润大陆季风气候，位于中纬度欧亚大陆的东部太平洋西岸，主要受季风环流支配，冬、夏季分别受蒙古高压和副热带高压与冷空气交替影响，仍属于大陆性气候。其特点是：①四季分明，春季多风，干旱少雨；夏季炎热，雨水集中，且高温高湿，雨热同季；秋季凉爽，冷暖适宜；冬季严寒，干旱少雪。在四季中，冬季最长，有 156～167 天；夏季次之，有 87～103 天；春季有 56～61 天；秋季最短，仅为 50～56 天，全年 10℃气温以上的天气（春、夏、秋季）205 天。②气温：天津年平均气温在 11.4～12.9℃，1 月最冷，平均气温－3～－5℃；7 月最热，平均气温 26～27℃。③风：天津季风盛行，冬、春季风速大，夏、秋季风速小。年平均风速为 2～4 米/秒，多为西南风。④霜期：天津平均无霜期为 196～246 天，最长无霜期为 267 天，最短无霜期为 171 天。⑤降水：天津年平均降水量为 520～660 毫米，降水日数为 63～70 天。在地区分布上，山地多于平原，沿海多于内地。在季节分布上，6、7、8 三个月降水量占全年的 75%左右。⑥湿度：全市年平均相对湿度 66.3%。⑦辐射日照：天津地区太阳总辐射年平均值为 4 935 兆焦/米^2。年平均日照时数为 2 471～2 769 小时（实照时数），沿海一带日照丰富，宝坻和市区日照最少。天津主要为大陆性气候特征，但受渤海影响，沿海地区有时也显现出海洋性气候特征，海陆风现象比较明显。

天津市属于资源型、区域性、季节性、水质性缺水特点尤为突出的区域，干旱缺水，尤其是春旱、夏伏旱严重制约着全市农业生产的可持续发展。多年平均全市水资源总量 15.69 亿米^3，全市平均降水量 574.6 毫米，折合降水总量 68.54 亿米^3，其中降水量 80%地表蒸发无效径流损失，70%左右降水量集中在 6、7、8 三个月，地表水 10.65 亿米^3（多年平均），地下水 5.9 亿米^3（矿化度小于 2 克/升），深层地下水 2.84 亿米^3。2017 年农业用水 10.7 亿米^3（农田灌溉用水 9.5 亿米^3），占用水总量（28.7 亿米^3）的 39%，每年农业用水缺口在 8 亿～10 亿米^3。

天津市 2017 年耕地面积（年末实有常用耕地）557.12 万亩。其中有效灌溉面积 457.95 万亩，节水灌溉面积 353.25 万亩，其中有喷灌、滴灌、渗灌设施的耕地面积 36.94 万亩；灌溉水利用系数 0.702，灌溉用水主要水源中，使用地下水的用户和农业经营单位占

46.6%，使用地表水的用户和农业经营单位占53.4%。

（二）不同区域特点

天津市总的地势是西北高、东南低，由西北向东南倾斜，呈现由蓟县北部向南、由武清区西部永定河冲积扇向东、由静海县西南的河流冲积平原向东北呈逐渐下降的趋势，有山地、丘陵、平原、洼地、海岸带、滩涂等多种地貌类型。山地分布在蓟县东北部，丘陵分布在中、低山的外围，平原是天津陆地的主体部分，分布于燕山以南至渤海之滨的广大地区，按成因、地面组成物质及海拔高度又可分为洪积、冲积倾斜平原，冲积平原，海积、冲积平原，海积平原4种类型。低平海岸带区包括潮间带区和水下岸坡区。

天津市以地带性土壤与非地带性土壤并存，非地带性土壤为主。土壤中性偏碱，盐碱地占有一定比例，有机质平均含量1%～2%。在自然因素和人为因素综合影响下，形成了分布从山地、丘陵、平原到滨海，依次为棕壤、褐土、潮土、沼泽土、水稻土和滨海盐土6个主要土壤类型，17个亚类，55个土属，459个土种，其中以潮土分布最广，面积为83.70万公顷，占土壤总面积的81.35%。全市除北部蓟县的山地、丘陵外，其余地区都是在深厚沉积物上发育的土壤。受成土母质影响，全市由北向南土壤质地依次为砾质→砂质→壤质→黏质，由西向东为砂质→壤质→黏质。

降水、地表径流时空分布不均，70%左右降水量集中在6、7、8三个月，春季干旱少雨，冬季少雪，旱灾时有发生，春旱较严重。从流域分区看，北部山区降水量大于平原降水量，地下水北部较南部埋深较浅，南部区域地下水基本在300米左右，北部区域在100米左右。地表水资源量主要取决于降水，不仅与本市的降水量丰、枯有关，且在很大程度上取决于海河、滦河全流域降水量的多少。北部区域地表水相对南部区域较为丰富。

（三）农业生产情况

天津市属于都市型农业，2018年全市农业总产值391亿元，其中种植业产值187.75亿元。天津市“三农”工作保持良好发展态势，现代都市型农业快速发展。启动实施小站稻振兴计划。2017年粮食播种面积527.1万亩，粮食产量21.227亿千克，其中小麦面积163.2万亩，玉米面积302.1万亩，水稻面积45.7万亩，大豆面积5.1万亩，薯类面积4.4万亩；棉花播种面积34万亩，油料作物面积10万亩，中药材面积5.1万亩，瓜类面积8.7万亩，水果面积46.7万亩；全市蔬菜播种面积73.92万亩，总产量269.61万吨。目前全市设施占地面积26.2万亩，其中温室面积14.4万亩（含智能联栋温室0.4万亩），大中棚面积9.9万亩，小棚面积1.9万亩。

2018年“一减三增”结构调整全面完成，累计调减粮食种植面积107.5万亩，土地产出率明显提高。建成60万亩高标准设施农业、20个现代农业园区、155个养殖园区，建设10个现代农业产业园区，设施蔬菜播种面积占全市蔬菜播种面积的70%。科技兴农成效明显，对农业增长贡献率65%。农产品质量安全水平全面提高，建成放心菜基地234个，年产优质放心菜240万吨，占全市蔬菜总产量的53%；新产业新业态蓬勃发展，休闲农业收入达70亿元，比上年增长20%。

二、墒情状况分析

（一）气象状况分析

降水：根据市气象台提供的1～10月气象报告显示，全市平均降水量为400毫米，相比较去年同期降水量（600.6毫米）减少了199.7毫米。

气温：根据市气象台提供的1～10月气象报告显示，全市平均降温为12.64°，相比较去年同期气温（12.72°）略低。

（二）不同区域墒情状况分析

春季（3～5月）：全市降水量平均为30.13毫米，主要降水量集中在谷雨（4月20日）之后，缓解了全市旱情，有利于小麦后期生长和已播作物的苗期生长。气温逐渐升高，但起伏变化大。

夏季（6～8月）：全市降水量平均为79.87毫米，主要降水量集中在6月9～13日、7月7～23日两个阶段。此阶段为春玉米经历拔节期，进入抽雄吐丝期；夏玉米经历七叶期，进入拔节期，并且大部分作物进入需水高峰期，降水比历年偏多明显，土壤墒情得到有效补充，有利于冬小麦后期乳熟及夏播作物苗期生长。

但立秋（8月7日）之后，降水量明显减小。平川和东山南部出现了中到重度干旱，对农作物灌浆乳熟、干物质积累不利。局部地区出现的短时强降水天气，造成部分地块倒伏和渍涝，玉米等作物正处于产量形成的关键时期，严重影响了作物正常生长发育，导致病虫害加重发生，严重影响玉米产量。

秋季（9～10月）：全市降水量平均为32.9毫米，降水量减少。9月17～19日全市出现大范围持续阴雨天气，降水量在7.7～23.5毫米之间；24～25日全市出现小到中雨，局部大雨天气。秋收期出现了几次降水过程，对大秋作物收获产生影响。

寒露（10月8日）之后各地均出现不同程度的霜冻，降水量陡降，出现的霜冻天气对未来作物的收获产生一定的影响。

（三）主要作物不同生育期墒情状况分析

冬小麦在监测期内，0～20厘米和20～40厘米土层的土壤相对含水量变化趋势大致相同。在返青期内，部分土壤墒情不足，需提前浇返青水。生长期内，土壤墒情整体适宜。夏秋季雨水充足，10月上旬土壤墒情适宜播种。

玉米在监测期内，0～20厘米和20～40厘米土层的土壤相对含水量变化趋势大致相同。在玉米生长期内，土壤水分充足，0～20厘米和20～40厘米土壤墒情整体适宜，夏季降水集中偏多，从7月下旬到8月下旬期间土壤普遍出现滋涝，部分低洼区域出现5～7天无法排涝。

棉花在监测期内，0～20厘米和20～40厘米土层的土壤相对含水量变化趋势大致相同。在生长期间内，田间土壤墒情整体适宜，前期出现低温和大风等灾害，出苗不好，从7月下旬到8月下旬期间出现滋涝现象，影响了棉花现蕾。

（四）旱涝灾害发生情况分析

2018年入春，小麦返青期，由于冬前入春初降雨偏少，部分区域出现短暂轻旱，随着返青后期出现降雨，墒情转好，小麦、玉米生育期整体墒情较好，到8月份，出现3次强降雨，全市低洼区域普遍发生1周左右水淹滋涝，给设施农业蔬菜、玉米、水稻、棉花等生产带来较大影响。

三、墒情监测体系

（一）监测站点基本情况

从2013年开始，启动天津市土壤墒情远程监测网络体系建设，基本实现了以自动监测数据为主，人工监测为辅的监测形式。截至目前，通过墒情远程自动监测与预警项目和水肥一体化技术项目，墒情监测网络体系基本建立，包括27个自动远程固定监测站（1个正在维修）、33个便携自动监测站（2个正在维修中）、15个作物长势监测站。22个自动远程固定监测站全部对接全国系统入网情况。各种站点监测数据类型及站点区域地点详见列表1、表2。

表1　各种自动墒情监测站点监测数据类型

站点类型	监测数据指标
1.5代（含1代）墒情站	土壤体积含水量、土壤温度、土壤电导率
气象站	空气温度、空气湿度、风速、风向、光照强度、降雨量、露点温度、土壤体积含水量、土壤温度、土壤电导率
CC站	作物冠层覆盖率

表2　各自动墒情站点位置、名称统计

序号	区域	地点	站点名称	类型	站点编号
1	宁河区	天津市实验林场	林场轻便墒情1#	1.5代墒情站	NHDT0201
2		天津市实验林场	林场轻便墒情2#	1.5代墒情站	NHDT0202
3		天津市实验林场	林场墒情5	1代墒情站	NHDT0101
4		天津市实验林场	宁河实验林场墒情	1代墒情站	NHDT0102
5		天津市实验林场	林场气象墒情站	气象站	NHDT0301
6		天津市实验林场	宁河气象3#	气象站	NHDT0302
7		天津市实验林场	宁河墒情9#	1.5代墒情站	NHDT0203
8		天津市实验林场	作物长势1	CC站	NHDT0401
9		天津市实验林场	作物长势2	CC站	NHDT0402
10		天津市实验林场	作物长势3	CC站	NHDT0403
11		天津市实验林场	作物长势4	CC站	NHDT0404
12		天津市中以园	中以园气象墒情站	气象站	NHDT0303
13		天津市中以园	宁河中以园墒情1站	1代墒情站	NHDT0103
14		天津市中以园	宁河中以园墒情2站	1代墒情站	NHDT0104

（续）

序号	区域	地点	站点名称	类型	站点编号
15	宁河区	天津市中以园	宁河中以园墒情3站	1代墒情站	NHDT0105
16		天津市玉米良种场	宁河玉米场气象墒情站	气象站	NHDT0304
17		天津市玉米良种场	玉米场东一站	1代墒情站	NHDT0106
18		天津市玉米良种场	玉米场西一站	1代墒情站	NHDT0107
19		天津市玉米良种场	玉米场西二站	1代墒情站	NHDT0108
20		天津市玉米良种场	玉米场小气候1		
21		天津市玉米良种场	玉米场小气候2		
22		天津市玉米良种场	玉米场小气候3		
23		天津市玉米良种场	玉米场小气候4		
24		天津市玉米良种场	玉米场墒情1	1代墒情站	NHDT0109
25		天津市玉米良种场	玉米场墒情2	1代墒情站	NHDT0110
26		天津市玉米良种场	玉米场墒情3	1代墒情站	NHDT0111
27		天津市玉米良种场	玉米场墒情4	1代墒情站	NHDT0112
28		天津市玉米良种场	作物长势1	CC站	NHDT0405
29		天津市玉米良种场	作物长势2	CC站	NHDT0406
30		七里海	宁河七里海气象墒情站	气象站	NHDT0305
31	滨海新区	汉沽	滨海新区汉沽农林区域站气象墒情站	气象站	BHDT0301
32		小王庄镇北抛庄村	小王庄镇北抛庄村	气象站	BHDT0302
33		滨海新区	滨海新区（气象2#）	气象站	BHDT0303
34		滨海新区	滨海新区（墒情8#）	1.5代墒情站	BHDT0201
35		滨海新区	作物长势	CC站	BHDT0401
36	静海区	静海西翟庄镇顺民屯村	静海西翟庄镇顺民屯村	气象站	JHDT0301
37		静海唐官屯良辛庄村	静海唐官屯良辛庄村	气象站	JHDT0302
38		静海良种场	静海良种场墒情	1代墒情站	JHDT0101
39		静海良种场	作物长势	CC站	JHDT0401
40		蔡公庄镇	静海蔡公庄镇（气象1#）	气象站	JHDT0303
41		蔡公庄镇	静海蔡公庄镇（墒情5#）	1.5代墒情站	JHDT0201
42		蔡公庄镇	静海蔡公庄镇（墒情6#）	1.5代墒情站	JHDT0201
43		蔡公庄镇	静海蔡公庄镇（墒情7#）	1.5代墒情站	JHDT0202
44		静海区子牙	静海区子牙轻便墒情站	1.5代墒情站	
45		静海区独流李家湾子村	静海区独流李家湾子村轻便墒情站07	1.5代墒情站	
46		静海区王口镇大瓦头村	静海区王口镇大瓦头村固定站4号	气象站	
47		静海区梁头镇谷庄子村		墒情便携站	
48		静海区独流镇八堡		墒情便携站	
49		静海区双塘镇杨学士村		墒情便携站	
50		静海区陈官屯镇		墒情便携站	

（续）

序号	区域	地点	站点名称	类型	站点编号
51	静海区	静海区台头镇五堡		墒情便携站	
52		蔡公庄镇	作物长势1	CC站	JHDT0402
53		蔡公庄镇	作物长势2	CC站	JHDT0403
54		蔡公庄镇	作物长势3	CC站	JHDT0404
55	宝坻区	林亭口镇	宝坻林亭口镇糙甸村	气象站	BDDT0301
56		林亭口镇	林亭口镇糙甸村墒情	1代墒情站	BDDT0101
57		林亭口镇	作物长势	CC站	BDDT0401
58		宝坻区牛家牌镇七色阳光基地	宝坻区牛家牌镇七色阳光基地固定站2号	气象站	
59		宝坻区牛家牌镇七色阳光基地	宝坻区牛家牌镇七色阳光基地墒情站2号	1.5代墒情站	
60		宝坻区新开口镇何各庄村	宝坻区新开口镇何各庄村墒情站03号	1.5代墒情站	
61		新安镇	宝坻新安镇北潭村	气象站	BDDT0302
62	蓟州区	蓟县良种场	蓟县良种场	气象站	JZDT0301
63		蓟县良种场	作物长势	CC站	JZDT0401
64		蓟县良种场	蓟县（气象4＃）	气象站	JZDT0302
65		蓟县良种场	蓟县（墒情10＃）	1.5代墒情站	JZDT0201
66		蓟州区罗庄子镇罗庄子村	蓟州区罗庄子镇罗庄子村轻便墒情站04	1.5代墒情站	
67		蓟州区别山镇大黄土庄村	蓟州区别山镇大黄土庄村轻便墒情站05	1.5代墒情站	
68		蓟州区东施古镇	蓟州区东施古镇固定站	气象站	
69		蓟县良种场	作物长势1	CC站	JZDT0402
70	东丽区	东丽区新立街赵北村	东丽区新立街赵北村	气象站	DLDT0301
71	津南区	津南葛沽镇杨惠庄村	津南葛沽镇杨惠庄村	气象站	JNDT0301
72	西青区	西青辛口镇水高庄村	西青辛口镇水高庄村	气象站	XQDT0301
73		西青区辛口镇大沙窝村	西青区辛口镇大沙窝村	气象站	XQDT0302
74	武清区	武清区大碱厂镇	武清区大碱厂镇	气象站	WQDT0301
75		武清区崔黄口镇周家务村	武清区崔黄口镇周家务村固定站5号	气象站	
76		武清区黄口镇周家务村	武清区黄口镇周家务村轻便墒情08	1.5代墒情站	
77		武清区下武旗良种繁殖场	武清区下武旗良种繁殖场轻便墒情09	1.5代墒情站	
78		武清区大碱厂镇	武清区大碱厂轻便墒情	1.5代墒情站	
79		武清区南蔡村镇张新村运河种业	武清区南蔡村镇张新村运河种业	气象站	
80		武清区大碱厂镇	作物长势	CC站	WQDT0401
81	北辰区	北辰区双街镇双虎合作社	北辰区双街镇双虎合作社固定站1号(1＃)	气象站	
82		北辰区双街镇双虎合作社	北辰区双街镇双虎合作社墒情站	1.5代墒情站	

（二）工作制度、监测队伍与资金

监测工作开展。每年按照要求从3～11月，每月两次开展土壤墒情监测信息调度，日常主要由自动监测站每小时采集1次数据。采集数据：自动远程监测站主要包括：空气温度、空气湿度、风速、风向、光照强度、降雨量、露点温度、土壤体积含水量、土壤温度、土壤电导率；便携自动监测站主要包括：土壤体积含水量、土壤温度、土壤电导率；作物长势监测站主要包括：采作物冠层覆盖率。全市总共发布土壤墒情简报16期。每月2次通过天津市土壤墒情简报（纸质）、信息网发布全市土壤墒情监测报告和抗旱防涝指导意见，适时安排农事活动，减少旱涝因素给农业带来的不利影响，保证农民的切实利益。

监测队伍。基本健全，市级由市土壤肥料工作站节水科牵头组织，区级由10个区土肥站协助落实开展。

对已建的54个墒情监测站进行了维护更新保养，保证所有站点正常运行。对22个具有代表性的站点进行了取土标定，共取土270个样，分析质量含水量、容重以及体积含水量、田间持水量、土壤质地等；按照逐步加大监测数据应用的理念，开展墒情监测平台系统和APP手机终端升级，提高全市墒情工作的及时性和准确性。

土壤墒情监测资金。主要为市财政部门预算项目土壤墒情与耕地质量监测项目支持。2018年土壤墒情监测部分为40万元，主要用于自动墒情远程监测站建设、墒情监测站设备维护管护、平台系统升级、常规点监测材料、标定试验以及培训费用等。

（三）主要作物墒情指标体系

参见表3。

表3　确定的0～80厘米土壤墒情指标（%）

	发育期	墒情等级	褐土	潮土	砂礓黑土	黄褐土	风沙土	盐碱土
冬小麦	播种—出苗	重旱	≤10	≤9	≤11	≤10	≤7	≤7
		轻旱	11～15	10～15	12～17	11～15	8～12	8～13
		适宜	16～21	16～20	18～22	16～20	13～19	14～19
		偏湿	≥22	≥21	≥23	≥21	≥20	≥20
	越冬—返青	重旱	≤11	≤11	≤11	≤10	≤8	≤7
		轻旱	12～15	12～15	12～16	11～15	9～13	9～13
		适宜	16～21	16～21	17～23	16～21	14～20	14～19
		偏湿	≥22	≥22	≥24	≥22	≥21	≥21
	返青—拔节	重旱	≤11	≤10	≤11	≤10	≤9	≤8
		轻旱	12～15	11～14	12～18	11～17	10～13	10～13
		适宜	16～23	15～23	19～24	18～22	14～20	14～21
		偏湿	≥24	≥24	≥25	≥23	≥21	≥22
	抽穗—成熟	重旱	≤9	≤9	≤10	≤9	≤8	≤8
		轻旱	10～14	10～14	12～17	10～14	9～12	9～12
		适宜	15～21	15～19	18～21	15～20	13～18	13～18
		偏湿	≥22	≥20	≥22	≥21	≥19	≥19

（续）

	发育期	墒情等级	褐土	潮土	砂礓黑土	黄褐土	风沙土	盐碱土
夏玉米	播种—三叶	重旱	≤10	≤10	≤11	≤9	≤8	≤8
		轻旱	11～15	11～16	12～17	10～15	9～12	9～13
		适宜	16～20	17～20	18～21	16～20	13～19	14～19
		偏湿	≥21	≥21	≥22	≥21	≥20	≥20
	三叶—七叶	重旱	≤10	≤10	≤12	≤9	≤9	≤9
		轻旱	11～14	11～16	13～18	10～16	10～12	10～13
		适宜	15～20	17～20	19～21	17～20	13～19	14～19
		偏湿	≥21	≥21	≥22	≥21	≥20	≥20
	拔节—吐丝	重旱	≤11	≤11	≤13	≤10	≤10	≤10
		轻旱	12～15	12～17	14～18	11～17	11～13	11～13
		适宜	16～23	18～23	19～24	18～22	14～20	14～20
		偏湿	≥24	≥24	≥25	≥23	≥21	≥21
	灌浆—成熟	重旱	≤9	≤8	≤12	≤9	≤9	≤9
		轻旱	10～15	9～12	13～18	10～16	10～13	10～13
		适宜	16～21	13～21	19～23	17～21	14～19	14～19

2018年河北省土壤墒情监测技术报告

一、农业生产基本情况

（一）农业资源特点

河北省位于我国华北地区，地处东经113°29′～119°58′，北纬36°01′～42°35′之间，全省总面积约18.77万千米²。其中，坝上高原占8.5%，山地面积占48.1%，河北平原占43.4%。河北省地处华北平原东北部，东临渤海，内环京津，西为太行山，北为燕山，燕山以北为张北高原，兼有高原、山地、丘陵、盆地、平原、草原和海滨等地貌，地跨海河、滦河两大水系。河北省地处沿海开放地区，是我国经济由东向西梯次推进发展的东部地带。河北省是中国唯一兼有高原、山地、丘陵、平原、湖泊和海滨的省份，是中国重要的粮棉产区。

河北省属于温带半湿润半干旱大陆性季风气候，大部分地区四季分明。河北省光照资源丰富，年总辐射量为4 974～5 966兆焦/米²，年日照时数2 126～3 063小时；南北气温差异较大，年平均气温为2.2～14.6℃，1月为全省最冷月，各地平均气温均低于0℃，平均最低气温在−4.4～−28.4℃；7月为全省最热月，平均最高气温大部分地区在29℃以上，平均最高气温为23.4～32.2℃。极端最高气温极值44.4℃（出现在沙河市，2009年6月25日），极端最低气温极值−42.9℃（出现在围场县御道口，1957年1月12日）。年无霜期80～205天。降水分布不均，年降水量为338.4～688.9毫米，降水量分布特点为东南多西北少。

河北省属严重的资源型缺水省份，全省多年平均水资源总量204.69亿米³，为全国水资源总量28 412亿米³的0.72%。其中地表水资源量为120.17亿米³，地下水资源量为122.57亿米³，地表水与地下水的重复计算水量为38.05亿米³。按河北省2000年统计公布的人口及耕地数量计算，全省人均水资源量为306.69米³，为全国同期人均水资源量2 195米³的13.97%，约占全国的1/7，亩均水资源量为211.04米³，为全国同期亩均水资源量1 437米³的14.68%，约占全国的1/7。

干旱缺水、十年九旱是河北的基本省情。全省旱地、半旱地面积占总耕地面积的60%以上，且约2/3是中低产田。全省每年超采40亿～50亿米³地下水，由此造成河流干涸、地下水位下降、地面沉陷、水体污染、海水入侵等一系列地质环境问题。全省总用水量215亿米³，其中农田灌溉用水量154.65亿米³，占71.8%。农田灌溉用水量中，水田用水量16.14亿米³，大田用水量116.79亿米³，菜田用水量21.72亿米³，分别占10.4%、75.6%、14.0%。农产品需求的刚性增长和水资源的严重短缺，已经成为当前农业发展的主要矛盾之一。

（二）不同区域特点

河北省年平均降水量为503.5毫米，各地在338.4～688.9毫米。年降水量时空分布不均，从1961年开始，50年来的资料显示，各个分区的多年平均降水量分别为：冀北高原

401.8毫米，燕山丘陵区492.6毫米，太行山区520.2毫米，太行山前平原地区498.2毫米，冀东平原594.2毫米。燕山丘陵区东部、冀东平原、太行山区、山前平原东北部的沧州大部、衡水北部年降水量在500毫米以上。其中兴隆、遵化及青龙一线以南地区年降水量在600毫米以上；冀北高原大部、燕山丘陵区西部、山前平原中南部等地，年降水量不足500毫米，其中冀北高原西部、燕山丘陵西部地区年降水量不足400毫米。年降水主要集中在夏季，占全年的66%；冬季降水最少，仅占全年的2%。有气象观测记录以来，1964年降水量最多，全省平均为814.6毫米；1997年最少，为340.4毫米。

全省年降水量分布特征是南部多、北部少，沿海多、内陆少，山区多、平原少，山地的迎风坡多、背风坡少。年降水量的空间分布在太行山、燕山山脉存在4个多雨中心，即兴隆—遵化、涞源—紫荆关、阜平；而少雨中心一个位于冀西北高原，另一个位于冀中南平原。

河北省各地季降水量分布很不均匀，一般规律是夏季最多，春秋季次之，冬季最少。春季降水量全省各地为48～91毫米，占全年降水量的10%～14%；夏季降水量全省各地为222～538毫米，各地全年降水量的60%～75%都集中在夏季；秋季降水量全省各地为62～108毫米，占全年降水量的13%～22%；冬季全省各地受蒙古干冷高压控制，降水稀少，全省各地为5～16毫米，仅占全年降水量的1%～3%。

（三）农业生产情况

河北省是全国13个粮食主产省之一，耕地面积9 842.03万亩，居全国第五位。长期以来，河北省委、省政府高度重视粮食生产，作为“三农”工作的重中之重，深入实施“藏粮于地、藏粮于技”战略，粮食总产量自2013年以来，连续6年保持在350亿千克以上，为保障国家粮食安全作出了重要贡献。

2018年粮食播种面积9 808.02万亩，总产量370.09亿千克，是历史上总产量第二个高产年份（2017年总产量383.0亿千克）。其中，夏粮产量146.7亿千克，秋粮产量223.44亿千克。粮食作物主要以小麦、玉米为主，其中小麦播种面积3 521.9万亩，产量144.6亿千克，分别占粮食面积和总产量的35.9%、39.1%；玉米播种面积5 156.6万亩，总产量194.6亿千克，分别占粮食总面积和总产量的52.6%、52.4%。豆类播种面积174万亩，产量2.81亿千克；薯类播种面积339万亩，鲜薯产量73.94亿千克；棉花播种面积315万亩，总产量2.39亿千克；油料播种面积552万亩，总产量12.14亿千克；中草药播种面积129万亩，产量5.24亿千克；蔬菜播种面积1 182万亩，总产量5 154.5万吨。其中，食用菌（干鲜混合）产量140.9万吨。园林水果产量957.0万吨，食用坚果产量56.2万吨。猪牛羊禽肉产量462.2万吨。其中，猪肉产量286.3万吨，牛肉产量56.5万吨，羊肉产量30.5万吨，禽肉产量88.9万吨。禽蛋产量378.0万吨，牛奶产量384.8万吨。水产品产量103.1万吨，其中，养殖水产品产量77.6万吨；捕捞水产品产量25.5万吨。2018年，河北省第一产业增加值3 338.0亿元，农村居民人均可支配收入14 031元，农业机械总动力7 706.2万千瓦（不包括农业运输车）。

强化基础设施建设，稳定提升产能。实施耕地质量保护与提升行动，“十三五”以来，全省新增高标准粮田809.94万亩，累计达到2 962万亩。大力发展农田高效节水灌溉，总面积达到350万亩。推广秸秆还田、增施有机肥等培肥地力措施，促进耕地质量提升，全省耕地平均质量等级达到5.00级。2018年底之前完成了4 500万亩粮食生产功能区和300万亩重要农产品保护区划定工作，从2019年开始将强化基础设施建设投入，加快“两区”内高标准农田建设，整体提升“两区”综合生产能力。

二、气象与墒情状况分析

（一）气象状况分析

2018年度降水特点表现为全省年平均降水量509.2毫米，较常年偏多1.2%，属正常年份。各地年降水量在217.4～923.4毫米之间，时空分布不均，多雨中心主要位于东部和西南部地区。与常年相比，全省大部地区降水接近常年，四季中，春季降水显著偏多，4月出现异常降水，夏季接近常年，冬、秋季降水偏少。

1. 上年冬小麦生育期 2018年1～2月冬小麦为越冬期，冬麦区平均气温1月较常年同期接近，2月平均气温接近常年或偏低1～2℃。1月内降水主要出现在下旬，2月降水以局地为主，中部麦区无降水，因为有积雪覆盖，温度和水分条件对冬小麦安全越冬无明显不利影响。

3月麦区月平均气温较常年偏高1～3℃，日照充足，光温条件适宜冬小麦返青起身期生长发育。17～18日出现入春以来首次全省范围的降水过程，各地不同程度增加了墒情，但下旬中南部部分麦区存在不同程度的旱情。

4月冬小麦由起身后期—抽穗期，发育接近常年。全省大部地区降水偏多，土壤墒情适宜，仅部分地区出现阶段性旱情，影响不大。4月3～7日降温幅度大，低温持续时间长，全省大部麦区冬小麦未表现出明显冻害特征，延缓了冬小麦发育的进程。

5月大部分水分条件利于冬小麦灌浆，但局部麦田出现2～3天积水现象，气温总体波动不大，光温条件利于冬小麦生长发育。6月光温条件适宜，利于小麦成熟收获。

2. 其他作物生育期 4月棉花、春玉米等作物处于播种—出苗期，全省大部地区降水偏多，土壤墒情适宜。5月大部分水分条件利于棉花苗期生长，由于局部出现积水现象，棉苗正常生长受阻，部分棉苗出现立枯病，春玉米区存在不同程度的旱情。光温条件利于春播作物播种、苗期生长。

6月北部春玉米区光温条件能够满足春玉米生长发育需求，水分条件不利于春玉米拔节生长。夏玉米和棉区光温条件适宜，利于春播作物苗期生长以及夏播作物播种出苗；部分地区旱情持续，夏播时部分地区需造墒播种，降水偏少对棉花现蕾开花及夏玉米苗期生长有一定不利影响。

7月北部春玉米区中，张家口光温条件能够满足春玉米生长发育需求；承德温度条件适宜，日照阶段性不足。夏玉米和棉区日照分布不均，部分地区光照条件不足，对夏玉米营养生长和棉花开花不利，8日后降水频繁，大部地区的旱情得到有效缓解，同时结合灌溉，大部农田墒情适宜。仅沧州西部，保定东南部，衡水东北部，邢台东部，邯郸中部有局地旱情。

8月光温条件适宜，满足春玉米灌浆和大秋作物生长需求。月内降水次数较多，大部地区墒情适宜，水分条件可满足大秋作物生长需求。但沧州、唐山、秦皇岛等部分地区因为暴雨出现农田渍涝，大风导致玉米倒伏、折断等。

9月光温条件大部分时段可满足粮食作物后期产量形成的需求及棉花裂铃吐絮，中旬出现阶段性寡照天气，对夏玉米灌浆速度和棉花裂铃吐絮产生一定影响。月内无大范围降水过程，有利于秋收，有利于棉花裂铃、采摘和晾晒，但唐山南部、保定东部、沧州中南部、石家庄中西部以及衡水大部存在旱情，水分条件尚不能满足麦播需求，需洇地造墒。

10月内多晴好天气，无连续寡照天气，利于吐絮后期的棉花采收工作顺利进行。

3. 2018年冬小麦生育期 10月麦区平均气温接近常年，热量条件能够满足冬小麦播种及苗期生长需要。但降水偏少，水分条件不利于冬小麦播种及播后生长。

11月冬麦区气温下降较为平缓，波动幅度较小，利于冬小麦抗寒锻炼；降水稀少，部分麦区旱情显现。

12月冬麦区月平均气温大部较常年偏低或接近常年，上旬和下旬气温持续偏低，但未形成明显冬小麦冻害，月内降水稀少，大部地区无有效降水，气象干旱明显。

（二）主要作物不同生育期墒情状况分析

1. 冬小麦生育期 2018年全省冬小麦的冬前积温较近年明显偏少，但未出现冻害；越冬期降水较少，部分麦田存在旱情，由于底墒较好，冬小麦安全越冬；2018年冬小麦返青期较晚，全省麦区从2月28日开始，由南到北陆续返青，比近5年偏晚7天左右。3月17～18日的降水过程对河北省中南部冬小麦处于返青起身期有利，降水不同程度增加了土壤墒情。返青后全省小麦呈现群体不足，个体偏小，整体苗情为近10年来最差。3月下旬尽管气温总体偏高，但波动较大，在一定程度上缩短了穗分化时间，不利于形成大穗。但是4月3～6日，出现全省范围的降温降水天气过程，麦区最低气温降至－2.8～1.7℃，在一定程度上影响了小麦幼穗发育，延缓了冬小麦发育进程，但未出现明显冻害特征。

5月中旬，中南部大部地区出现连阴雨天气，尤其在5月19～21日的连阴雨过程导致气温下降，较常年同期偏低4～6℃，主麦区总日照时数不足5小时，大部分连续3天日照时数为0。此次的连阴雨天气致使光温条件达不到冬小麦灌浆的要求，导致灌浆缓慢或停止，对千粒重的增加十分不利，同时温湿条件利于白粉病、条锈病、赤霉病等病害的发生发展。

5月下旬6月上旬，全省大部地区陆续出现干热风天气，但由于前期降水较多，麦田墒情普遍较好，大部麦区10～50厘米土壤相对湿度在60%以上，田间小气候适宜，抗干热风能力强，因此，干热风天气对冬小麦的后期灌浆影响不大。并且5月下旬的干热天气主要是加快了冬小麦生育进程，尤其促进了南部冬小麦成熟，使部分地块即将成熟，北部冬小麦尚在灌浆盛期，个别县的重度干热风因时间短，没有形成明显的不利影响。

2. 玉米生育期 2018年全省玉米生产主要受年内阶段性干旱、台风、异常高温和大风影响较大。由于春季气温显著偏高、降水偏少，部分地区出现旱情，北部玉米部分春播区没有水浇条件，受前期旱情影响，推迟至5月21～23日大范围降水过程后进行补种。6月气温接近常年，日照充足光温条件适宜，利于春玉米发育。7～8月降水频繁，过程多，范围广，大部分地区土壤水分得到补充，但是7月9日、8月2日，中南部地区发生了2次较大范围的暴雨洪涝灾害，部分地块作物倒伏、折断严重，对玉米生产造成了一定影响。

7月下旬到8月上旬受副热带高压控制，全省持续出现高温闷热天气。中南部平原地区更高达35～37℃，廊坊南部，保定东南部，石家庄东部以及沧州、衡水、邯郸三市局部夏玉米达到中度高温热害等级。异常高温导致部分夏玉米果穗结实不良，表现出玉米果穗、花丝发育不良，花粉活力下降，先玉系列品种受影响较严重，在部分地块出现授粉不良、果穗缺粒以及严重秃尖等问题。全省玉米发生结实不良现象面积 500 千公顷左右，占全省玉米播种面积的 14.3%，其中，成灾面积 315.3 千公顷，占播种面积的 9.0%。

9 月 5～6 日，全省大部地区出现 6～7 级大风天气，局部瞬时风力达 8～9 级。全省春玉米为成熟期，夏玉米为乳熟期，张家口南部，唐山中部，廊坊中北部，保定、石家庄、邢台三市大部，沧州、衡水、邯郸三市西部达到轻度风灾，其中张家口局部，保定西部，石家庄西南部达到中度风灾，实地调查显示此次大风天气造成部分夏玉米不同程度的倒伏，使植株茎秆弯曲或弯折，组织损伤，影响有机物的积累。

3. 棉花生育期 棉花播种以来，河北省大部分时段光温条件适宜，降水时空分布不均。出苗前期降水偏少，部分棉区旱情显露，5 月下旬降水及时，旱情解除。开花—吐絮期光温条件基本满足棉花生长需要，中南部棉区出现阶段性寡照天气，对棉花开花裂铃不利，棉花产量受到影响。期间，出现多次风雹灾害，造成局地棉花减产甚至绝收。吐絮—裂铃期大部分时段光温条件可满足生长需求，吐絮后期降水过程较多，大部分地区出现持续阴雨、雾和霾天气过程，日照明显偏少，对棉花后期吐絮和采收造成一定不利影响。

在 7 月 1～19 日期间，棉花花铃期对光热条件要求较高，连续降水不利于棉花开花授粉，衡水和邢台两市棉区降水 80～190 毫米，局地棉田出现短时渍涝，致使棉花落花落铃较重。其中 7 月 11～15 日降水棉花处于花铃期，降水不利于棉花授粉。

秋作物生长后期，热量充足，利于产量形成和成熟收获，部分地区出现持续性寡照，对棉花裂铃吐絮和夏玉米灌浆有一定影响。9 月 13～20 日，石家庄、衡水两市南部及其以南地区出现持续性寡照天气，平均每天日照时数不足 2 小时，在一定程度上影响了棉花正常裂铃吐絮。

（三）旱涝灾害发生情况分析

1. 干旱 2018 年河北省干旱呈现区域性和阶段性特征，中部旱情较重。气象干旱（轻旱及以上）日数为 190.1 天，较常年偏多 45.3 天。空间分布上，承德中南部、秦皇岛大部、唐山北部、沧州西部、石家庄中西部、衡水大部、邢台东部、邯郸东部等地区气象干旱日数在 200 天以上，局部超过 250 天。年内，气象干旱以阶段性为主，主要发生在初春和秋冬季，其中秋末冬初气象干旱较重。全年受灾人口 23.26 万人，农作物受灾面积 44.03 千公顷，其中绝收面积 12.97 千公顷，直接经济损失 1.17 亿元。

2. 洪涝 全省共发生洪涝灾害 14 次，主要集中在 6 月下旬至 8 月。全年受灾人口 99.42 万人，因灾死亡 2 人。农作物受灾面积 105.72 千公顷，其中绝收面积 7.16 千公顷，倒塌房屋 341 间，直接经济损失 5.14 亿元。其中 8 月 6～8 日，全省出现大范围降水过程，石家庄、邢台、保定、张家口、承德、沧州、廊坊和雄安新区等地遭受洪涝灾害，此次过程共造成 20.97 万人受灾，因灾死亡 2 人。农作物受灾面积 20.18 千公顷，其中绝收面积 2.8 千公顷。倒塌房屋 6 间，严重损坏房屋 6 间，一般损坏房屋 568 间，直接经济损失 1.05 亿元。

3. 大风与冰雹 大风与冰雹日数均偏少，但风雹灾害极端性强，影响损失重。2018 年，全省共出现大风 1 172 站次，较常年偏少 9.2%，但为 2006 年以来最多。大风天气主要集中在 3～6 月，占全年的 61.3%，其中 4 月大风最多，11 月和 12 月异常偏少。灾害较重的为：4 月 5～6 日和 5 月 12～13 日两次过程。4 月 6 日大风影响范围最广，达 104 个县（市、区），为2001年以来范围最广。受此次大风及后续降温和雨雪天气的影响，张家口、保定、邢台等地的19个县（市、区）111个乡镇遭受低温冷冻和风雹灾害。5月12～13日，全省36个县（市、区）出现大风，6个县（市、区）的极大风速超过10级，饶阳达到32.2米/秒，7个县（市、区）极大风速突破有记录以来极大值；9个县（市、区）出现冰雹，最大直径达到2厘米。据不完全统计，风雹天气共造成沧州、石家庄、邢台、保定等地的8个县（市、区）1.6万人受灾，农作物受灾面积2.2千公顷，直接经济损失550万元。

2018年，全省出现冰雹36站次，较常年偏少74.2%。冰雹天气主要出现在6月中下旬，占全年的58.3%，6月12～14日冰雹过程影响最大。6月12～14日，河北出现强对流天气，40个县（市、区）出现大风，18个县（市、区）出现冰雹天气，最大冰雹直径为2.4厘米。此外，博野、蠡县也出现冰雹灾害，冰雹直径最大达7厘米。据不完全统计，受风雹天气影响，石家庄、保定、衡水、邢台、张家口、承德等地的20个县（市、区）32.8万人受灾，农作物受灾面积15.2千公顷，直接经济损失2.2亿元。

三、墒情监测体系

（一）监测站点基本情况

根据调查，河北省有25个县（市、区）坚持常年开展墒情监测工作，建立农田人工监测点240个，分布在10个省辖市，初步形成了覆盖坝上高原区、太行山和燕山山地丘陵区、山前平原区、冀东平原区和低平原区5个区域的土壤墒情监测网络。另外，还建有固定墒情自动监测站5个，移动速测仪20台，主要用于冬小麦、玉米和棉花等作物的土壤墒情监测，建立了基本能够服务全省农业生产的墒情监测体系。

河北省农田人工监测点主要采用烘干法测定土壤水分。建成的墒情自动监测站主要采用针式土壤温湿度传感器和管式土壤温湿度传感器两种。应用FDR频域反射原理测定土壤水分，具有快速准确、自动连续监测土壤含水量、测量方便等优点。

（二）工作制度、监测队伍与资金

按照农业农村部和全国农业技术推广服务中心的要求，河北省统筹规划国家级墒情监测站（县）及全省粮食生产核心区项目县认真开展土壤墒情监测工作，充分发挥土壤墒情监测的时效性和科学性，为农业抗旱减灾，指导合理灌溉提供科学依据。组织各监测站每月9日和24日定期开展土壤墒情监测工作，每次监测全县范围内的5～10个点。在农作物播种期、关键生育期及旱情发生期，扩大监测范围，增加监测频率。

目前，河北省共有墒情监测技术人员65人，包括省级4人、市级11人、县级50人，每月开展2次监测工作，全年发布墒情信息442期。

在监测资金方面，多方筹措了15万元资金，支持监测县开展墒情监测工作。

（三）主要作物墒情指标体系

河北省自2003年开展墒情监测工作，经历了从最初冀州和元氏两个县安装了固定土壤墒情监测设备，到现在初步形成全省墒情监测网络体系。2005年结合有关文献及河北省的实际情况，邀请相关专家论证，制定了河北省主要作物农田土壤墒情与旱情指标体系（表1）。

表1　河北省主要作物农田土壤墒情与旱情指标体系

作物名称	生育期	测定土壤深度（厘米）	土壤墒情、干旱等级（%）					
			过多	适宜	不足/轻旱	中旱	重旱	极旱
小麦	出苗期	0～20	＞90	75～90	70～75	65～70	55～65	＜55
	幼苗期	0～20	＞85	65～85	50～65	40～50	30～40	＜30
	返青期	0～40	＞80	60～80	50～60	40～50	30～40	＜30
	拔节期	0～60	＞85	70～85	55～70	45～55	35～45	＜35
	灌浆期	0～80	＞85	65～85	55～65	45～55	35～45	＜35
夏玉米	播种期	0～20	＞85	75～85	65～75	55～65	45～55	＜45
	苗期	0～40	＞80	65～80	55～65	45～55	35～45	＜35
	拔节期	0～60	＞90	70～90	60～70	55～60	45～55	＜45
	开花期	0～60	＞90	65～90	55～65	50～55	40～50	＜40
	灌浆期	0～80	＞85	65～85	55～65	45～55	35～45	＜35
春玉米	出苗期	0～20	＞85	75～85	65～75	55～65	45～55	＜45
	幼苗期	0～20	＞80	70～80	60～70	50～60	40～50	＜40
	返青期	0～40	＞90	75～90	65～75	55～65	45～55	＜45
	拔节期	0～60	＞85	75～85	65～75	55～65	45～55	＜45
	灌浆期	0～60	＞85	70～85	60～70	50～60	40～50	＜40
	成熟期	0～60	＞75	65～75	55～65	45～55	35～45	＜35
棉花	播种期	0～20	＞85	75～85	70～75	60～65	50～60	＜50
	苗期	0～20	＞80	65～80	50～65	40～50	30～40	＜30
	现蕾期	0～40	＞80	60～80	50～60	40～50	30～40	＜30
	开花期	0～60	＞85	70～85	55～70	45～55	35～45	＜35
	吐絮和成熟期	0～80	＞75	55～75	45～55	35～40	30～40	＜30
大豆	播种—分枝	0～20	＞70	60～70	60～65	55～60	45～55	＜45
	分枝—始花	0～40	＞80	70～80	60～70	55～60	45～55	＜45
	始花—结荚	0～60	＞85	75～85	65～75	60～65	55～60	＜55
	结荚—鼓粒	0～60	＞80	70～80	60～70	55～60	50～55	＜50
	鼓粒—成熟	0～60	＞75	65～75	60～65	55～60	45～55	＜45
马铃薯	萌芽出苗期	0～20	＞75	65～75	60～65	55～60	50～55	＜50
	现蕾开花期	0～40	＞85	70～85	55～70	50～55	40～50	＜40
	盛花结薯期	0～60	＞80	70～80	60～70	50～60	45～50	＜45
	块茎成熟期	0～60	＞70	60～70	50～60	45～50	35～45	＜35
花生	播种—出苗		＞70	60～70	50～60	40～55	35～45	＜35
	齐苗—开花		＞70	55～70	50～65	45～60	30～45	＜30
	开花—结荚		＞75	65～75	60～70	50～60	40～50	＜40
	结荚—成熟		＞70	60～70	55～65	45～55	35～45	＜35

2018 年内蒙古自治区土壤墒情监测技术报告

一、农业生产基本情况

（一）农业资源特点

内蒙古自治区位于祖国北疆，横跨东北、华北、西北三大区。土地总面积 118.3 万千米^2，占全国总面积的 12.3%，在全国位列第三，现有耕地面积 1.37 亿亩，常年粮食播种面积 1 亿亩。内蒙古水资源总量为 545.95 亿米^3，其中地表水 406.6 亿米^3，占总量的 74.5%；地下水 139.35 亿米^3，占总量的 25.5%。内蒙古水资源主要分布在东部及西辽河、土默川、河套三大平原，占全区水资源总量的 81.5%；全境有大小河流千余条，其中流域面积在1 000千米^2 以上的有 107 条，主要河流有黄河、额尔古纳河、嫩江和西辽河四大水系，但季节性河流居多；人均占有水量约2 000米^3，低于全国平均水平；耕地亩均水量 450 米^3，仅相当于全国亩均水量的 23.8%；同时内蒙古降水时空分布不均匀，全年降水量自西向东在 100～500 毫米之间，无霜期在 80～150 天之间，年日照量普遍在2 700小时以上，而年蒸发量却高达2 000～3 000毫米，且降水主要集中在 7～9 月，致使春旱发生率高达 80%以上，伏旱秋吊也时有发生。水资源的短缺，严重制约了内蒙古农业生产综合能力的稳定提高。

内蒙古农业灾害种类较多，干旱是内蒙古农牧业生产的主要自然灾害。一是干旱范围广，内蒙古大兴安岭以西和乌兰察布的广大地区及赤峰市、通辽市部分地区都属于干旱、半干旱地区。干旱及半干旱地区的面积约占全区总面积的 3/5 以上。二是干旱的概率大，从历史资料看，干旱年份占 70%～75%，所以“三年有二年旱，七年左右有一大旱”。三是干旱持续的时间长，旱一年的约占整个干旱年数的 54%左右，连旱二年的大约占 20%～30%，连旱三年的约占 10%～15%，最长连旱年数可达七年。霜冻也是影响内蒙古农业生产的自然灾害之一。内蒙古地区霜冻日数一般在 180～275 天，自西向东增加。内蒙古霜冻的特征是：一是秋霜造成的损失比春霜大，二是平流霜冻最严重，三是“黑霜”危害次数多，程度严重。大风和沙暴对农牧业的危害也较大。一是风蚀表土，引起沙化。二是春季大风多，造成风沙压埋幼苗，或使根部外露，严重时吹走种子，造成毁种、改种。三是大风移动沙丘，埋没农田、草场。

（二）不同区域特点

内蒙古自治区地域广阔，农业资源、作物类型、经济基础和气候条件差异较大。按照不同农业生产气候条件、地形等为划分依据，自东向西将全区划分为七大农业生态区域。

一是大兴安岭西北高原丘陵区。位于内蒙古东北部，主要包括呼伦贝尔市的牙克石市、额尔古纳市、海拉尔区、海拉尔农管局辖区农牧场。该区域年平均气温－3～0℃，降水量 350～400 毫米，≥10℃积温 1 600～1 900℃，无霜期 80～110 天。主要土壤类型有暗栗钙土、黑钙土、草甸土等，土地资源丰富、土壤肥沃，降水较丰沛，但热量资源不足，无霜期短。耕地以旱地为主，现有水浇地面积125.5万亩，存在春旱和夏季伏旱等问题。

二是大兴安岭东南浅山丘陵区。位于内蒙古东北部，主要包括呼伦贝尔市的鄂伦春旗、莫力达瓦旗、阿荣旗、扎兰屯市；兴安盟的扎赉特旗、科右前旗、突泉县、科右中旗、乌兰浩特市；通辽市的扎鲁特旗；克什克腾旗、林西县、巴林右旗、巴林左旗、阿鲁科尔沁旗。该区域年平均气温3～5℃，降水量400～500毫米，≥10℃积温2 400～2 800℃，无霜期90～150天。主要土壤类型有暗棕壤、黑土、暗栗钙土、草甸土等。耕地面积大，土壤肥力较高，是自治区重要的玉米、大豆、小麦、水稻生产基地。现有水浇地面积1 127.6万亩，高效节水灌溉面积660.8万亩。区域内近年来春旱较严重。

三是西辽河灌区。位于内蒙古东部偏南，是内蒙古两大灌区之一。主要包括通辽市的科尔沁区、奈曼旗、开鲁县、科左中旗、科左后旗；赤峰市的元宝山区、松山区等旗县。该区域年平均气温5～7℃，降水量330～450毫米，≥10℃积温3 000～3 200℃，无霜期140～145天。主要土壤类型有栗钙土、灰色草甸土、风沙土等，本区降水分布不均，春旱频率较高，土壤肥力较好，光热资源丰富，属于条件较好的灌溉农业区，是自治区重要的玉米、水稻生产基地。现有水浇地面积972.8万亩，高效节水灌溉面积341.9万亩。本区域存在的问题主要是水资源匮乏，属于地下水超采区。

四是燕山丘陵旱作区。本区域分布在内蒙古中部偏东，主要包括通辽市的库伦旗；赤峰市的宁城县、翁牛特旗、喀喇沁旗、敖汉旗。该区域年平均气温5～7℃，降水量350～450毫米，≥10℃积温3 000～3 200℃，无霜期100～140天。主要土壤类型有褐土、栗褐土、栗钙土等，坡耕地较多，降水利用率低，春旱、春夏连旱严重，是自治区主要缺水地区之一，也是自治区重要的玉米、杂粮杂豆生产基地。现有水浇地面积277.9万亩，高效节水灌溉面积224.2万亩，主要存在水资源严重短缺和阶段性干旱问题。

五是阴山北麓山地丘陵区。本区域位于内蒙古中部大青山脉北部。主要包括锡林郭勒盟的太仆寺旗、多伦县；乌兰察布市的化德县、商都县、察右中旗、察右后旗、四子王旗；呼和浩特市的武川县；包头市的达茂联合旗和固阳县。该区域年平均气温1.3～3.1℃，降水量250～350毫米，≥10℃积温1 800～2 200℃，无霜期100～120天。主要土壤类型有栗钙土、淡栗钙土等，坡耕地多，耕地土体较薄，土体中下部有钙积层，质地多为沙壤或轻壤，蓄水能力不强。是自治区重要的马铃薯、油料生产基地。该区域有“十年九旱，年年春旱”之称，是自治区缺水最严重的地区，植被稀疏，生态环境脆弱。

六是阴山南麓丘陵区。本区域位于内蒙古中部大青山脉南部。主要包括乌兰察布市的察右前旗、丰镇市、兴和县、凉城县、卓资县；呼和浩特市的和林格尔县、清水河县；鄂尔多斯市的准格尔旗、乌审旗、伊金霍洛旗等旗县区。该区域年平均气温3～6℃，降水量300～400毫米，≥10℃积温2 200～3 000℃，无霜期130～150天。降水比较集中、变率大。主要土壤类型有栗褐土、栗钙土、浅色草甸土等，土体深厚，土质较肥沃，是自治区重要的玉米、马铃薯、杂粮杂豆生产基地。存在水土流失比较严重，干旱多风，春旱严重等问题。

七是河套及土默川平原灌区。本区域位于内蒙古西部，主要包括包头市的土右旗、九原区；呼和浩特市的托克托县、赛罕区、土默特左旗；鄂尔多斯市的杭锦旗、达拉特旗；巴彦淖尔市的磴口县、杭锦后旗、临河区、五原县、乌拉特前旗、乌拉特中旗；阿拉善盟的阿拉善左旗等。降水量130～300毫米，蒸发量为2 000～2 200毫米，≥10℃积温2 700～3 200℃，无霜期130～150天。主要土壤类型有淡栗钙土、灌淤土、潮土和盐化土等，土壤资源丰富，土地平坦，土体深厚，土质肥沃，水热条件优越，灌溉条件较好，是自治区重要的小麦、玉米、甜菜、油料生产基地。主要存在水资源利用效率低和阶段性缺水等问题。

（三）农业生产情况

内蒙古粮食生产以玉米、小麦、水稻、大豆、马铃薯五大作物和谷子、高粱、莜麦、糜黍、绿豆等杂粮杂豆为主。目前已初步形成了体现不同地域特点和优势的粮食生产基地，如河套、土默川平原、大兴安岭岭北地区的优质小麦生产基地；西辽河平原及中西部广大地区的优质玉米生产基地；大兴安岭东南的优质大豆、水稻生产基地；中西部丘陵旱作区的优质马铃薯、杂粮杂豆生产基地。玉米播种面积、产量均居全国第三位；大豆面积、产量居全国第三位；马铃薯播种面积居全国第五位，产量居全国第四位；杂粮杂豆中高粱的面积和产量均居全国第二位；谷子面积、产量均居全国第二位；红小豆面积和产量分别居全国第二位和第三位；绿豆面积和产量均居全国第二位；向日葵面积和产量均居全国首位；甜菜面积和产量均列全国第二位。内蒙古作为国家的少数民族边疆地区，不但是国家主要的粮食生产基地，也是中国北方重要的生态屏障。内蒙古是我国 13 个粮食主产省份之一，每年为国家提供商品粮超过 100 亿千克，是全国净调出粮食的五个省份之一，农民人均储粮和人均占有粮食分别排在全国第二位和第三位。粮食产量从 2003 年的 136 亿千克快速上升到 2018 年的 355.33 亿千克，全国排名由第十位跃升两位，居第八位。

二、墒情状况分析

（一）气象状况分析

2018 年内蒙古主要气候特征是年平均气温偏高或接近常年，降水量偏多或接近常年。夏初东部地区及巴彦淖尔市降水偏少，给农牧业生产造成了损失，进入 7 月全区大部地区出现有效降水，旱情得到缓解，部分地区遭受不同程度暴雨洪涝灾害侵袭，但赤峰市大部地区仍持续干旱；入秋后大部地区降水偏多，对农牧业生产有利。综合评价 2018 年度气候年景为正常年景。

2018 年内蒙古平均气温为 5.8℃，比历史同期平均值偏高 0.7℃，比上年同期低 0.4℃，为 1961 年以来同期第六高（图 1）。

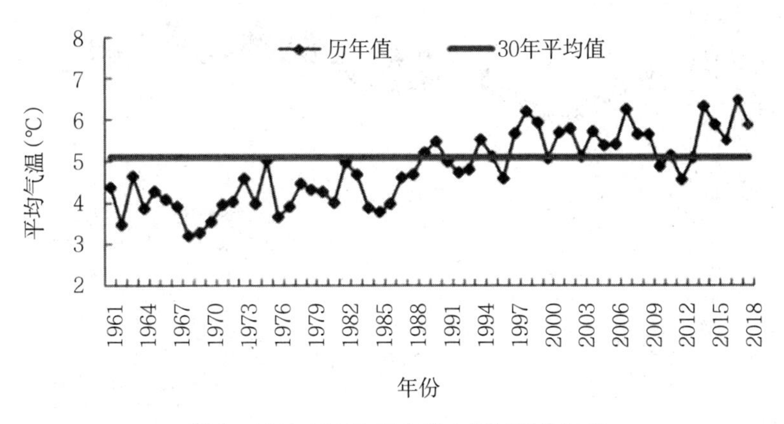

图 1　1961—2018 年内蒙古历年平均气温

2018 年内蒙古平均降水量 378.0 毫米，除东部大部地区及锡林郭勒盟中部、乌兰察布市大部、呼和浩特市南部、阿拉善盟中部等地接近常年外，其余地区均偏多 0.25～2.1 倍（额济纳旗），较历史同期平均值偏多 59.4 毫米，比上年同期多 96 毫米，为 1961 年以来同期第五多（图 2）。

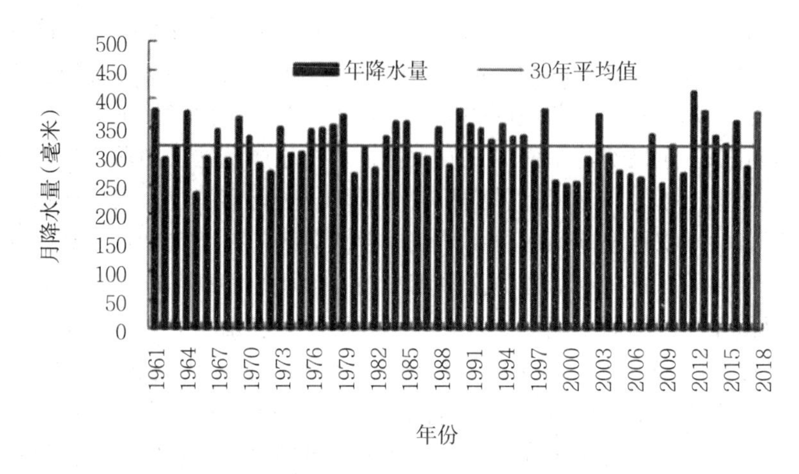

图 2　1961—2018 年内蒙古历年年降水量

与 2017 年相比，主要有以下两个特点：一是平均气温略高、极端高温事件减少。2018 年汛期平均气温全区平均值比去年同期高 0.5℃，2017 年汛期气温未出现较常年高 2℃的区域，2018 年汛期锡林郭勒盟中南部和东部、赤峰市西部、巴彦淖尔市中部较常年高 2℃以上。二是降水偏多、旱情减轻、极端降水事件增加。2018 年汛期降水量全区平均值比 2017 年同期多 61.6 毫米。2018 年汛期全区大部地区降水量偏多或接近常年，2017 年汛期全区大部地区降水量偏少或接近常年。2018 年进入 7 月后内蒙古大部地区旱情缓解，2017 年东部大部地区 6～7 月持续高温少雨、干旱严重，至 8 月干旱缓解。

（二）墒情状况分析

2018 年内蒙古在全区开展墒情监测工作，通过定期监测和初步分析，全面掌握了全区土壤墒情变化情况，具体情况如下。

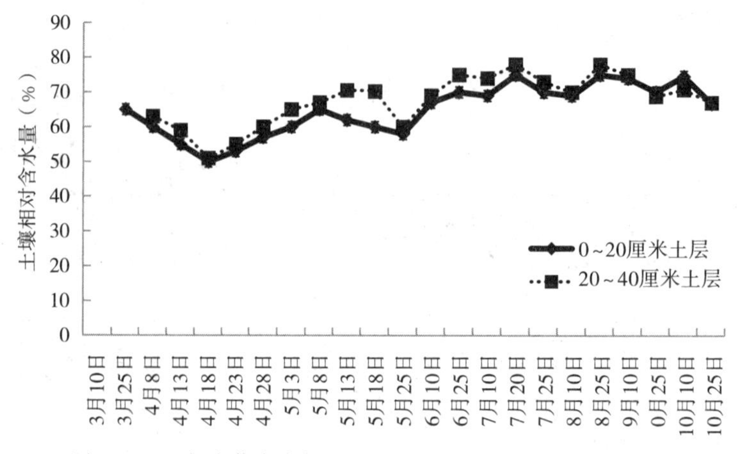

图 3　2018 年内蒙古东部区 0～40 厘米土层含水量时序动态

2018 年内蒙古东部区（锡林郭勒盟以东）降水前期偏少，7 月份以后增多。作物生育关键期内东部地区除呼伦贝尔市岭西局部地区、燕山丘陵区局部墒情不足外，其余地区全年墒情适宜。由图 3 可知，0～20 厘米和 20～40 厘米耕层土壤水分变化趋势一致，全年土壤重量含水量保持在 15%～20%之间；因东部区 7～9 月降雨较多，土壤墒情呈上升趋势；3 月下旬到 5 月中旬土壤墒情较差，局部地区墒情不足，主要以呼伦贝尔市额尔古纳市、兴安盟大部、通辽市局部、赤峰市局部地区为主，其中额尔古纳市受旱尤为严重，造成大面积减产；7～10 月东部区整体墒情适宜，没有明显变化；内蒙古东部区全年平均土壤含水量最大值出现在 7 月下旬和 8 月下旬，最小值出现在 4 月中旬。

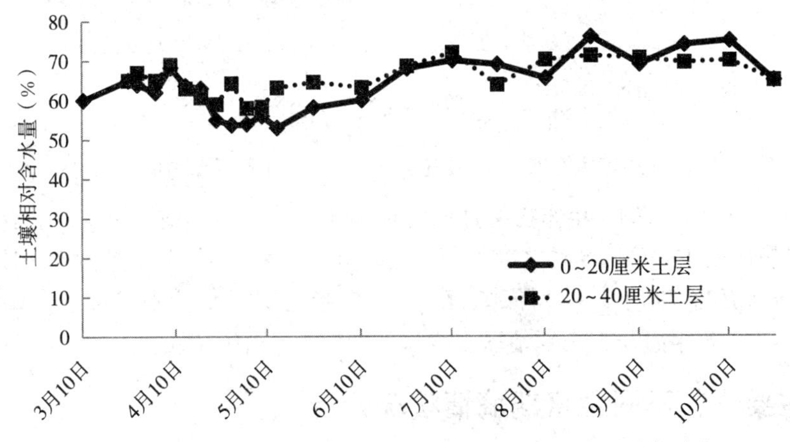

图 4　2018 年内蒙古中西部区 0～40 厘米土层含水量时序动态

2018 年内蒙古中西部区全年降水相对集中在 6 月下旬以后。中西部大部地区在作物生育关键期内墒情适宜，局部地区墒情出现阶段性不足，以乌兰察布市北部、鄂尔多斯市西部地区较重。由图 4 可知，0～20 厘米和 20～40 厘米耕层土壤水分变化趋势一致，在作物生育期内土壤含水量相对稳定。6 月中旬以后，土壤相对含水量处于 60%～80%之间，且变化不大。4 月到 6 月上旬墒情较差，6 月下旬到 9 月下旬受降雨影响，土壤含水量上升，局部地区墒情适宜，对旱作区主栽作物产量形成作用明显。中西部全年平均土壤含水量最大值出现在 8 月下旬，最小值出现在 5 月上旬。

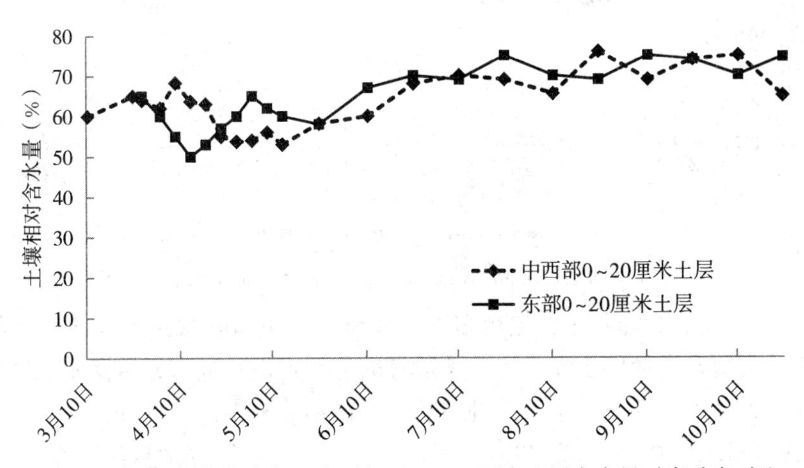

图 5　2018 年内蒙古东部、中西部区 0～20 厘米土层含水量时序动态对比

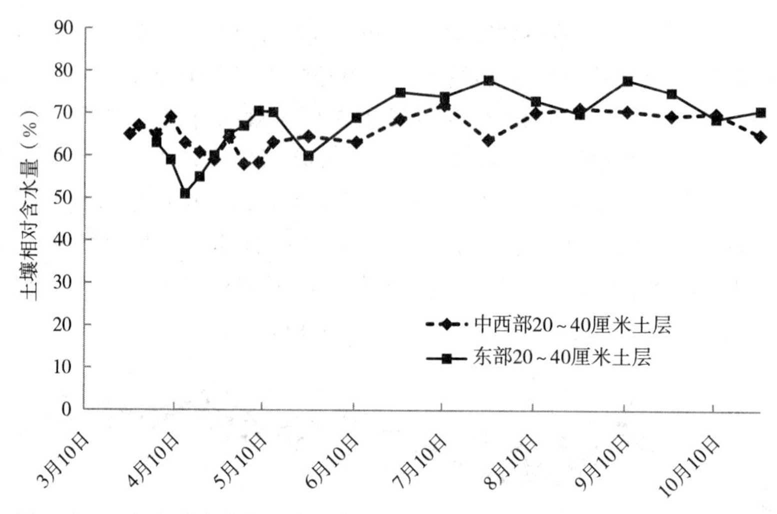

图 6　2018 年内蒙古东部、中西部区 20～40 厘米土层含水量时序动态对比

由图 5、图 6 可知，2018 年作物生育期内东部地区较中西部地区土壤水分含量高。但是墒情变化发展规律基本一致，6 月之前大部墒情不足，6 月以后降水量增加，对土壤墒情提升效果明显。作物生育期内 0～20 厘米、20～40 厘米土层含水量中西部地区略低于东部地区，由此可知，2018 年内蒙古东部地区土壤墒情要略好于中西部地区。

（三）主要作物不同生育期墒情状况分析

1. 春玉米　2018 年，内蒙古春玉米种植区土壤墒情表现为“前期略不足，中后期墒情适宜”。总体来看，播种到拔节期由于降水少，地表裸露等因素影响，局部地区出现缺墒；拔节期到成熟期，由于全区大部降水充足，大部分玉米种植区墒情适宜，整体墒情状况好于上一年度。各区域全年墒情状况分析如图 7。

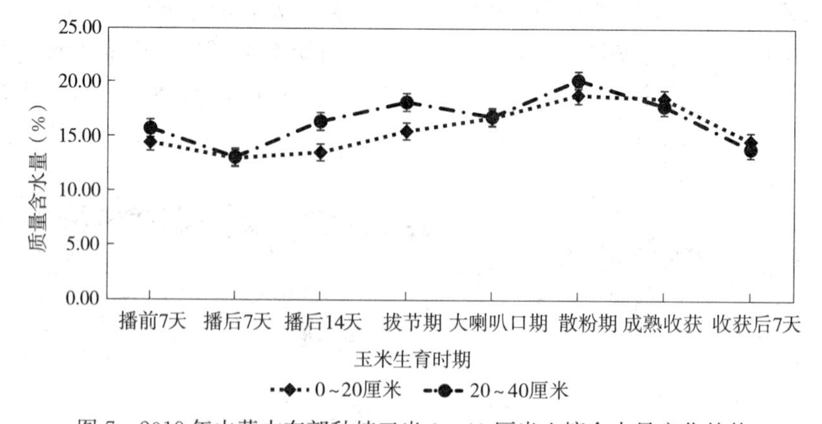

图 7　2018 年内蒙古东部种植玉米 0～40 厘米土壤含水量变化趋势

在玉米播种 14 天后，降水量开始增多，大部分地区土壤含水量开始提升，拔节期后受降水增多影响，土壤含水量稳定在玉米生长适宜的范围，但是局部地区降水相对偏少，如呼伦贝尔市局部和赤峰市北部玉米生长关键期墒情略显不足。由图 7 可知，种植玉米 0～20 厘米和 20～40 厘米耕层土壤水分变化趋势一致，全年土壤重量含水量保持在 13%～21%之间；土壤墒情随着生育期后延呈上升趋势。总体来说内蒙古东部种植玉米区全年墒情较适

宜，对于玉米高产稳产意义重大。

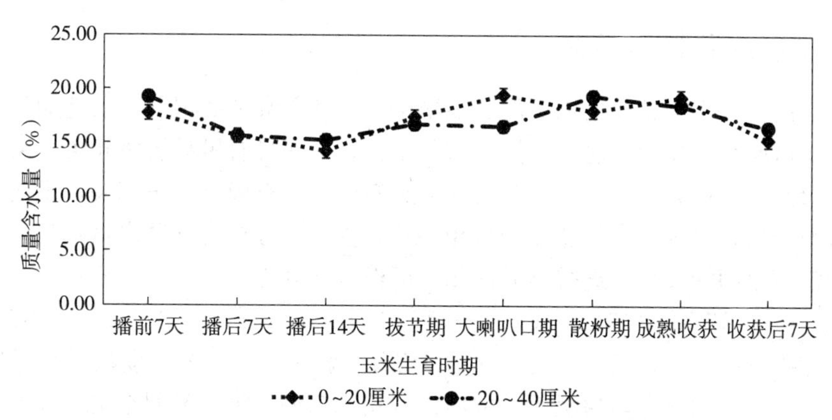

图8　2018年内蒙古中西部种植玉米0～40厘米土壤含水量变化趋势

内蒙古中西部地区在玉米拔节期后，降水量开始增多，大部分地区土壤含水量开始提升并一直稳定在适宜的区间，土壤含水量稳定在15%～21%之间。但是局部地区降水偏多，如巴彦淖尔市局部和包头市南部玉米生长关键期墒情过多，不利于玉米后期生长。由图8可知，种植玉米0～20厘米和20～40厘米耕层土壤水分变化趋势一致，全年土壤重量含水量保持在12%～21%之间；土壤墒情随着生育期后延呈上升趋势。总体来说内蒙古中西部种植玉米区全年墒情适宜，局部过多，对于玉米高产稳产意义重大。整体来说，种植玉米区墒情要好于常年。

2. 马铃薯　总体来看，2018年内蒙古马铃薯米种植区土壤墒情适宜，大部分地区降水充足，灌溉及时，整体墒情状况好于上一年度。全年墒情状况分析如图9。

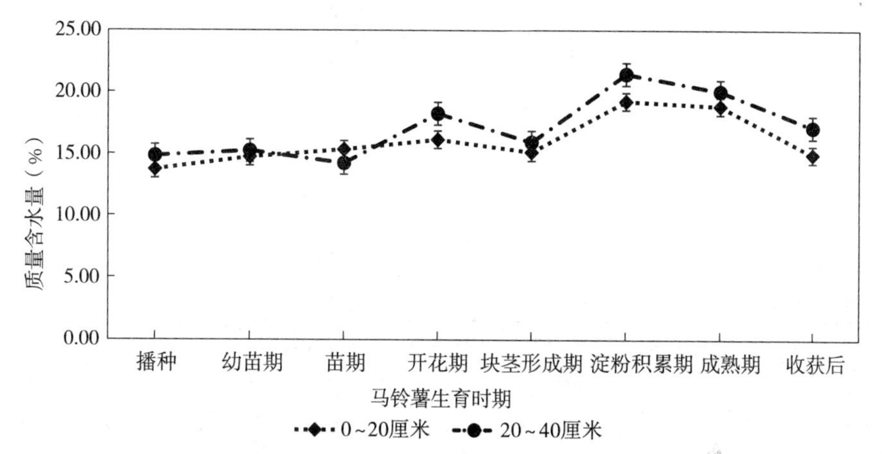

图9　2018年内蒙古种植马铃薯0～40厘米土壤含水量变化趋势

内蒙古马铃薯种植区土壤含水量在幼苗期墒情适宜。块茎形成期需水量显著增加，约占全生育期总需水量的30%左右，此时大部分地区重量含水量为15%～22%，为马铃薯正常生长提供了良好基础。块茎形成期到淀粉积累期这一时期，茎叶和块茎的生长都达到一生的高峰，需水量最大，亦是马铃薯需水临界期，保持田间持水量的75%～80%为宜，此时内蒙古大部降水增多，土壤含水量明显提升，对于马铃薯稳产来说意义重大。淀粉积累期后需水量减少，占全生育期总需水量的10%左右。内蒙古大部墒情适宜，满足了马铃薯后期生长对水分的需求。整体来说，2018年马铃薯种植区墒情状况好于2017年。

（四）测墒灌溉技术研究

近年来，内蒙古土肥站在杭锦后旗、喀喇沁旗、开鲁县和武川县开展速测仪与传统烘干法对比试验，试验结果显示，速测仪测定值与土壤容重间具有极显著负相关关系，说明土壤容重对速测仪测定数据有较大影响；测定值与真实值间具有极显著正相关，说明速测仪测定值变化趋势与土壤含水量真实值变化趋势相一致。进一步分析土壤含水量真实值与土壤含水量速测仪测定值之间的关系，进行多元回归，可得以下方程：

$$y=0.0123x^3-0.5446x^2+8.1703x-18.444 \qquad R=0.785$$

通过对方程进行分析，发现当土壤含水量介于8%～22%，拟合度最好。对连续几年在不同土壤质地模拟不同灌水量情况下土壤墒情的变化趋势，每种类型土壤再选取3种不同田间持水量的地块进行细化分析。通过砂土、壤土、黏土3种类型土壤不同灌水量引起的土壤相对含水量变化，建立回归方程，引入田间持水量，建立灌水量、田间持水量与土壤相对含水量变化值之间的关系模型，能够有效减少土壤类型变化造成的估算误差。最后得到交互作用模型（表1）。

表1　不同灌水量土壤相对含水量变化情况

灌水定额（米^3）	田间持水量（%）	土壤相对含水量变化平均值（%）	
		0～20厘米	20～40厘米
5	15	13.4	9.7
10		22.3	16.8
15		26.7	19.6
20		29.8	23.7
25		32.6	27.6
5	18	15.7	9.2
10		24.6	13.6
15		26.7	19.2
20		29.8	25.7
25		30.1	26.2
3	19	11.2	10.9
6		17.2	17.3
9		23.6	22.1
12		25.4	25.1
15		26.7	25.9
5	21	11.7	5.9
10		19.4	10.4
15		21.4	13.2
20		25	18.8
25		27.3	19.6

（续）

灌水定额（米³）	田间持水量（%）	土壤相对含水量变化平均值（%）	
		0～20厘米	20～40厘米
3	23	13.4	5.7
6		18.1	9.6
9		25.4	11.2
12		26.9	17.5
15		27.4	19.1
5	25	12.1	5.4
10		16.9	10.1
15		22.8	11.7
20		27.6	16.5
25		29.2	18.6
5	28	17.4	4.2
10		19.5	7.6
15		22.9	11.5
20		28.7	15.3
25		30.5	15.9

通过对不同土壤类型下灌水量对土壤相对含水量变化值的影响结果分析，可以看出，随着田间持水量的增加，0～20厘米土层土壤相对含水量变化值对不同灌水量的响应不明显，20～40厘米土层表现为砂壤土>壤土>黏土。

将不同田间持水量（15%、18%、19%、21%、23%、25%、28%）、不同灌水量（5米³/亩、103米³/亩、153米³/亩、203米³/亩、253米³/亩）与土壤相对含水量变化值进行多项式回归分析，拟合得二元二次方程：

0～20厘米：

$$Y=16.1051+1.75X_1-0.6838X_2-0.0345X_{12}+0.0123X_{22} \quad (1)$$

式中，Y为产量；X_1为灌溉量；X_2为降雨量。决定系数$R^2=0.8527^{**}$。

20～40厘米：

$$Y=0.6313+1.4030X_1+1.0317X_2-0.0253X_{12}-0.0428X_{22} \quad (2)$$

式中，Y为产量；X_1为灌溉量；X_2为降雨量。决定系数$R^2=0.8854^{**}$。

根据方程（1）、（2）作田间持水量与灌溉量两因素互作效应的曲面图，如图10、图11。

通过图10和图11可以看出，在0～20厘米土层在灌水量相同时，土壤相对含水量变化值变化不大；在田间持水量一致时随着灌水量的增加，土壤相对含水量变化值也在不断增大，但增长速度逐步减缓。20～40厘米土层在灌水量相同时，土壤田间持水量越大，土壤相对含水量变化值变化幅度越小，在田间持水量一致的情况下，随着灌水量的增加，土壤相对含水量变化值也在不断增大，同时增长速度也在逐步减缓。

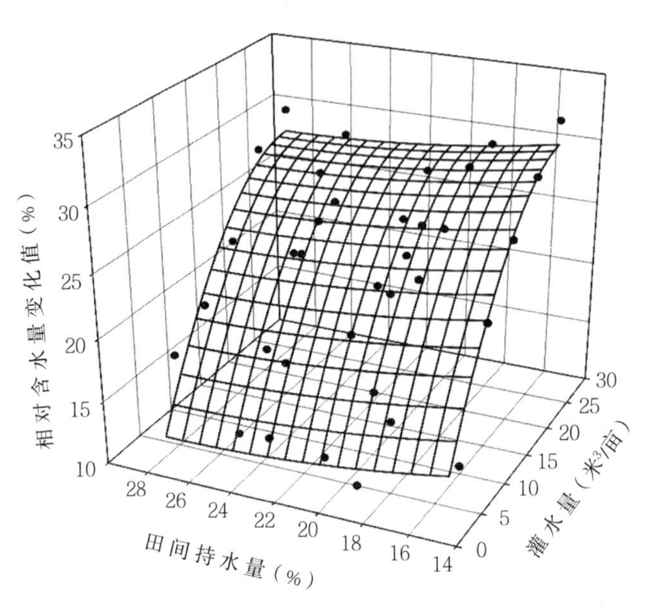

图10　0～20厘米田间持水量与灌水量互作效应对土壤相对含水量变化值的曲面

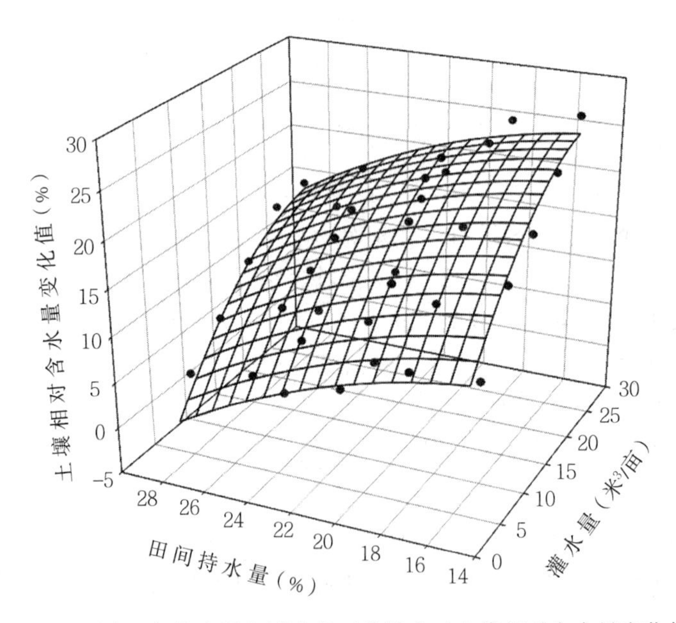

图11　20～40厘米田间持水量与灌水量互作效应对土壤相对含水量变化值的曲面

（五）气象灾害发生情况分析

一是沙尘天气增多，对土壤保墒不利。2018年春季，内蒙古出现11次大范围的沙尘天气过程，比上年同期多7次。3月14～15日，内蒙古出现全年首次大范围沙尘天气过程，较历年同期（2000—2014年）平均日期偏晚27天，较上年首发时间提前32天。11次沙尘天气过程中以4月4～6日过程强度较强、影响较大，影响区域为西部大部地区及包头市北部、锡林郭勒盟大部、赤峰市西部等地。沙尘天气过程对设施农业、春播生产、土壤保墒造成一定影响。

二是暴雨冰雹灾害频发，严重影响农业生产。2018 年 6 月中旬后全区 778 个气象站次出现暴雨，74 站次出现大暴雨，特别是 7 月 19 日和 7 月 23 日发生两次连续特大暴雨天气过程。7 月 19 日包头市固阳县境内最大雨强达到每小时 84.7 毫米，降水量和降水强度均创 1961 年以来的历史极值；呼伦贝尔市鄂伦春旗、阿荣旗，兴安盟科右前旗和包头市固阳县、达茂旗等地发生洪涝灾害，对农作物生长造成极大影响。同时 2018 年入汛后，内蒙古 64 个气象站次发生冰雹灾害，涉及呼伦贝尔、赤峰、鄂尔多斯和巴彦淖尔的 27 个旗县，冰雹灾害给各地农业生产造成了较大损失。

三是前旱后涝，旱涝急转。5 月初到 6 月中旬，内蒙古墒情不足面积较大。进入 6 月中旬，先后发生 6 月 15～18 日、7 月 15～18 日、7 月 19～22 日、7 月 23～26 日、8 月 31 日至 9 月 4 日等 5 次大暴雨及特大暴雨天气过程，内蒙古旱情迅速得到缓解，同时呼伦贝尔市鄂伦春旗、阿荣旗，兴安盟科右前旗和包头市固阳县、达茂旗等地因降水量大，发生洪涝灾害。

三、墒情监测体系建设

（一）监测站点基本情况

2018 年在内蒙古 10 个盟市的 45 个旗县开展墒情旱情监测工作，每个旗县 5 个监测点开展人工取土化验。监测点作物以玉米、小麦、马铃薯和向日葵等主要作物为主，兼顾大田/经济作物、旱地/水浇地、种植制度/种植结构等；根据监测旗县粮食作物布局和农业生产需要，分别在不同地貌、不同耕地（旱地/水浇地）、不同种植类型、不同技术模式设立监测点，且每一个监测点面积大于 3 亩；同一监测点（地）种植的作物和技术方法一致，在当地具有代表性。人工监测旗县有：呼伦贝尔市的阿荣旗、牙克石市、莫力达瓦自治旗、扎兰屯市、额尔古纳市；兴安盟的突泉县、扎赉特旗、科右前旗、科右中旗；通辽市的科尔沁区、科左中旗、开鲁县、奈曼旗、库伦旗；赤峰市的巴林左旗、宁城县、翁牛特旗、敖汉旗、林西县、松山区、喀喇沁旗；锡林郭勒盟的太仆寺旗、多伦县；乌兰察布市的凉城县、商都县、丰镇市、察右后旗、卓资县、四子王旗、兴和县、化德县、察右前旗；呼和浩特市的清水河县、武川县、托克托县、和林县、土默特左旗；包头市的达茂旗、土默特右旗、固阳县；鄂尔多斯市的准格尔旗、达拉特旗；巴彦淖尔市的临河区、杭锦后旗、五原县。同时，截止到 2018 年，全区共有 45 台套固定式自动化墒情监测站，仪器监测方法为 FDR，主要分布在大兴安岭南麓、燕山丘陵区和阴山北麓区的 26 个旗县区。自动化监测站主要对 0～100 厘米土层分 4 层的土壤水分、温度进行实时监测，同时收集空气温度、降雨量、风速、分向等气象要素。目前，各地区仪器运行情况良好。自动化监测旗县有：呼伦贝尔市的阿荣旗、扎兰屯市；兴安盟的扎赉特旗；通辽市的奈曼旗、库伦旗；赤峰市的巴林左旗、宁城县、翁牛特旗、敖汉旗、林西县、松山区、喀喇沁旗；锡林郭勒盟的太仆寺旗、多伦县；乌兰察布市的商都县、丰镇市、察右后旗、四子王旗、兴和县、化德县、察右前旗；呼和浩特市的武川县、土默特左旗；包头市的达茂旗、固阳县；鄂尔多斯的市达拉特旗。

（二）技术支撑和工作保障

一是及早安排工作部署。为确保试验和监测工作顺利开展，2018 年 3 月，内蒙古土肥站下发了《关于认真做好2018年土壤墒情旱情监测工作的通知》（内农土肥发〔2018〕第5号），对全区的农田土壤墒情监测工作开展进行了整体的安排和部署。要求各地区依托土肥水项目开展墒情监测工作，严格按照全区墒情监测工作规范开展数据采集、上报、发布等基础工作，统一了思想和行动方案，为墒情旱情监测工作开好局、起好步奠定了坚实的基础。

二是规范监测收集数据。各地根据农业生产实际情况，在播种前半个月开始取土和数据采集监测。在5～7月关键生产时期，每月3日、8日、13日、18日、23日、28日进行加密监测（每5天1次），并及时在各级网络、微信平台、广播、电视媒体发布区、市、旗县农田土壤墒情监测简报，对全区农业生产起到了重要的指导作用。截至12月12日为止，全区共采集测试土样28 125个，共完成了全区“三级”墒情旱情简报1 848期，自治区土肥站根据各监测县墒情数据汇总分析，共完成了自治区级墒情简报13期，发布墒情旱情特辑简报5期。

三是科学指导技术落地。2018年内蒙古土肥站在关键时期调动全区土肥水技术人员下乡指导农业生产，在春播和夏季旱情较重时期委派专人下乡指导农业工作，开展抗旱技术指导，同时开展了墒情监测自动化应用现状调研，就自动化监测技术发展趋势、仪器设备运行和维护、网络平台的管理问题等开展交流。通过实地调研和指导，不但提升了当地墒情监测技术人员的理论水平和应运技能，也明确了今后墒情监测工作的重点，规范了相关技术标准。农民主动关注墒情意识不断提高，科学灌溉理念不断增强，服务水平不断提升，助力农业丰收的良好氛围。

四是多种渠道宣传引导。2018年，为进一步提高墒情监测宣传水平和效率，内蒙古土肥站与内蒙古广播电视台深度合作，在内蒙古广播电视台农牧频道开辟了“墒情快播”专栏，在绿野之声广播电台开展了墒情快报连线，定期连线播报；同时在微信公众号“土壤墒情”、“秋实”、“麦穗儿”和“NMTV小满广播站”均按期推送发布。从广播、电视、报纸、网络、微信公众号、新媒体等多渠道、广视角开展立体式宣传。截至目前，接受电视新闻报道5次，绿野之声栏目专题报道墒情信息21次，发布网络信息和简报超过50篇，各级部门微信公众号推送信息报道80余篇。尤其是绿野之声——墒情快报连线栏目都由生产一线的土肥水技术人员讲解和播报节水农业和全区墒情信息，向各地农民提供实用的农艺措施和切实可行的生产建议，得到了各方的一致好评，极大地提升了宣传效率，土壤墒情监测工作实行便捷的微信传播和迅速的电视广播传递的“双传”服务模式，有效地提升了服务能力。

（三）主要作物墒情指标体系

一是农田土壤墒情评价指标体系建立。土壤墒情等级是指农田土壤含水量与对应的作物生长发育阶段的适宜程度。在不同的作物生长发育阶段，作物根系对农田土壤含水量有不同的要求。根据作物不同生育期对土壤水分需求及作物根系分布层土壤含水量的满足程度进行农田土壤墒情等级划分，能够让人们更加形象地理解土壤含水量的意义。农田土壤墒情评价指标体系的建立涉及到多个学科知识，例如土壤学、作物生理学、作物栽培学、气象学等，组织专家会商，分析整理收集或试验获得的田间持水量、毛管断裂含水量及作物需水量等数据，确定作物在不同土壤质地条件下的适宜土壤相对含水量的指标上限和下限，形成农田土壤墒情评价指标。土壤墒情等级主要的评价因子是土壤质地、土层深度、田间持水量、毛管断裂含水量。不同作物的适宜土壤含水量指标不同，土壤质地直接与土壤蓄水保水能力紧密相关，因此，按作物，每种作物还要分别按黏土、壤土和砂土3种质地分别建立农田土壤墒情评价指标，形成本地区的农田土壤墒情评价指标体系，对内蒙古农业生产具有重要意义。

在建立农田土壤墒情评价指标时要注意土壤含水量的计算。由于作物根系分布深度不会恰好是0～20厘米、20～40厘米、40～60厘米、60～80厘米、80～100厘米的分布规律，在测定了各层土壤含水量之后，通过计算确定作物根系层的平均田间持水量和平均土壤含水量。计算方法是根据作物不同生育期主要根系分布的土层深度，求加权平均值。

例，玉米幼苗期根系分布深度在0～30厘米，分别测定获得了0～20厘米、20～40厘米的田间持水量，计算其加权平均田间持水量是多少。

公式为：

$$W = W_1 * 2/3 + W_2 * 1/3$$

式中，W 为根系分布层的平均田间持水量；W_1 为0～20厘米深度的田间持水量，单位为%；W_2 为20～40厘米深度的田间持水量，单位为%。

通过2007—2018年连续12年在全区45个墒情监测旗县，布设225个墒情监测点，全年进行墒情监测，采集墒情数据。同时结合气象数据和田间观测，联系灌水定额、灌溉定额等试验结果，初步制定了全区农田土壤墒情评价指标（表2）。

表2　农田土壤墒情划分

农田土壤墒情类型	传统说法	土壤相对含水量（%）	土壤基本性状
过湿墒情	汪水	>85	土壤含水量接近田间持水量，接近饱和。土壤呈泥状或捏时有水滴。无法进行田间作业
一类墒情	黑墒	65～85	土壤含水量低于田间持水量。土壤有湿润感，可捏成团状，1米高落地不碎
二类墒情	黄墒	50～65	土壤含水量接近最大分子持水量。有半湿润感，土壤可捏成团状，1米高落地散碎
三类墒情	潮干土	30～50	土壤含水量接近或高于凋萎点。有潮湿感，土壤捏不成团

二是旱情评价指标体系建立。旱情评价指标是在已经建立了农田土壤墒情评价指标的基础上，通过进一步分析整理已经收集或试验获得的田间持水量、毛管断裂含水量、凋萎含水量、作物需水量和作物受旱表象等数据，建立土壤含水量与不同作物缺水表象间的关系。在田间观测试验过程中，已经获得了作物在不同生长发育阶段，当土壤含水量不足时生长受阻以至受旱状况的相关资料。同时，监测点作物生长受阻或受旱的植株数量，也在一定程度上反映了作物缺水的严重程度和减产水平，因此，监测点作物生长受阻或受旱植株所占监测田块中总株数的比例，也是评价指标的确定因子之一。综合分析田间观测试验所获得的资料，可建立起农田旱情评价指标体系。不同作物对土壤水分亏缺的承受能力不同，土壤质地不同，土壤的凋萎含水量也不同，因此，每种作物都要按黏土、壤土和砂土3种质地建立旱情评价指标。

通过连续几年在全区不同土壤类型、不同地区的田间观察与试验，初步制定了玉米、马铃薯和大豆的墒情旱情评价指标体系。

2018年山西省土壤墒情监测技术报告

土壤墒情监测是一项基础性、公益性工作，加强土壤墒情监测预报，探索其变化规律及对农作物生长的影响，对指导农业生产具有十分重要的意义。我们紧紧围绕现代农业发展，促进农业增产，农民增收这个中心，结合山西省实际情况，积极安排并顺利完成了土壤墒情监测工作，为指导农业生产做出应有的贡献。

一、农业资源特点

山西属中纬度大陆性季风气候区，属于半湿润半干旱地区，是我国北方典型的旱作农业区，年平均气温4～14℃，无霜期120～220天。全年降水量400～650毫米，降水时空分布不匀，70%集中在7、8、9三个月。年蒸发量1 500～2 400毫米，是降水的3～5倍。素有“十年九春旱”之说，伏旱秋旱也时有发生。水资源总量仅为全国平均的0.3%，人均水资源仅为全国平均的17.6%，耕地亩均水资源仅为全国平均的13.5%。全省6 080万亩耕地中，水田、水浇地仅1 340万亩，占耕地总面积的22%，其余无灌溉条件的旱地占总耕地面积的75%以上，干旱缺水成为制约山西经济和农业发展的主要因素。

二、监测点的基本情况与布局

根据农业区划、气候条件、地形地貌、种植制度、农业生产水平等综合因素，将全省农田墒情监测分为东部低山丘陵区、西部黄土丘陵沟壑区、中南部盆地边山丘陵区和北部丘陵边山区4个区。

（一）东部低山丘陵区

该区是山西省东部秸秆、地膜覆盖保水，优质玉米、谷子、药材发展区，热量资源较好，年平均气温7～11.5℃，≥10℃积温2 700～3 900℃，无霜期130～180天，年降水量500～650毫米，主要集中在7、8、9三个月，春旱发生频率较高，土壤类型以褐土性土、石灰性褐土为主。种植制度为一年一熟或二年三熟，种植的作物主要有玉米、谷子、杂粮、小麦等。

在昔阳、榆社、五台、安泽、长子、武乡、壶关、长治、阳城、陵川、泽州11个县设立了96个省级监测点，国家级监测点设在昔阳、长子、屯留、高平、平定、五台6县。

（二）西部黄土丘陵沟壑区

本区属于山西省西部基本农田培肥蓄水，粮食、经济林发展区，该区海拔、纬度较高，气候寒冷，年平均气温3.5～10℃，≥10℃积温2 100～3 400℃，无霜期90～165天，年降水量400～560毫米，土壤类型以栗褐土、褐土性土、黄绵土为主。目前每毫米降水的粮食生产能力仅为0.15～0.4千克，种植制度以一年一熟为主，种植的作物以小麦、谷子、玉米、马铃薯、莜麦、黍类为主。

在乡宁、大宁、娄烦、石楼、离石、临县、偏关、右玉、左云、平定10个县设立了89个省级监测点，国家级监测点设在乡宁县、偏关县。

（三）中南部盆地边山丘陵区

本区属于山西省中南部盆地节水灌溉，集约化粮、果、菜发展区。本区海拔和纬度相对较低，热量丰富，年平均气温8～13.7℃，≥10℃积温3 000～4 500℃，无霜期100～205天，年降水量400～600毫米，土壤类型为石灰性褐土和褐土性土。目前每毫米降水的粮食生产能力为0.5～0.6千克，种植制度以一年二熟或二年三熟为主，种植作物主要有冬小麦、棉花、谷子、玉米、薯类等。

在盐湖区、临猗、稷山、芮城、曲沃、太谷、汾阳、原平、代县、定襄10个县设立了90个省级监测点，国家级监测点设在曲沃、盐湖、芮城、临猗、祁县、汾阳、原平、代县、尖草坪9县。

（四）北部丘陵边山区

该区属于山西省北部地膜覆盖、保护性耕作保墒培肥，小杂粮、牧草发展区。该区海拔纬度较高，气候冷凉，年平均气温6℃左右，≥10℃积温2 700～2 900℃，无霜期120～130天，年降水量370～400毫米，主要集中在7、8、9三个月，冬春雪雨稀少，春旱发生频率较高。土壤类型以栗钙土、栗褐土为主。目前每毫米降水的粮食生产能力为0.2～0.4千克。种植制度为一年一熟。种植的作物主要是玉米、谷子、马铃薯等杂粮。

在天镇、左云、浑源、大同、应县5县设立了45个省级监测点，国家级监测点设在天镇、大同、怀仁3县。

三、全年气候概况

2018年，山西省年平均降水量较常年偏多，且降水时空分布不均，年平均气温较常年偏高，日照时数偏少。2018年山西省年平均降水量为487毫米，较常年偏多18.7毫米（偏多4.0%）。从时间分布看，春季降水明显偏多，为近20年来第二多；夏季中期雨水偏多，前、后期雨水偏少，全省平均降水量为289.7毫米，较常年值（268.2毫米）偏多21.5毫米；秋季降水明显偏少，为近十年最少；冬季（2018年12月至2019年2月），降水大部偏少，大范围降水天气主要出现在12月初、1月末和2月中旬；气温接近常年，但冷暖起伏较大，前期偏低，中期偏高，后期接近常年。2018年山西省年平均气温为10.7℃，较常年偏高0.9℃。从时间分布看，春季、夏季气温异常偏高，突破历史极值，秋冬季气温与常年持平或略偏低。2018年山西省年平均日照时数2 356.5小时，较常年偏少91.2小时，其中，秋季日照时数明显偏少。全省日照时数偏多的区域主要分布在中南部地区。

四、农田土壤墒情状况

（一）2018年春季

春耕备耕期间，全省0～40厘米土壤相对含水量平均55%，土壤墒情大部不足。上年冬季，全省降水总体偏少，中南部冬麦区土壤表墒不足，但冬前降水高于历史同期，使得冬小麦安全越冬。1月份小麦主产区出现多年罕见的2次降雪过程，2月份又有几次降水过程，土壤墒情得到改善。据临猗、盐湖、乡宁等监测点监测，0～40厘米土壤相对含水量65%～80%，墒情总体适宜。由于小麦适播期降水偏多，部分小麦播期偏晚，苗情偏弱。其与春耕备播地区，由于受冬春期间降水偏少的影响，大部地区0～40厘米土壤相对含水量低于60%，墒情不足，不利春播。

（二）2018年夏季

全省夏季0～40厘米土壤相对含水量平均68%，墒情总体适宜，仅7月中旬受持续高温天气影响，中部局部地区出现短期缺墒状况，其余时间墒情适宜。具体分区墒情状况如下：

1. 南部冬麦区墒情大部适宜 5月以来，全省中南部出现了几次降水过程，降水量在10.0～81.3毫米之间，降水大部偏多。据盐湖、芮城、乡宁、高平等土壤墒情监测点监测，0～20厘米土壤相对含水量为50.4%～69.0%，平均为60.9%；20～40厘米土壤相对含水量55.7%～85.3%，平均为68.3%，墒情大部适宜，旱垣区冬小麦墒情不足。

2. 东部低山丘陵区土壤墒情总体适宜 降水与常年持平或偏多，据平定、昔阳、长治县、壶关、武乡等地土壤墒情监测，0～20厘米土壤相对含水量60%～70%，20～40厘米土壤相对含水量67%～80%，土壤墒情总体适宜。

3. 西部黄土高原区墒情大部不足，做好蓄水保墒 整个夏季降水与常年相比偏少1～3成。据各墒情监测点监测，0～20厘米土壤相对含水量平均为54.7%，20～40厘米土壤相对含水量平均为58.3%，大部土壤墒情不足。

4. 北部丘陵边山区墒情总体适宜 北部丘陵区夏季经历了几次降水过程，平均降水量19.5毫米，比历年同期偏多1～3成。据大同县、天镇、原平、代县、五台等监测点近期土壤墒情监测，0～20厘米土壤相对含水量平均为65.8%，20～40厘米土壤相对含水量平均为76.4%，土壤墒情总体适宜。

（三）2018年秋季

据土壤墒情监测结果，山西省秋季0～40厘米土壤相对含水量平均68.5%，全省大部墒情适宜。南部部分和中部局部地区由于前期降水量较常年同期明显偏少，9月中旬吕梁东部、临汾、长治、运城等部分地区0～40厘米土壤相对含水量低于50%，土壤墒情持续不足或轻旱，对大秋作物生长有一定的不利影响。

中南部地区大部土壤墒情不足。8月中下旬虽然出现了几次明显的降水过程，但仍分布不均，南部介于0～58.7毫米之间，大宁、洪洞、尧都区、沁县、安泽、闻喜无降水，与历年同期相比，平顺持平，永和、隰县偏多2～5成，其余县（市）偏少1～9成，土壤墒情持续不足。据8月25日盐湖、芮城、曲沃等监测点监测，0～20cm土壤相对含水量45%～55%，20～40厘米土壤相对含水量55%～65%，土壤墒情不足或轻旱。

其余地区土壤墒情大部适宜。8月以来出现了几次降水过程，有效增加了土壤水分含量，大部墒情适宜，温光充足，利于大秋作物光合产物形成，对农作物后期产量形成有利。据9月10日土壤墒情监测，山西东部低山丘陵区0～20厘米土壤相对含水量为65%～

72%，20～40厘米土壤相对含水量为65%～80%，土壤墒情适宜；西部黄土丘陵沟壑区0～20厘米土壤相对含水量65%～70%，20～40厘米土壤相对含水量63%～75%，土壤墒情大部适宜；北部丘陵边山区0～20厘米土壤相对含水量62%～74%，20～40厘米土壤相对含水量65%～80%，土壤墒情适宜。

从全年墒情监测结果变化规律也可以看出，全省的墒情普遍表现为墒情不足或轻旱，最差墒情出现在4月份，本月全省的大部分地区土壤呈现不足状态，直到8月份才得到有效缓解，土壤墒情呈现全年最高峰，0～40厘米土壤相对含水量88%，随后降低，在9～10月秋收季节，呈现比较适宜的墒情。

五、土壤墒情指标体系

山西省聘请农学、土壤、气象等专家按照农业部节水处编写《农田土壤墒情监测技术手册》要求，结合全省的区域布局和土壤的理化性能的不同，初步建立了山西省的土壤墒情和旱情指标体系（表1）。

表1　山西省主要作物农田土壤墒情与旱情指标体系

作物名称	生育期	墒情/旱情评价等级（%）				
		过多	适宜	不足/轻旱	中旱	重旱
小麦	幼苗期	>75	60～75	50～60	25～50	<25
	分蘖期	>80	60～80	50～60	30～50	<30
	拔节期	>80	65～80	55～65	40～55	<40
	孕穗期	>90	70～90	50～70	40～50	<40
	灌浆期	>80	60～80	45～60	35～45	<35
	成熟期	>70	55～70	45～55	30～45	<30
玉米	幼苗期	>75	60～75	40～60	30～40	<30
	拔节期	>80	60～80	45～60	30～45	<30
	抽雄期	>85	70～85	50～70	40～50	<40
	开花期	>80	60～80	50～60	40～55	<40
	灌浆期	>85	60～85	50～60	40～55	<40
	成熟期	>70	55～70	40～55	35～40	<35
棉花	苗期	>90	70～90	55～70	40～55	<40
	蕾期	>75	60～75	50～60	40～50	<40
	花铃	>85	70～85	60～70	45～60	<45
	吐絮	>75	60～75	50～60	40～50	<40
谷子	幼苗期	>60	45～60	30～45	25～30	<25
	拔节期	>70	55～70	40～55	30～40	<30
	抽穗期	>80	65～80	45～65	30～45	<30
	灌浆期	>75	55～75	40～55	30～40	<30
	成熟期	>70	55～70	40～55	30～40	<30

（续）

作物名称	生育期	墒情/旱情评价等级（%）				
		过多	适宜	不足/轻旱	中旱	重旱
大豆	幼苗期	>65	50～65	40～50	30～40	<30
	分枝期	>80	60～80	40～60	30～40	<30
	开花期	>80	65～80	50～65	35～50	<35
	结荚期	>65	45～65	35～45	25～35	<25
	鼓粒期	>65	50～65	40～50	30～40	<30
马铃薯	出苗期	>70	50～70	40～50	30～40	<30
	开花期	>75	55～75	45～55	35～45	<35
	结薯期	>80	60～80	50～60	40～50	<40
	成熟期	>75	55～75	40～55	30～40	<30

在开展墒情工作中取得了大量的第一手数据，通过与指标标准数据的对照，对土壤墒情、旱情的定性起到了关键的决定作用，有利于指导农事活动。临猗县根据土壤墒情监测结果，每次都要测算出当前的旱情指数，并通过数据分析，在重点农时季节如棉播前后、麦播前后及作物生长关键时期编写“临猗农技快讯”，及时指导了农民抗旱减灾工作。2018年在小麦的拔节期土壤相对含水量在45.5%～53.6%之间，而小麦拔节期需水指标为65%～75%，土壤墒情处在不足状态，对此临猗县及时提出了相应措施，及时指导了全县80万亩农田的节水灌溉工作。

六、工作开展情况

2018年，全省20个土壤墒情县（市、区）按时上传数据和发布墒情信息，做到了3个“必报”：每月10日和25日必报、作物播种期和关键生育期必报、旱涝灾害发生时必报。为进一步推进土壤墒情监测，在作物生长关键时期及时组织墒情会商3次，举办土壤墒情监测技术培训班1次，有效地促进了监测工作的顺利完成。一年来，发布省级墒情监测信息简报16期，各市、县全年累计发布墒情监测信息248期，各监测县还在作物生长关键时期适当增加监测次数，并对监测结果进行认真分析比较，及时发布信息，通报有关部门。全省的农田墒情监测工作及时准确，覆盖面广，为指导农业生产工作、采取防灾、抗旱措施提供了依据。为了进一步提高监测水平，组织技术人员深入墒情监测点现场传授农田墒情操作技术，解决工作中遇到的实际问题，组织相关技术骨干深入到汾阳、盐湖、天镇等县不定期地进行巡回检查指导，确保农田墒情技术的实施，为当地农业生产保驾护航。

2018年辽宁省土壤墒情监测技术报告

一、农业生产基本情况

（一）辽宁自然资源情况

辽宁省位于东经118°53′～125°46′，北纬38°43′～43°26′之间，属温带大陆性气候。全省平均气温7～10℃，年平均降水量600～1 100毫米，日照总时数2 100～2 600小时，无霜期125～215天，适宜多种农作物生长。

全省农业水资源总量在260亿米^{3}左右，是全国严重缺水省份之一。而且全省降雨时空分布不均，季节变化幅度较大，正常年分1～4月，全省平均降水量56.3毫米左右，占全年降水量的9.1%；5～8月，全省平均降水量为495毫米，占全年降水量的80%；9～12月，全省平均降水量为67.44毫米，占全年降水量的10.9%。地区差异迥然，旱灾和洪涝灾害频繁，而且经常是旱时没有必要的水分供应，涝时不能保证充分的水分蓄积，造成水资源的大量浪费。

（二）不同农业区域特点

根据与农业密切相关的耕地、地形、气候、水资源等条件，将全省分成为中部平原、东部山地、西部低山丘陵、滨海4个农业区域。

中部平原区地域广阔，土质肥沃，水利条件较好，属辽河冲积平原。年均降雨量537.7～737毫米，但季节分布不均，夏秋季节降雨偏多，5～9月降水量420～600毫米，春旱、冬春连旱较重。

东部山地区水资源丰富。全区水资源总量为182.7亿米^3。本区雨量充沛，5～9月降雨量800～900毫米，年平均气温5～10℃，地势高寒，冷暖多变，土壤肥力较高，旱田中平坦耕地和坡耕地各占50%左右。

西部低山丘陵区年均降雨量300～450毫米，主要降雨集中在5～9月，春旱十分严重，并时有伏旱、秋吊发生。

滨海农业区降水主要集中在5～9月，年平均700～800毫米，属暖温带半湿润地区。区内为低山丘陵、平原、海滩混合区。农作物一年两熟或两年三熟，适宜种植玉米、水稻、水果等。

（三）农业生产情况

近年来，辽宁省农业发展取得重要成就，农业发展基础进一步夯实，为今后加快现代化农业发展打下了坚实基础。

农业综合生产能力持续提升。粮食产量年均超过2 000万吨，蔬菜产量4 000万吨以上，水果产量882万吨，肉蛋奶产量分别达到423.2万吨、276.5万吨和140.3万吨，饲料总产量1 239.4万吨、总产值437.6亿元，产量和产值均排名靠前，全省水产品供给量523.7万吨。

农业结构调整不断优化。设施农业占地面积发展到1 000万亩以上，设施蔬菜总产量达

3 235万吨、产值超过 700 亿元；全省标准化规模养殖比重达到 65%，处于国内领先水平；完成千万亩经济林工程 378 万亩；水果栽培面积达到 965 万亩。

农业产业化发展步伐加快。规模以上龙头企业总数达到2 390家，国家级农业产业化龙头企业达到 53 家，位居全国前列；休闲农业加快发展，全省休闲农业主体达到9 146家，从业人员 29 万人，带动农户 31 万户，年接待8 911万人次，年经营收入 162 亿元。

农业基础设施和装备水平全面提高。累计建设旱涝保收高标准基本农田 945 万亩；全省农作物耕种收综合机械化水平达 75%，农机总动力 2 886.92 万千瓦；农业机械化综合水平位居全国前列。实施水稻 1 000 万亩全程机械化建设工程，水稻综合生产机械化水平 90.7%。

虽取得了令人瞩目的成绩，但与发达地区相比，依然存在值得关注的问题：一是农业规模化生产经营水平不高；二是农产品深加工水平还有待提升；三是深化农村改革步伐不快；四是现代农业管理体制机制有待健全。

二、土壤墒情状况分析

（一）全省气象降水状况分析

2018 年，全省年平均降水量 557.5 毫米，比常年偏少 14%，降水阶段性变化大。在粮食作物生长关键时期出现了有效降水，气象条件对作物生长发育和秋收作业较为有利。

1. 去冬今春降水偏少 自 2017 年 11 月至 2018 年 1 月，全省各地平均降水量为 13 毫米，较常年同期偏少 5 成。2018 年 2 月，全省平均降水量为 4.7 毫米，比常年偏少 2 成。3 月，全省平均气温为 3.7℃，全省平均降水量为 13.7 毫米，较常年偏少近 1 成。

2. 播种期降水情况 4 月，全省平均气温为 11.4℃，全省平均降水量为 26.3 毫米，较常年偏少 2 成。5 月，全省平均气温为 17.8℃，全省平均降水量为 48.7 毫米，较常年偏少 1 成，比去年偏多 3 成。

3. 作物生育期降水情况 6 月，全省平均气温为 22.1℃，全省平均降水量为 66.7 毫米，较常年偏少 3 成，比去年偏多 9 成。7 月，全省平均气温为 25.8℃，全省平均降水量为 92.1 毫米，较常年偏少 5 成，比去年偏少 2 成。8 月，全省平均降水量为 188.8 毫米，比常年偏多 2 成，接近去年同期。9 月，全省平均降水量为 56.9 毫米，接近常年，比去年偏多 4 成（图 1）。

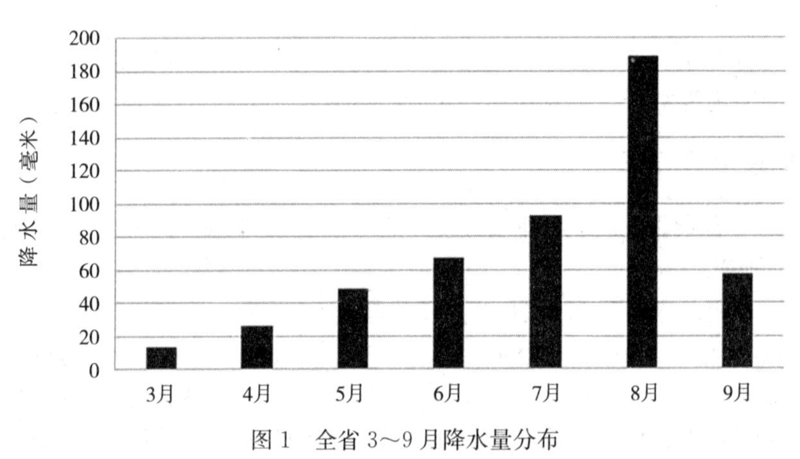

图 1　全省 3～9 月降水量分布

（二）土壤墒情监测结果分析

总的来看，2018 年全省墒情基本能够保证作物正常生长发育需要。全年在 5 月和 7～8 月共出现了两次干旱，但都得到了有效缓解。

1. 播种出苗期墒情状况 播种出苗期，全省中北部地区墒情适宜，播种比较顺利。西部地区出现了干旱。由于去年封冻前辽西地区墒情不足，加之入春以后降水稀少，导致春播期间辽西地区出现了干旱，0～20 厘米耕层土壤相对含水量低于了 40%，播种有所延迟。5 月 22～23 日和 26～30 日两次降水之后，辽西干旱明显缓解。与去年同期相比，全省土壤相对含水量均低于去年。

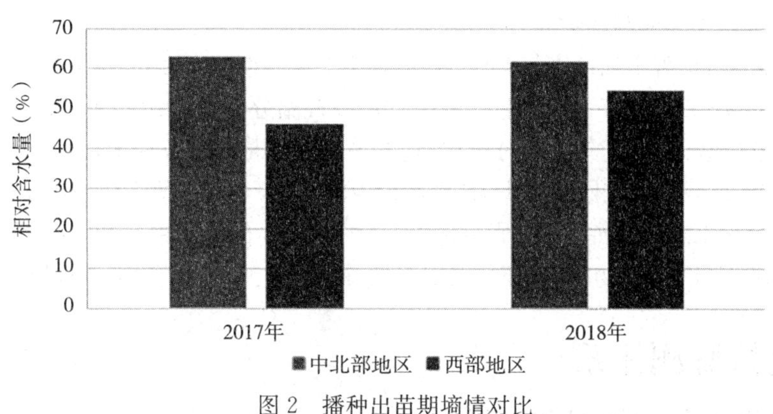

图 2 播种出苗期墒情对比

2. 作物生长期墒情状况 在作物生长期内，全省光热条件较好，除 7 月末 8 月初出现了一次比较严重的干旱外，其余时间墒情适宜，能够满足作物生长发育的需要。全省中北部地区 0～20 厘米耕层相对含水量为 50.22%～70.58%，20～40 厘米土层相对含水量为 57.00%～78.83%。西部地区 0～20 厘米耕层相对含水量为 50.74%～66.56%，20～40 厘米土层相对含水量为 54.43%～68.12%。

6 月份全省光热量条件较好，对大田作物拔节及水稻分蘖十分有利，作物长势良好，大部地区以一、二类苗为主。7 月份全省热量条件较好，为作物生长提供了充足能量，但也出现了部分高温天气，不利作物生长，部分地块作物叶片出现枯黄萎蔫现象。8 月 1～5 日，全省大部分地区出现持续高温天气，出现不同程度干旱，干旱造成了部分地块玉米抽雄、吐丝延迟、花期不遇、授粉不良，形成空秆，无棒，导致部分玉米产量减产。

3. 作物成熟期墒情状况 8～9 月，全省土壤墒情适宜，全省中北部地区 0～20 厘米耕

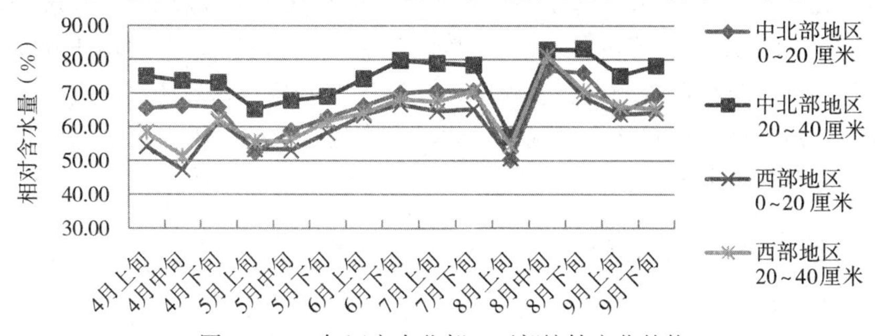

图 3 2018 年辽宁中北部、西部墒情变化趋势

层相对含水量为 64.01%～76.76%，20～40 厘米土层相对含水量为 75.07%～83.20%。西部地区 0～20 厘米耕层相对含水量为 63.69%～80.22%，20～40 厘米土层相对含水量为 65.29%～81.05%。全省大部水热条件充足，光温水条件匹配较好，对作物灌浆有利，利于大田作物后期成熟，各类作物发育接近常年。

（三）自然灾害发生情况

2018 年全省区域性和阶段性干旱严重，干旱受灾面积较大。全省共有两次比较严重的干旱，分别是 5 月上中旬和 7 月下旬至 8 月初。

5 月上中旬全省降水 19.3 毫米，较常年同期偏少近 5 成。5 月 22～23 日和 26～30 日两次降水过程之后，干旱明显缓解。

7 月 19～24 日，全省平均最高气温为 31.5℃，比常年同期偏高 2.8℃，为 1995 年以来历史同期最高值，其中 7 月 22 日和 7 月 23 日，全省平均最高气温分别为 32.7℃和 33.4℃，均为 1951 年以来历史同期最高值。7 月上旬至 8 月上旬，全省平均降水量 127.2 毫米，比常年同期（244.4 毫米）偏少 47%，为 2015 年以来同期最少值，受持续少雨影响，全省除朝阳和葫芦岛地区外，大部分地区出现了 2001 年以来程度最严重、影响范围最大、持续时间最长的夏旱。干旱造成农田作物缺水缺墒严重，叶片干枯，作物减产，部分农田干枯，粮食和经济作物不同程度减产。

三、墒情监测体系

（一）监测点基本情况及布局

中部平原区和辽西北低山丘陵区旱田所占比重大，土壤墒情的变化，对于农作物的生长、发育、稳产和增产影响很大，及时发布旱情预报，将是确保抗灾增收的重要手段，因此，这两大农业区是全省土壤墒情测报工作的重点区域。

辽宁省中部平原区包括沈阳市、鞍山市、辽阳市、盘锦市、铁岭市等所辖的总计 20 个县（市、区），属于温带半湿润气候区，年均降雨量 540～740 毫米，耕地总面积2 328万亩，其中水田面积 288 万亩，旱田面积2 040万亩。内设 35 个农田土壤墒情监测点，其中：有 10 个固定监测点，其余为人工监测点，分布在康平县、新民市、法库县、铁岭县、昌图县、开原市和辽中区有代表性的玉米地块。监测土壤类型主要为壤土、砂壤土、黏土和砂土。

辽西北低山丘陵区包括锦州市的凌海市、北镇市、义县、黑山县，阜新市的阜蒙县、彰武县，朝阳市的朝阳县、北票市、凌源市、建平县、喀左县及葫芦岛市的兴城市、建昌县等 4 个市、12 个县（市、区），属于温带干旱气候区，年均降水量 300～450 毫米。耕地总面积3 538万亩，其中水浇地 476 万亩，旱田面积3 062万亩。内设 65 个农田土壤墒情监测点，全部为人工监测点，分布在凌海市、北镇市、义县、黑山县、阜蒙县、彰武县、朝阳县、北票市、凌源市、建平县、喀左县、兴城市、建昌县有代表性的玉米、花生地块。监测土壤类型主要为壤土、草甸土和砂土。

（二）工作制度、资金投入

按照全国农业技术推广服务中心《农田土壤墒情监测技术规范》的要求，辽宁省在 4～9 月的 10 日、25 日，定时定点进行土壤墒情监测。在作物关键生育时期和旱情发生时，增加监测频率，扩大监测范围。为了更好地掌握特定时期的墒情状况，全省在4月、5月、8月的中旬和11月封冻前，分别增加1次农田土壤墒情监测，全年共进行监测16次，为指导科学灌溉、抗旱保墒、节水农业技术推广和农业种植结构调整提供了科学依据。

土壤墒情监测工作是一项技术性较强的工作，工作量大，工作周期长。目前，全省还存在着经费不足的问题及覆盖全省的土壤墒情与旱情监测网络体系还不完善等一系列问题。因此，辽宁省今后会更加积极争取各级财政支持，逐步完善省级、县级土壤墒情与旱情监测网络体系，确保各级监测站工作顺利开展，不断提高监测水平，为农业生产服务。

（三）主要作物指标体系

根据全省不同区域、不同土壤质地以及不同作物不同生育时期的需水特性，结合实际情况，通过监测数据与作物表象的对比，在实践中校正评价指标，制定了《辽宁省主要农作物墒情指标体系》（表1）。

表1　辽宁省主要农作物墒情指标体系

作物	生育阶段	过多	适宜	不足	干旱	重旱
玉米	出苗期	＞80	70～80	60～70	55～60	＜55
	幼苗期	＞70	60～70	55～60	50～55	＜50
	拔节期	＞80	70～80	65～70	55～65	＜55
	抽穗开花期	＞85	75～85	65～75	55～65	＜55
	灌浆期	＞80	70～80	65～70	55～65	＜55
	成熟期	＞70	60～70	55～60	50～55	＜50
大豆	出苗期	＞80	75～80	70～75	65～70	＜65
	幼苗期	＞70	60～70	50～60	45～50	＜45
	分枝期	＞80	70～80	65～70	55～65	＜55
	开花结荚期	＞85	75～85	70～75	65～70	＜65
	鼓粒期	＞70	60～70	55～60	50～55	＜50
	成熟期	＞70	60～70	55～60	50～55	＜50
小麦	出苗期	＞75	65～75	60～65	55～60	＜55
	分蘖期	＞80	70～80	65～70	55～65	＜55
	拔节期	＞85	75～85	65～75	55～65	＜55
	抽穗开花期	＞85	75～85	65～75	55～65	＜55
	灌浆期	＞75	70～75	65～70	55～60	＜55
	成熟期	＞70	60～70	55～60	50～55	＜50
高粱	出苗期	＞75	65～75	60～65	55～60	＜55
	幼苗期	＞70	60～70	55～60	50～55	＜50
	拔节期	＞75	70～75	65～70	55～65	＜55
	抽穗开花期	＞80	70～80	65～70	55～65	＜55
	灌浆期	＞75	70～75	65～70	55～65	＜55
	成熟期	＞75	65～75	60～65	55～60	＜55

2018年吉林省土壤墒情监测技术报告

一、农业生产基本情况

（一）农业资源特点

吉林省位于我国东北地区的中部，地处北温带，东经121°～131°，北纬41°～46°之间，属于北半球的中纬地带，欧亚大陆的东部，相当于我国温带的最北部，接近亚寒带。东部距黄海、日本海较近，气候湿润多雨；西部远离海洋而接近干燥的蒙古高原，气候干燥，全省形成了显著的温带大陆性季风气候特点，并有明显的四季更替。全省大部分地区年平均气温为3～5℃，全年日照2 200～3 000小时，年≥10℃活动积温在2 700～3 600℃，可以满足一季作物生长的需要。全省年降水量在450～910毫米，自东部向西部有明显的湿润、半湿润和半干旱的差异。

吉林省水资源匮乏，年度水资源总量398.83亿米^3，仅占全国水资源总量的1.4%，人均水资源占有量1 449米^3，仅相当于全国人均水资源占有量的65.3%，耕地亩均水资源占有量620米^3，仅为全国耕地亩均水资源占有量的43%，这一切都说明吉林省水资源禀赋并不优越，属于中度缺水省份。吉林省水资源分布特点是，地表水东部优于中部和西部；地下水西部优于中部和东部。从时空分布看，降水约80%集中在夏、秋两季，春季仅为15%，因此有"十年九春旱"的特点。近几年，由于全球气候变暖，全省旱情更加突出，降水量出现明显减少的趋势，干旱形势日趋严峻，不仅春旱频繁，夏旱、伏旱、秋旱也时常出现。从空间分布看，东部地区水资源较丰富，中西部地区水资源相对匮乏，降水从东部山区向西部平原递减。全省旱区主要集中在中、西部粮食主产区，占全省作物播种面积的75%左右。因此，吉林省粮食生产和农业发展受到干旱和缺水的双重威胁。

（二）不同区域特点

根据吉林省水资源的分布特征、种植结构、耕作方式以及节水农业技术推广实施区域要求等，我们将全省分成三大农业区域，并建立了三大区域节水农业技术模式，现将各区情况概述如下：

1. 西部平原盐碱、风沙干旱区　主要位于吉林省西部地区的松辽平原，主要包括白城地区、松源地区和四平地区的部分。主要种植玉米和杂粮杂豆，土壤多为淡黑钙土、黑钙土、沙土和盐碱土。本区全年降水量400～500毫米，有的县市甚至不足400毫米，蒸发量却是同期降水量的3倍，且70%集中在夏季，春季降水只占全年降水的11%，极易发生春旱，历史上就有"十年九春旱"之说。近年来不仅春旱严重，而且伏旱和秋吊也经常发生，发生全年性干旱，是全省受旱灾威胁最严重的地区。本区节水农业发展重点是以补灌技术为主，主要推广机械化行走式坐水种技术、小白龙隔垄灌技术、喷灌技术等，特别是要重点推广玉米膜下滴灌技术。建设重点是扩大小水源建设，引进先进的节水灌溉设备，土壤培肥，提高地力、建设土壤墒情监测网等。

2. 中部台地湿润、半湿润雨养农业区 主要包括长春地区和四平地区。本区年降水量在500～550毫米，春季多大风，春墒较差，春旱频率在50%～60%，夏旱频率为35%～40%，经常出现春旱，伏旱和秋吊也时有发生。本区土壤肥力较高，土壤类型为黑土、黑钙土等，主要以种植玉米为主，是著名的“黄金玉米带”。干旱已对该区的农业生产构成越来越大的威胁。本区节水农业发展重点应当以雨养农业为主，最大限度地利用好天然降水。重点推广机械化深松（翻）、重镇压、地膜覆盖、秸秆覆盖，玉米宽窄行留高茬休闲种植、垄侧栽培、保护性耕作技术等，同时要推广高产抗旱品种，建设土壤墒情监测网等。建设重点是推广大型动力机械，实施保护性耕作措施，培肥地力，建立土壤水库。

3. 东部山区、半山区水源充沛区 主要包括吉林地区、辽源地区、延边地区、通化地区和白山地区。本区全年降雨量偏高，均在600～900毫米，可以满足作物的生长需要。土壤类型主要为暗棕壤、白浆土等。本区节水农业发展重点以治理水土流失为主，工程措施和农艺技术相配合，重点推广玉米垄侧栽培技术，变顺坡种植为等高种植，实施挖鱼鳞坑、修筑迭水埂等工程措施，栽种生物篱等。

（三）农业生产情况

吉林省种植业主要以玉米、水稻、大豆及杂粮为主，粮食总产已达到350亿千克阶段性水平。2017年，吉林省玉米播种面积在3 656.87千公顷，总产约2 833万吨，单产7 747.06千克/公顷。水稻播种面积在780.7千公顷，总产约654.10万吨，单产约8 338.17千克/公顷；大豆播种面积在200.13千公顷，总产约39.85万吨，单产1 991.21千克/公顷。2016年农民人均可支配收入超过12 000元。吉林省墒情监测范围覆盖到33个县（市、区），代表面积3 590.6千公顷，覆盖面积达到全省玉米播种面积的98%，代表了全省的玉米主产区。

二、墒情状况分析

（一）气象状况分析

1～3月，全省平均气温较常年偏低，降水偏多。持续低温对设施农业和畜牧业生产有一定的不利影响，但2月末和3月中上旬的降雪降水过程，增加了地表水资源储备。3月后期气温大幅回升，风力加大，土壤化冻快，气象条件对春耕生产较为有利。

4～5月，全省平均气温偏高，且波动大，4月前低后高，5月份前高后低。降水4月中下旬和5月中上旬偏少，且空间分布不均，多集中在东部地区，中西部地区降水很少。气象条件方面，前期低温多雨对水稻育秧及旱田整地、后期高温少雨对旱田作物出苗都带来了不利影响。但5月末全省出现的明显降水过程，有效解决了前期春耕旱情。

6～7月，全省平均气温稍高，降水前期偏多，后期偏少，总体来说气象条件对农作物利大于弊，较利于旱田作物生长和水稻分蘖。

8～10月，全省平均气温接近常年，降水较常年偏多。气象条件方面，8月有利于粮食作物灌浆，9月有利于农作物灌浆成熟需求，10月有利于农作物收获工作的顺利进行。

11～12月，全省平均气温偏高。11月下旬的大风天气对于设施农业有一定的不利影响，其他时段气象条件有利于棚内蔬菜等作物的生长发育。12月末强降温及降雪天气给设施农业和畜牧业生产带来一定的不利影响。

（二）不同区域墒情状况分析

2018 年吉林省墒情整体上仍存在区域和季节性差异。4 月，东部大部适宜，中部不足，西部缺墒严重；5 月上旬，东部大部适宜、中西部旱情持续；5 月中旬，旱情持续并扩大，全省大部墒情不足；5 月下旬，受降水影响，东部大部适宜，中西部旱情有所缓解；6 月，全省持续大范围降水，前期旱情得以解除，墒情适宜；7 月中上旬，全省墒情适宜；7 月下旬至 8 月上旬，全省出现高温气象灾害，墒情普遍不足，局地出现旱情；8 月中下旬，全省大部降水，有效补充了土壤水分，旱情解除，墒情适宜；9 月，全省墒情总体适宜。具体分析如下：

入冬以来，全省降水分布不均，东部地区雨雪偏多，今春又出现两次比较强的降水过程，受大风天气影响也较少，因此东部地区土壤含水量较高，墒情适宜。相反，中西部地区秋末封冻，去冬今春降雪次数又少于常年，底墒较差（图 1）。

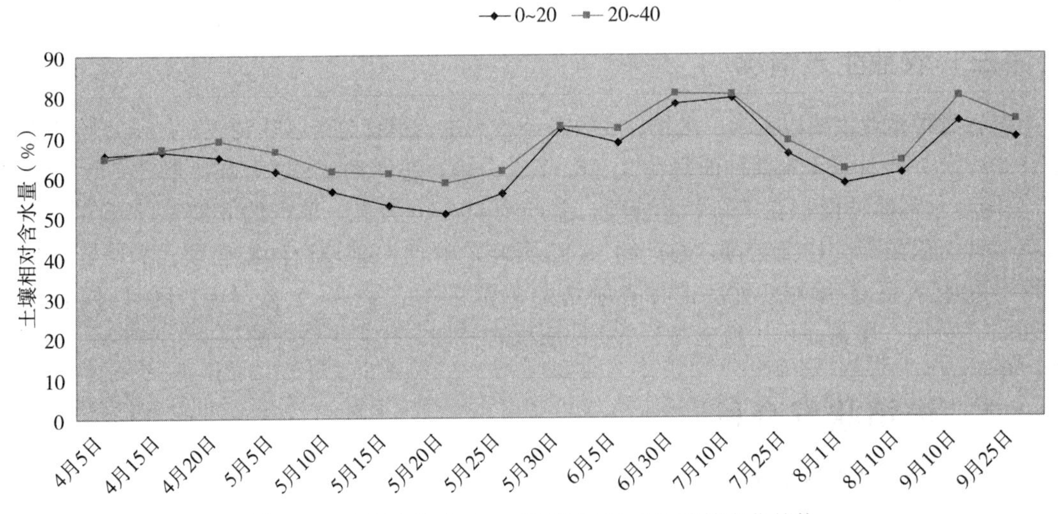

图 1　2018 年吉林省 4～9 月不同层次土壤墒情变化趋势

入春后天气回暖，积雪融化蒸发，但耕层土壤化冻程度晚于常年，且春风逐渐加大，大田土壤表层水分大量蒸发，失墒加快，尤其是 4 月以来中西部地区有效降水几乎为零，墒情状况不容乐观。根据土壤墒情监测结果，4 月中西部地区 0～20 厘米土壤相对含水量平均集中在 56.13%～65.59%，东部地区多在 70%以上。根据“吉林省土壤墒情评价指标体系”，全省玉米播种期土壤适宜含水量为 70%～80%，因此，东部大部墒情适宜，中西部墒情不足，部分地区出现旱情。

5 月上旬东部地区出现了较大范围降水，受风力影响也较少，因此东部大部分地区土壤墒情较好，部分地块土壤含水量过多。而中西部大部分地区一致处于多风无雨的状况，与 4 月末相比，中西部大部土壤含水量进一步下降，缺墒范围进一步扩大，公主岭、农安等地大部地块干土层厚度已达 10～15 厘米，墒情状况不容乐观。5 月中旬开始，全省持续高温多风少雨，中西部旱情继续扩大，土壤表墒和底墒都较差，大部分地区干土层厚度已达 12～18 厘米，表墒仅在 40%左右。前期墒情较好的东部地区也由于近期高温少雨的原因，土壤表层水分加速损失，部分地区玉米出现“芽干”现象。旱情的持续发展，对旱田作物出苗带来非常不利的影响。22日全省迎来一次降水过程，但降水分布不均，多数县市旱情尚未明显缓解，尤其是前期干旱严重、没有浇灌条件的地块，仍旧迫切期待透雨的到来。但总体来看，降水还是普遍提高了土壤含水量，对缓解苗情是非常有利的。27～30日全省出现普遍明显降水过程，降水持续时间长、分布范围广、累积雨量大，全省大部旱情得以解除，墒情适宜。中西部的榆树和扶余等地由于降雨分布不均且雨量小，旱情仍然持续。

整个6月份，全省降水频繁，且范围广，充足地降水使全省各地土壤水分得到有效补充，大部分地区前期旱情得以解除或缓解，全省大部地区墒情适宜。从区域来看，东部地区持续降水，墒情较好；中西部地区大部分地块墒情适宜，但由于分布和雨量不均，墒情状况存在差异，部分风砂土区由于蒸发量大，导致墒情不足或干旱。

7月上旬，全省大部地区墒情适宜，仅中部地区的部分风砂土地块和漫岗地块由于降雨小、底层干、失水快等原因，墒情不足。下旬全省呈现高温气象灾害，因此墒情整体状况有所下降，尤其是东部大部分地区和中西部部分地区墒情不足，局部地区出现旱情。

8月上旬全省大部降雨，东南部雨量较大，局地的旱情得以解除或缓解，全省墒情整体适宜，但局部地区仍有旱情。8月中旬，由于明显的降水，土壤水分得到有效补充，全省墒情整体适宜。9月份降水充足，土壤水分得到有效补充，全省墒情整体适宜，农业气象条件能够满足农作物灌浆成熟需求（图2）。

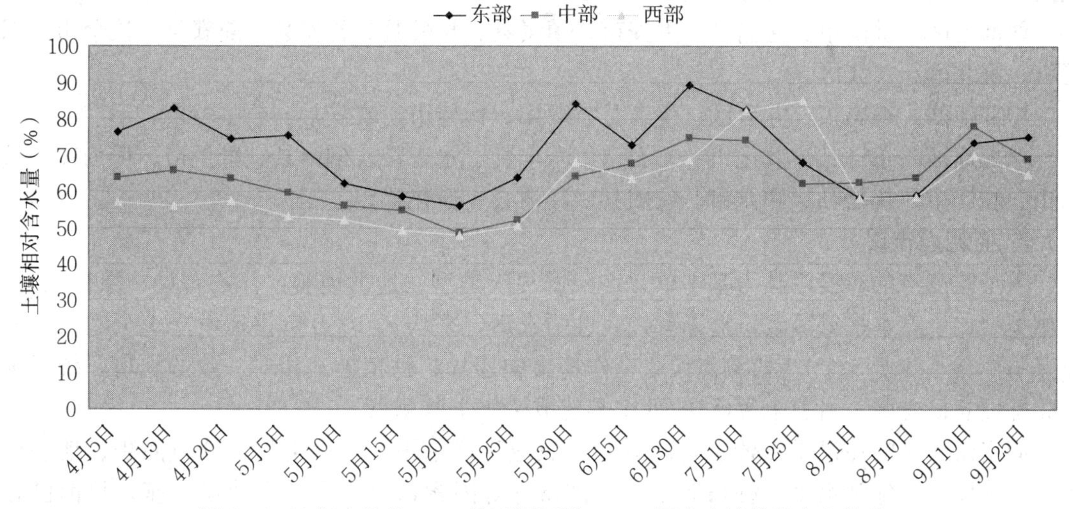

图2　2018年吉林省4～9月不同区域0～20厘米土壤墒情变化趋势

（三）旱涝灾害发生情况分析

6月局地出现了强对流天气，西部部分地区发生了冰雹灾害，给农业生产造成了一定损失。

7月局部出现了大风和洪涝灾害，给农业生产造成一定损失。

8月内出现多次强降水天气过程，局部地区发生暴雨洪涝灾害，对农业生产造成了一定的损失。

9月末受冷空气影响，全省个别地方出现霜冻，对农业生产基本未带来明显影响。

三、墒情监测体系

（一）监测点位与分布

针对全省实际情况，我们对土壤墒情监测工作进行统一部署，规范工作程序，科学布设点位。

1. 监测县分布

（1）在人工墒情监测点选择上综合考全省水资源分布状况和农业生产实际，以全省中、西部粮食主产区为重点，选择26个县（市、区）开展墒情监测工作。

西部平原盐碱、风沙干旱区：洮南市、通榆县、大安市、镇赉县、长岭县5个县市代表全省西部典型风沙土、盐碱土；乾安县、前郭县、扶余市、双辽县、宁江区、洮北区6个县市代表全省典型黑钙土、淡黑钙土农业区。

中部台地湿润、半湿润雨养农业区：德惠市、榆树市、九台区、农安县、梨树县、公主岭市、伊通县7个县市代表全省中部典型黑土、黑钙土区和白浆土农业区。

东部山区、半山区水源充沛区：永吉县、东辽县、东丰县、柳河县、磐石市、通化县、靖宇县、敦化市8个县市代表全省东部山区半山区典型白浆土、暗棕壤农业区。

（2）在固定墒情监测站选择上以统筹布局的原则，结合黑土地保护试点项目，在全省范围内建设监测站，目前固定监测站分布如下：

西部地区：洮南市、通榆县、大安市、镇赉县、长岭县、乾安县、前郭县、扶余市、双辽县、洮北区、宁江区。

中部地区：德惠市、九台区、伊通县、双阳、榆树市、农安县、公主岭市。

东部地区：东辽县、敦化市、磐石市、东丰县、永吉县、柳河县、舒兰市、桦甸市、蛟河市、临江市、抚松县、和龙市、安图县、汪清县、通化县。

2. 监测点布设

人工监测点的布设以县为基本单元，根据气候类型、地形地貌、作物布局、灌排条件、土壤类型、生产水平等因素，选择有代表性的农田，平均每10万亩耕地设立1个农田监测点（每个县不少于5个）。监测点设立在作物集中连片、种植模式相对一致的地块，统一编号，并设立标志牌。目前全省已在26个县建成130个监测点。

固定监测站的建设重点依据行政区划、农业生产水平、土壤类型、分布面积、地理位置、土壤性状、施肥水平、种植制度、灌排条件等因素，每个县至少建设一座，目前已在42个县（市、区）建成固定监测站84座。

（二）监测方法与步骤

农田土壤墒情监测工作包括监测站（点）的建立、数据采集和汇总、墒情评价和信息发布4个部分。作为农业生产管理对策中最重要的农情信息之一，土壤墒情监测能够直观地反映作物根系活动层土壤水分状况、有效水分含量、干旱程度和灾害大小，是农业生产中不可缺少的基础性工作。

1. 调查内容 监测站（点）调查内容主要包括：地理位置、气候条件、土壤类型、种植制度、灌排条件、地力等级、产量水平等；测定不同层次土壤质地、容重、田间持水量等指标；拍摄景观照片，建立监测站（点）档案。烘干法测定的土壤含水量须转化为体积含水量。

2. 数据采集

（1）监测指标。 一般按0～20厘米、20～40厘米、40～60厘米、60～100厘米4个层次监测土壤含水量，其中，0～20厘米、20～40厘米为必测层。播种出苗期时，加测0～10厘米土层。同时调查观测气象、作物表象、干土层厚度、田面开裂、灌溉、农事操作等相关数据。水田淹水时监测淹水深度、排水状况等。

（2）采集方法。 固定监测：埋设固定式自动监测设备，传感器分别埋入土层深度10厘米、30厘米、50厘米、80厘米处进行监测，采用无线传输的方式将数据传到"吉林省土壤墒情监测与预警系统"里，并做好定期校正和维护保养。人工监测：以GPS仪定位点为中心，长方形地块采用S法，近似正方形田块采用X法或棋盘形采样法确定5个以上数据采集点进行监测，求平均值。

（3）采集时间。 全省的气候特点是11月至翌年3月为封冻期，4月份为解冻期，农业耕作时间一般从4月末开始，5月份为播种期，根据农时特点，我们确定了全省墒情监测重点时间为4～10月。人工监测每月10日、25日进行调查监测，在关键农时季节和发生旱涝灾情时，加大监测频率和密度。4～6月，每月5日、10日、15日、20日、25日、30日采集6次；7～10月视情况而定，如果未发生伏旱和秋吊等旱情，则每月10日、25日采集2次，如果发生伏旱和秋吊等旱情，则需加密采集2次。取样日前后遇连续降雨则不取样测定，但要注明。固定监测通过无线远程土壤监测设备，自动采集土壤水分、温度、降雨量等数据，定时传输数据。

（4）人工监测测定方法。

①土壤含水量测定。土壤含水量的测定主要以重量含水量为主，容积含水量和仪器测定法为辅。重量含水量的测定按照NY/T 52—1987规定的方法测定（烘干法），容积含水量测定采用便携式土壤水分测试仪测定。

②土壤温度测定。为了更全面地掌握土壤墒情，更好地为生产实际服务，在监测土壤墒情的同时，根据全省实际情况，在4月中旬至6月中旬监测耕层土壤温度。

③基础数据测定。

a. 对监测点0～20厘米、20～40厘米、40～60厘米、60～100厘米4个层次的土壤质地、土壤容重、田间持水量进行测定。

b. 土壤质地采用NY/T 1121.3测定土壤机械组成（比重计法），按砂土、壤土、黏土填写。

c. 土壤容重按NY/T 1121.4测定。

d. 田间持水量按NY/T 1121.22土壤田间持水量的测定——环刀法测定。

e. 所有调查内容必须录入全国土壤墒情监测系统。

（5）固定监测测定方法。 以FDR式土壤水盐一体廓线监测传感器测定土壤水。FDR频域反射原理是根据电磁波在土壤中传播频率来测定土壤的介电常数，从而得到土壤体积含水量和含盐量。FDR式土壤水盐一体廓线监测传感器可以实现双频反射，高频测水、低频测水盐。

（三）主要作物墒情指标体系

由于玉米不同的生育时期需水量不同，对土壤湿度也有不同的要求，因此在不同的生育阶段应有不同的评价指标。但由于吉林省降水的时间和空间分布不均，因此在东、中、西部地区土壤墒情也存在很大的差异，因此，在进行墒情与旱情评价的时候，不光要看土壤的田间含水量，还要兼顾作物表象、干涂层厚度、田面开裂程度、灌溉、农时操作等相关数据，按照主要农作物的生物学特点、气候气象条件、水文地质条件、农民习惯耕作灌溉施肥制度和农业适用技术的推广，充分利用土壤墒情监测数据，根据作物的蓄水规律，逐步建立吉林省玉米作物墒情评价指标体系（表 1）。

表 1　吉林省土壤墒情和旱情评价指标体系

作物	生育阶段	墒情和旱情（相对含水量，%）					
		过多	适宜	轻旱	中旱	重旱	极旱
玉米	出苗期	＞80	70～80	60～70	55～60	45～55	＜45
	幼苗期	＞70	60～70	55～60	50～55	45～50	＜45
	拔节期	＞80	70～80	65～70	55～65	45～55	＜45
	抽穗开花期	＞85	75～85	65～75	55～65	45～55	＜45
	灌浆期	＞80	70～80	65～70	55～65	45～55	＜45
	成熟期	＞70	60～70	55～60	50～55	45～50	＜45

四、墒情监测项目成效

2018 年，通过实施农田土壤墒情监测项目，有效缓解了今春全省严重旱情的局面，为全省粮食生产安全做出了突出的贡献，产生了较好的社会效益、经济效益和生态效益。

（一）为农业抗旱提供了有效技术指导

全年共采集墒情监测数据 6 063 个，发布土壤墒情简报 388 期，其中省级墒情简报 34 期，县级墒情简报 354 期。根据墒情监测结果，结合农业生产实际，提出了有针对性的措施和建议，为各级领导决策提供了科学依据，有效指导了农民科学抗旱、防涝、防御农业灾害，将自然灾害对农业的损失减小到最低程度。

（二）为节水灌溉提供了技术支撑

土壤墒情监测项目的实施，为推动全省节水农业工作的开展奠定了坚实基础，尤其是对全省目前大力开展了玉米膜下滴灌技术、水稻控制灌溉技术的推广应用提供了有效的技术支撑，初步改变了全省传统灌溉模式，农田灌溉由定时灌溉、大水漫灌向测墒灌溉、节水灌溉转变。为今后土壤资源管理、节水技术实施提供了很好的技术平台。

（三）促进了农业持续增产增收

当前全省农田土壤墒情监测网络体系已基本建成，土壤墒情监测工作步入了规范化、程序化管理，抗旱防涝预警能力有了较大提升。定期监测墒情和适时发布墒情信息，不仅为科学防旱、抗旱提供了可靠数据支持，也为农民适墒种植和科学灌溉提供了有效的技术指导。

（四）保护了农业生态环境

土壤墒情监测有效监测了农田水资源状况，为科学用水提供了依据，提高了灌溉水利用效率，减少了水资源的浪费，使地下水排补趋向平衡；减少了由于过量灌溉导致化肥淋失造成的水污染和环境污染；测墒灌溉改善了土壤物理性状，提高了土壤的增产潜能，使农田生态系统步入良性循环。

五、主要经验与做法

（一）加强组织领导和技术指导

当前墒情监测工作受到各级部门的高度重视，为了保障墒情监测工作的开展，我们成立了工作领导小组和技术指导小组。工作领导小组由省土肥站和县级农业局、农业技术推广中心领导组成，加强领导和协调。技术指导小组由省农业科学院、吉林农业大学、省土肥站等土壤肥料专家、农业技术人员组成，负责土壤墒情监测规程的完善、墒情评价指标体系的建立等。通过不断加强组织领导和技术指导，使全省墒情监测工作步入了规范化、程序化管理轨道。

（二）加强部门协作与管理

为了进一步提高墒情监测对农业生产的指导能力和预测能力，2018年我们加强了与气象部门联合，与吉林省气象研究所实现了气象信息与土壤墒情信息共享。通过墒情简报及时发布土壤墒情信息和气象信息，为农业生产抗旱排涝提供了有效的指导。

2018年我们加强了对土壤墒情监测点的管理力度，对各墒情监测点提出了明显的管理要求，要求各监测点必须做到分工明确，落实责任，把任务落实到人头上，专人专职，并且制定了墒情信息发布制度，墒情会商制度等管理制度。另外，加强了与各监测点的监测人员进行信息沟通，建立了“吉林省节水农业QQ群”和“吉林省土壤墒情监测微信工作群”，通过网络和电话随时沟通工作信息，促进了墒情监测工作的开展。

（三）加强宣传培训，普及墒情监测知识

我们始终把宣传和培训作为实施土壤墒情监测项目的一项重要工作来抓。年初制定了“全省土墒情监测工作方案”，并下发给各个项目县（市、区）。3月底举办了“省级土壤墒情监测技术培训班”，规范培训采集土样、测试分析、数据汇总、网上报表、编制简报等工作程序，并联合气象部门召开了“吉林省春耕备耕墒情会商会”，服务水平不断提高。同时由我站起草的吉林省地方标准《耕地土壤墒情监测站（点）建设规范》（DB22/T 2821—2017）于4月1日正式颁布实施。此《规范》更好地解决了吉林省耕地土壤墒情监测站（点）没有统一、完整、具有指导意义的技术要求的问题，为科学指导农业生产，提高水资源利用率，具有重要的社会意义。

2018年黑龙江省土壤墒情监测技术报告

一、农业生产基本情况

（一）农业资源特点

黑龙江省是农业大省，是农业资源十分丰富的省份之一，地处世界三大黑土带之一，拥有得天独厚的性状、肥力最高、最适宜农耕的黑土地宝藏。耕地总量及人均占有量均居全国首位。耕地面积占东北黑土区耕地面积的50.4%，占全国耕地总量的11.8%。人均占有耕地6.21亩，是全国平均水平的4.2倍。

黑龙江省属中、寒温带大陆性季风气候，年平均气温2.9℃，常年有效积温在1 600～2 800℃之间，无霜期100～150天，年降水量370～670毫米，属于一季旱作农业区。全省现有耕地2.39亿亩，是重要的商品粮基地和绿色食品基地，水浇地0.37亿亩，占全省耕地面积的15.6%。全省流域面积50千米^{3}以上河流有1 918条，分属黑龙江、嫩江、松花江、乌苏里江和绥芬河五大水系，其中松花江、乌苏里江两大河流汇入黑龙江，直接出境入海的只有黑龙江与绥芬河两个独立水系。除58条属绥芬河流域外，其余均属黑龙江流域。

（二）不同区域特点

黑龙江省位于欧亚大陆东岸，大部分地区属大陆季风性气候，以光、温为主体的热量资源较为充足，多年平均降水量为531毫米，降水总体趋势是山区大、平原小。不合理分布是影响全省旱作农业粮食生产的主要障碍因素之一。全省土地总面积45.5万千米^2，地貌特征大体为“五山一水一草三分田”，现有耕地主要分布于西部松嫩平原和东部的三江平原。地势平坦，土质肥沃。全省水资源总量为810.3亿米^3，其中地表水686亿米^3，人均水量2 160米^3，均低于全国平均水平。

黑龙江省也属于旱作大省。全省年平均降水量531.4毫米，各地降水不匀，大小兴安岭、张广才岭山区年降水量为550～700毫米，而西南部风沙干旱地区年降水量仅为320～450毫米，成为全省重旱区。全省农业的主要灾害也是旱灾，“十年九春旱”，常常是“春旱、伏旱连秋旱”，这是造成农业灾害减产的主要原因。易旱耕地面积达5 000万亩，重灾年份耕地几乎全部受旱，受旱面积高达8 500多万亩。

（三）农业生产情况

黑龙江省粮食总量、商品量以及绿色食品认证、产出均居全国第一。粮食产量达到600亿千克以上，占全国粮食总产量的1/10强，其中玉米产量占全国玉米产量的24.0%，稻谷占全国稻谷总量的14.3%，大豆产量占全国豆类总量的35.2%。绿色食品原料标准化生产基地面积7 002.3万亩，占全国绿色食品原料标准化生产基地面积的41.5%；绿色食品原料标准化生产基地生产原料336.1亿千克，占全国总产量的31.7%。

二、墒情状况分析

（一）气象状况分析

2018年，黑龙江省气温偏高、夏秋降水多。年内，春季至初夏干旱，夏季台风、暴雨洪涝，秋季早霜，冬季少雪、温度偏高。

2～5月全省气温异常偏低，平均气温分别较常年同期偏低3.4～2.4℃。2月降水略偏少、3月偏多，2月较常年同期偏少近1成，3月比历年同期偏多40%。全省大部被积雪覆盖，总体气象条件对土壤保墒有利。4～5月气温异常偏高，平均气温分别较常年同期偏高1.4～1.3℃。4月降水偏多，比历年同期偏多35%；5月降水偏少，比历年同期偏少24%。

6月全省气温正常，降水偏多，全省平均气温6月为19.3℃，与历年同期基本持平；7月气温偏高，7月为23.3℃，比历年同期偏多1.4℃；8月气温略低，8月为19.9℃，比历年同期偏低0.4℃。全省平均降水量6月为120.4毫米，比历年同期偏多29%；7月为180毫米，比历年同期偏多3成；8月为137毫米，比历年同期偏多2成。全省平均日照时数6月为212小时，比历年同期偏少35小时；7月为190小时，比历年同期偏少39小时；8月为198小时，比历年同期偏少27小时；9月为211小时，比历年同期偏少10小时。

9月全省气温略高，降水偏多，日照偏少，全省平均气温9月为13.9℃，比历年同期偏高0.2℃；10月全省平均气温为6.6℃，比历年同期偏高1.9℃。全省平均降水量9月为86毫米，比历年同期偏多6成；10月全省平均降水量为20.7毫米，比历年同期偏少2成。全省平均日照时数9月为211小时，比历年同期偏少10小时；10月为197小时，比历年同期偏少4小时。

9～11月全省气温偏高，降水偏多，其中11月中、下旬降水偏少，全省平均气温11月为－5.4℃，比历年同期偏高2.0℃；12月为－15.1℃，比历年同期偏高1.9℃。11月全省平均降水量为20.9毫米，比历年同期偏多1倍以上；12月为2.8毫米，比历年同期偏少6成。

（二）不同区域墒情状况分析

2018年全省春季西部、中部、南部地区普遍大旱；东部、北部地区偏涝。夏秋两季状况转好；冬季全省和历年相比普遍降雪偏少，温度偏高。

1. 3月全省各地土壤墒情观测结果分析 平地10～20厘米土层兰西土壤相对湿度在50%以下，处于重旱状态；松嫩平原少数县（市）及铁力、林口、密山等共测墒点土壤相对湿度在51%～60%之间，土壤偏旱；三江平原大部及黑河市、孙吴、克山、尚志等测墒点土壤相对湿度在80%以上，处于偏涝状态；其他测墒点的土壤相对湿度在60%～80%之间，墒情正常。

2. 岗地土壤墒情分析 岗地10～20厘米土层齐齐哈尔市、测墒点土壤相对湿度在50%以下，旱情较严重；松嫩平原部分测墒点及逊克、集贤、密山测墒点土壤相对湿度在51%～70%之间，处于偏旱状态；鹤岗、萝北、富锦测墒点土壤相对湿度在81%以上，处于偏涝状态；其他测墒点的土壤相对湿度在61%～80%之间，墒情正常。

3. 洼地土壤墒情分析 根据2月28日全省各地土壤墒情观测结果分析，全省洼地耕层

（0～10厘米）肇源测墒点土壤相对湿度在50%以下，旱情较严重；林甸、兰西、哈尔滨、双城共测墒点土壤相对湿度在51%～60%之间，处于偏旱状态；松嫩平原东部、牡丹江部分地区、三江平原大部及黑河市测墒点土壤相对湿度在81%以上，处于偏涝状态；其他测墒点的土壤相对湿度在61%～80%之间，墒情正常。

洼地10～20厘米土层齐齐哈尔、兰西共测墒点土壤相对湿度在51%～60%之间，处于偏旱状态；松嫩平原东部、牡丹江大部地区、三江平原大部、黑河大部测墒点土壤相对湿度在91%以上，处于偏涝状态；其他测墒点的土壤相对湿度在61%～80%之间，墒情正常。

（三）主要作物不同生育期墒情状况分析

总体来看，春季由于降水少，4月末到5月末大部玉米出现缺墒干旱；由于局部地区出苗不到6成，不得不毁种大豆现象。夏季、秋季墒情适宜，整体墒情状况好于上年。

1. 玉米播种期 2～3月全省气温偏低，农区大部被积雪覆盖，除松嫩平原西南部最大积雪深度低于10厘米外，其他大部积雪深度均在10厘米以上。土壤墒情正常或偏湿。4～5月黑龙江省气温偏高，降水分布极不均匀，西南部降水少，导致该地区持续干旱，部分耕地出现缺苗断垄、水田渴水现象。4～5月全省墒情耕层（0～40厘米）肇州、肇源、甘南、兰西、尚志等监测点土壤相对含水量在50%～60%之间，水分过少，土壤偏旱。黑河部分地区、松嫩平原少数监测点、三江平原大部监测点土壤相对含水量在80%以上，土壤水分过多，处于偏涝状态；其他监测点的土壤相对含水量在60%～80%之间，水分适宜，墒情适宜。

2. 玉米营养生长期 6月黑龙江省气温正常，7月气温偏高，降水偏多，至6月末全省旱情解除，黑河部分地区及三江平原北部土壤偏涝，其他大部农区土壤墒情较好。玉米处于开花吐丝期。8月气温略低，降水偏多，积温充足，8月气象条件对农作物生长利弊兼有。大田作物长势良好，水稻和玉米处于乳熟期，部分地区生育进程略晚。

6月0～40厘米土层齐齐哈尔市、尚志、双鸭山市、七台河市监测点土壤相对含水量在50%～60%之间，水分过少，土壤偏旱；黑河地区、三江平原个别县（市）、齐齐哈尔部分县（市）、林甸、绥化市、呼兰、依兰监测点土壤相对含水量在80%以上，处于过多、偏涝状态；其他监测点的土壤相对含水量在60%～80%之间，水分适宜，墒情正常。

7月0～40厘米土层鸡西市、齐齐哈尔市、兰西共5个监测点土壤相对含水量在50%～60%之间，水分过少，土壤偏旱；三江平原大部、黑河大部、松嫩平原局部监测点土壤相对含水量在80%以上，水分过多，土壤偏涝；其他监测点的土壤相对含水量在60%～80%之间，土壤水分适宜，墒情正常。

8月0～40厘米土层杜尔伯特监测点土壤相对含水量在50%～60%之间，土壤重旱；齐齐哈尔市、肇源、兰西、依安监测点土壤相对含水量在50%～60%之间，水分过少，土壤偏旱；宝清、尚志、萝北监测点土壤相对含水量在80%以上，水分过多，土壤偏涝；其他监测点的土壤相对含水量在60%～80%之间，水分适宜，墒情正常。

9月松嫩平原少数地点土壤偏涝，其他大部农区土壤墒情较好。9月的热量条件较充足，降水虽多，但影响不大。目前，大田作物基本成熟，长势良好。10月全省气温正常偏高，降水略少，且日照充足，有利于作物的收获和籽粒的晾晒与储藏；下旬全省温度偏高，但降水偏多、日照不足，对作物籽粒脱水、晾晒略有影响；10月农区大部土壤墒情持续适宜，部分地区偏湿，有利于封冻后各地维持较适宜的土壤墒情状态。

9月0～40厘米土层齐齐哈尔、肇源、兰西监测点土壤相对含水量在50%～60%之间，水分过少，土壤偏旱；东部大部、黑河大部及松嫩平原少数地点监测点土壤相对含水量在80%以上，水分过多，土壤偏涝；其他监测点的土壤相对含水量在60%～80%之间，水分适宜，墒情正常。

10月0～40厘米土层全省松嫩平原零星地点监测点土壤相对含水量在50%～60%之间，水分过少，土壤偏旱；三江平原中南部大部、黑河局部及讷河监测点土壤相对含水量在80%以上，水分过多，土壤偏涝；其他监测点的土壤相对含水量在60%～80%之间，水分适宜，墒情正常。

（四）旱涝灾害发生情况分析

2018年黑龙江省共有3项气候记录出现极端情况：7月平均气温偏高1.5℃，为1961年以来历史第二位；夏季降水特多，为1961年以来历史第二位；秋季气温非常高，为1961年以来历史第三位。

三、墒情监测体系

（一）监测站点基本情况

全省共安装自动检测设备97台套，全部接入土壤墒情检测网站，在4月末到10月末每小时传输数据1次。20个国家级监测站（县）开展定期监测。每月10日、25日开展两次监测，每次监测全县范围内的10个点。按照《土壤墒情监测技术规范》要求，根据作物根系分布情况和生长需求确定监测深度和层次，通常按照0～20厘米、20～40厘米两层监测。在作物关键生育时期和极端墒情发生时，扩大监测范围，增加监测频率。平均每个监测站每年监测15～30次。

（二）工作制单、监测队伍与资金

按照国家、省、县3个层次汇总分析墒情监测数据，在关键农时季节和作物生长关键期，组织2次关键农时专家墒情会商，提出生产对策措施。20个监测站（县）发布面向本县域的墒情监测简报300～600次，发布全省墒情监测简报15次并上报国家汇总发布全国或区域性墒情监测简报。可通过广播、电视、网络、“明白纸”等多种方式发布墒情信息，指导农业生产。现在唯一难解决的是没有资金，而且其他项目资金管理非常严格，严禁串项，造成人工监测难以为继。

（三）主要作物墒情指标体系

按国家下发的指标体系，黑龙江省墒情监测工作在做好日常监测和信息发布的同时，为了客观评价农田墒情状况，提高指导农田墒情的科学性和准确性，省土肥站联合东北农业大学、省农业科学院等单位，组织监测县技术人员，在全省不同区域，针对不同作物开展了墒情与旱情定性评价的试验研究工作。通过多年实践与探索，并经结合国家墒情监测指标制定出黑龙江省主要农作物不同生育期墒情与旱情等级评价指标。

墒情评价6个等级：渍涝、过多、适宜、不足、干旱、严重干旱。

1. 水浇地和旱地

渍涝：土壤水分饱和，田面出现积水，持续超过3天；不能播种，作物生长停滞。

过多：土壤水分超过作物播种出苗或生长发育适宜含水量上限（通常为土壤相对含水量大于80%），田面积水3天内可排除，对作物播种或生长产生不利影响。

适宜：土壤水分满足作物播种出苗或生长发育需求（通常为土壤相对含水量60%～80%），有利于作物正常生长。

不足：土壤水分低于作物播种出苗或生长发育适宜含水量的下限（通常为土壤相对含水量50%～60%），不能满足作物需求，生长发育受到影响，午间叶片出现短期萎蔫、卷叶等表象。

干旱：土壤水分供应持续不足（通常为土壤相对含水量低于50%），干土层深5厘米以上，作物生长发育受到危害，叶片出现持续萎蔫、干枯等表象。

严重干旱：土壤水分供应持续不足，干土层深10厘米以上，作物生长发育受到严重危害，干枯死亡。

2. 水田

渍涝：淹水深度20厘米以上，3天内不能排出，严重危害作物生长。

过多：淹水深度8～20厘米，3天内不能排出，危害作物生长。

适宜：淹水深度0～8厘米，有利于作物生长发育。

不足：田面无水、开裂，裂缝宽1厘米以下，午间高温，禾苗出现萎蔫，影响作物生长。

干旱：田间严重开裂，裂缝宽1厘米以上，禾苗出现卷叶，叶尖干枯，危害作物生长。

严重干旱：土壤水分供应持续不足，禾苗干枯死亡。

2018 年浙江省土壤墒情监测技术报告

一、农业生产基本情况

（一）农业资源特点

浙江素有“鱼米之乡，丝绸之府，文物之邦，旅游之地”之称，地处我国东南沿海，位于太湖之南，东海之滨，大陆海岸线 1 840 千米。境内有一条最大的河流——钱塘江，因江河曲折，故称浙江。全省陆地总面积 10.18 万千米^2，约占全国的 1.06%，是面积较少的一个省份。其中：山地和丘陵占 70.4%，平原和盆地占 23.2%，河流和湖泊占 6.4%，地貌结构为“七山一水二分田”。

浙江气候多样，种质资源丰富，是农、林、牧、渔各业全面发展的综合性农区，历史上孕育了以河姆渡文化、良渚文化为代表的农业文化。主要产业有粮油、畜禽、蔬菜、茶叶、果品、茧丝绸、食用菌、花卉、中药材等。一直以来，历届省委、省政府都高度重视农业发展，积极推进农业市场化改革，深入实施统筹城乡发展方略，农业农村经济呈现了持续快速发展的态势。2015 年，全省农林牧渔业总产值 2 932.3 亿元，实现增加值 1 865.2 亿元；农村居民人均纯收入 21 125 元，连续 31 年列各省份第一位。

产业门类齐全、特色产品丰富。拥有多宜性的气候环境、多样性的生物种类，主要产业有粮油、畜禽、渔业、蔬菜、茶叶、果品、食用菌、花卉等，茶叶、蚕桑、蜂、食用菌等特色产品多，在全国都占有较大份额。

农业资源禀赋少、生产水平较高。人均耕地不足 0.5 亩，2015 年，粮食播种面积 1 916.7万亩，产量 75.2 亿千克。单季晚稻最高亩产达 934.5 千克。据测算，浙江以占全国 1.1%的国土、1.3%的耕地，创造了全国 6.3%的 GDP、3.1%的农业增加值。

农业市场化程度高、经营机制灵活。全省现有农民专业合作社 4 万多家，年销售收入亿元以上的农业企业 648 家；土地流转面积 955 万亩以上，约占总承包耕地的 50.1%。2015 年全省工商企业投资开发农业 158 亿元。

农村居民收入高、农村集体经济强。2015 年农村居民人均纯收入 21 125 元，连续 31 年列各省份第一位。全省界定村股份经济合作社股东 3 568.48 万个，量化资产 1 159.6 亿元，实现村级集体经济总收入 348 亿元，增长 2.4%左右。

（二）不同区域特点

浙东北平原农业区，该区域以平原为主，农业生产条件好，土壤适种性广，该区域是浙江省粮食、油菜子、蔬菜瓜果、蚕茧、茶叶、水产等优势产品的重要产区。

杭嘉湖平原重点推广应用以“稻—稻—蔬菜”、“稻—稻—绿肥”、“稻—渔”、“稻—虾”等为主的农作物“间套轮”种植模式；大力推广设施生态农业模式，包括以有机肥、无土栽培为主的设施清洁栽培模式，以温室“畜—菜”、“渔—菜”共生互补生态模式为主的设施种养结合模式，以“菇—菜”等按空间梯次分布的设施立体栽培模式以及桑蚕鱼立体种养模式等，重点发展特色蔬菜、名优瓜果、生态畜禽、特种水产、蚕桑、优质粮油等产业。

宁绍平原以“果—菜”、“粮—果”立体种植模式，“稻—萍—鱼”立体种养模式、“鱼—鸭（鹅）”等多种不同形式的共生复合生态模式以及“稻—鸭—渔”共育生态模式等，重点培育蔬菜、瓜果、花卉苗木、生态畜禽、水产等产业。

浙东南沿海农业区，该区域光照充足，雨水充沛，土壤类型多样，是全省蔬菜、瓜果、粮食的重要产区；丘陵、山地土层深厚，肥力较好，适宜发展具有特色的茶、果和林业。蔬菜、瓜果、特色林果是区域内最具优势的农业产业。该区域以大力发展立体农业循环模式为主，主要包括“蔬菜—瓜果”、“粮—（菜）瓜果”、“粮—经济作物（果蔗）”、“林果—经济作物”等农业发展模式，着力培育以水稻、蔬菜、瓜果、食用菌等为主的优势产业。

浙中金衢盆地农业区，该区域位于浙江省中部，是全省最大的内陆盆地，也是浙北平原和浙西南山地的结合部，该区域光热条件优越，土地类型复杂多样，农产品种类丰富，主要包括蔬菜、特色干鲜果、茶叶、花木等，采取的种植模式有：猪—沼—果（菜、鱼）、果—粮—猪、粮—经济作物（甘蔗等）。

浙西北丘陵农业区，该区以低山丘陵为主，坡度较缓，土层深厚，气候阴湿多雨，昼夜温差大，该区域大力发展“林—粮—果”、“粮—果—茶”、“粮—经（药）—畜”、“粮—畜—渔”、“果（茶）—蔬—畜”、“茶—果—蔬”等山区林地和高山台地立体农业模式。

浙西南丘陵农业区，该区域位于浙江省丘陵山区，浙西南以中低山为主，土壤以红壤、黄壤为主，土层深厚，肥力条件较好。该区域是浙江省主要林业基地，同时，也是浙江省重要水果、高山蔬菜、名优茶、中药材等的生产基地。

（三）农业生产情况

浙江省的农业生产主要以粮食作物和经济作物为主（浙江省统计局，2017），其中粮食播种面积125.54×10^4公顷（2016年），人均占有面积0.022公顷，主要包括：春粮播种面积17.82万公顷，早稻11.55万公顷，秋粮96.17万公顷等；经济作物播种面积1.21×10^6公顷，主要包括蔬菜63.32万公顷，茶叶面积19.7万公顷，果园面积32.77万公顷，油料作物17.40万公顷，药材类4.3万公顷，花卉苗木15.97万公顷。2016年，粮食作物整体较2015年有下降趋势，下降幅度为1.76%；经济作物呈上升趋势，上升幅度为5.28%。其中粮食作物中以春粮下降幅度最大，由原来的1.96×10^5公顷下降到1.78×10^5公顷，下降幅度达到9.03%；经济作物中以中药材和花卉苗木种植面积上升幅度最大，分别较2015年上升了11.36%和9.79%；蔬菜和茶叶种植面积略有上升，分别上升了2.45%和1.26%；果树和油料种植面积有所下降，分别下降了1.46%和4.48%。各作物播种面积及产量见图1。

从粮食作物年总产量来看，粮食播种面积总产量与2015年持平，但各作物之间变幅差异较大，春粮2016年总产量较2015年下降了1.36×10^8千克，下降幅度达到18.75%，其单位面积产量也呈下降趋势，由2015年的3 688.11千克/公顷下降到3 294.05千克/公顷，下降幅度达到10.68%；早稻和秋粮种植面积虽较2015年有下降趋势，但其年总产量与单位面积平均产量均呈上升趋势，其中早稻年总产量和单位面积平均产量上升幅度分别达到9.01%和10.05%；秋粮年总产量和单位面积平均产量上升幅度分别达到1.26%和1.64%（图2）。

就经济作物而言，蔬菜年总产量由2015年1.77×10^{10}千克上升到1.84×10^{10}千克，提

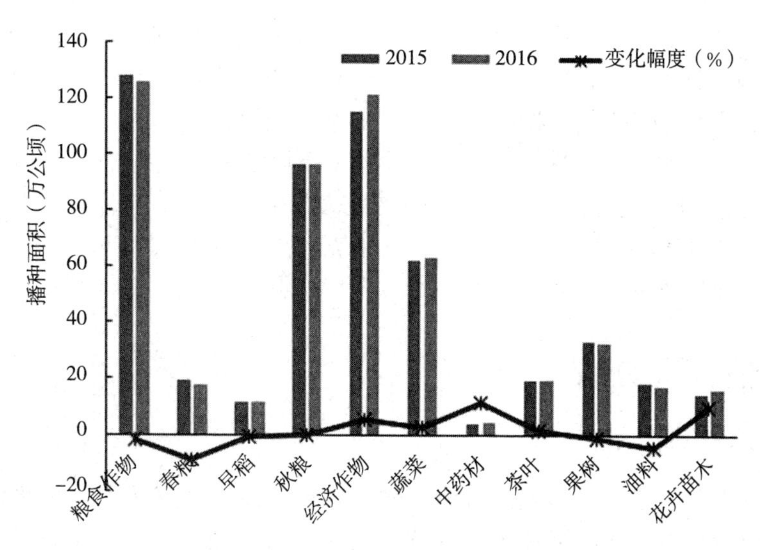

图1　浙江省2016年作物播种面积示意

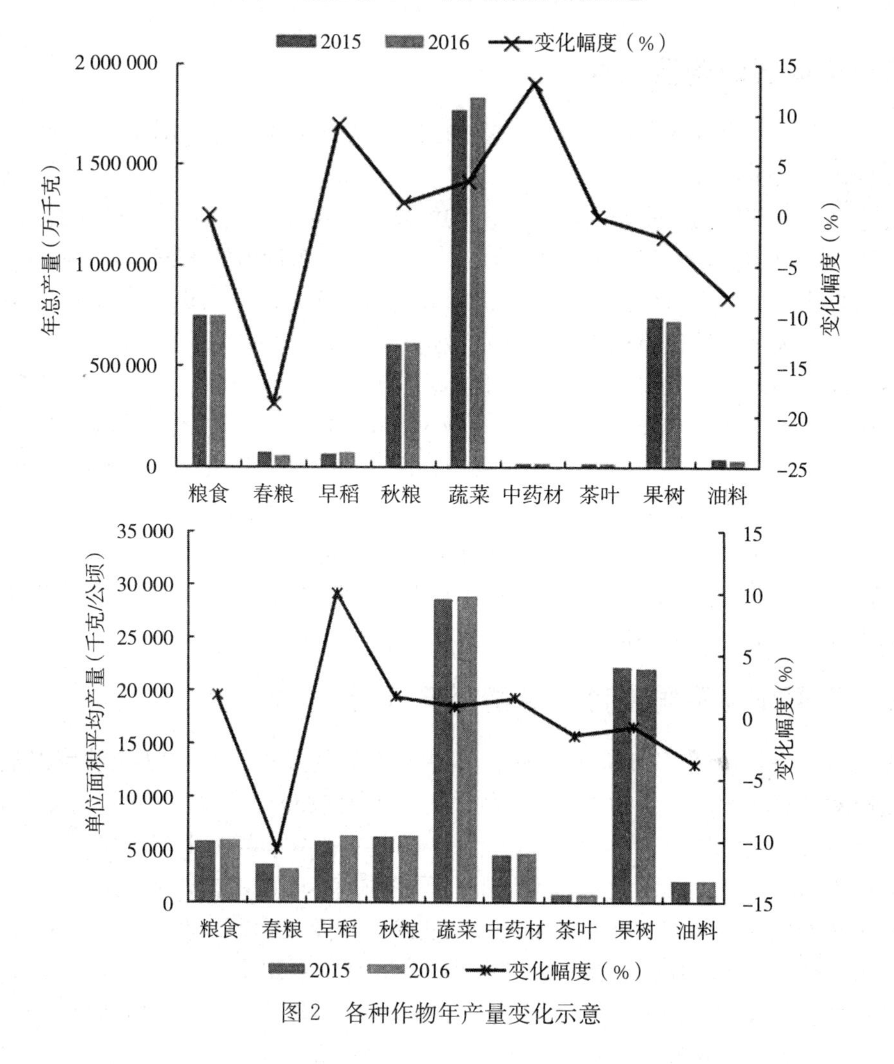

图2　各种作物年产量变化示意

高率为3.36%，单位面积产量由原来的1.87万千克/公顷提高到2.90万千克/公顷，提高率为0.89%；中药材年总产量由2015年1.78×10^8千克上升到2.02×10^{10}千克，提高率为13.1%，单位面积平均产量由原来的4 625.35千克/公顷上升到4 697.67千克/公顷，提高率为1.56%；茶叶、水果及油料作物年总产量均呈下降趋势，其中油料作物年总产量下降幅度最大，达到8.10%，其次是水果，下降幅度为2.24%%，茶叶下降幅度为0.2%；就单位面积平均产量而言，油料作物由2 148.19千克/公顷下降到2 066.83千克/公顷，下降幅度为3.78%，茶叶下降1.45%，水果下降0.79%（图2）。

二、墒情状况分析

（一）气象状况分析

浙江地处亚热带中部，属季风性湿润气候，四季分明，气温适中，光照较多，雨量充沛，雨热季节变化同步。气候资源配置多样，气象灾害比较频繁。年平均气温15～18℃，年平均降雨量1 100～2 000毫米，年平均日照时数1 100～2 200小时。

（二）不同区域墒情状况分析

浙江省年降水量大致在1 000～2 200毫米之间，80%保证率的年降水量在800～2 000毫米，为全国雨量较丰的地区之一。

浙北平原和北部海岛，是全省降水最少的区域，年降水量在1 000～1 400毫米之间，尤其以普陀以北的舟山群岛，年降水量尚不足1 000毫米。如舟山的大衢，年降水量仅900毫米，为全省最少。浙江省东部沿海的四明山、括苍山，南部的洞宫山和内陆的仙霞岭、千里岗山、昱岭山、天目山等丘陵山地，年降水量达1 600～2 200毫米，浙南凤阳山的屏南年降水量高达2 275毫米，为全省之冠。中部的金衢、新嵊、天台、仙居、丽水等河谷盆地，是全省第二个相对少雨区，年降水量大致为1 300～1 600毫米。1 400毫米等雨量线，从安吉经临安、富阳、绍兴、上虞到宁波，再转经象山、海门至玉环。以此为界，在其东部的浙北平原和浙东沿海岛屿是浙江省的少雨区。另外，金华、永康、丽水及新昌、嵊州、天台、仙居等内陆盆地，被一条1 400毫米等雨量线所包围，从而成为浙中内陆河谷少雨盆地。年降水量1 600毫米的等雨量线，大致起于北部天上山麓，沿浙西山地南下，经浙西南至浙东丘陵。此线的以南地区，为全省多雨区。

（三）主要作物不同生育期墒情状况分析

春玉米3月下旬播种，7月收获，前期雨水充足，墒情好，主要开花灌浆期遭受干旱，墒情不足时对产量影响较大。番薯5～6月扦插，10月收获，主要8～9月易受旱，若墒情不足时，产量影响大。贝母10月种，次年5月收，主要春季若雨水多，墒情过量，易发病害，且光照不足，对产量影响大。冬季蔬菜主要怕前期冬季雨水少，墒情不足，产量低。

柑橘生育期包括花芽期、开花结果期、果实膨大期及成熟期。花芽期（1月初至3月中下旬）需水量较少，土壤墒情不足；开花结果期（3月中下旬至6月底）需水量增加，土壤墒情适宜；果实膨大期（7月至10月中旬）需水量为高峰期，土壤墒情适宜，若墒情不足对其产量影响较大；成熟期（10月中旬以后）需水量下降，墒情不足。

杨梅树好湿耐阴，一般雨水充足、湿润时，树体生长茂盛，结果早、产量高、品质好。3～4月处于开花期，若雨水过多，影响花期，从而影响开花结果；5～6月杨梅处于春稍生长期及成熟期，降雨量大，对产量及品质影响较大。

（四）旱涝灾害发生情况分析

浙江地处东海，有时由于变性极地大陆气团与海洋变性大陆气团交锋，形成的雨雪成为冬季降水的主要来源。初夏，从印度洋吹来的季节风带，带来了大量的湿热空气和北方的冷高压，在长江中下游的南部地区交汇，形成江南的梅雨季节，影响太湖运河水位很大；同时全省受到强盛的北太平洋副热带高压和停留在日本的冷高压对峙的影响，形成地方性的“梅雨锋系”，造成连绵不断的大面积降雨。夏末，南方暖空气继续递进，正常锋区也随着北移，控制东南沿海地区的北太平洋副热带高压极盛，气温高而少雨，往往是浙江省伏秋旱的主要原因。此外，还不时遭受热带海洋强大低气压台风的影响，当台风过境，经常发生狂风暴雨。因此，夏末秋初是全省出现水情、旱情最频繁和最严重的季节。

从已有的水文气象资料分析，全省出现较大水情、旱情的时期为：梅雨引起的涝情，以5～6月为最多，因台风引起的涝情以7～8月为最多。旱情出现在6月下旬到8月上旬为最多，部分地区旱情也因雷阵雨、台风雨的出现而消失或减轻。涝情旱情交替出现，有时先涝后旱，有时先旱后涝，有时涝中带旱，不同地区、不同时间，变化十分复杂。

三、墒情监测体系

（一）监测站点基本情况

根据全省气候、地形地貌、土壤类型和农业区域布局等特点，自2012年起全省精心组织，科学布局，分别在金华市金东区傅村镇农业综合开发区建立了土壤墒情监测标准站，配备了目前国内比较先进的土壤墒情自动监测系统和农田小型气象监测站。婺城区、浦江县、磐安县、永康市和兰溪市5个县（市、区）设立国家土壤墒情监测点，大力推进土壤墒情监测工作。

各站点采取定点、定期监测，每月10号、25号由本单位的负责人员到5个监测站点进行土壤水分监测，将作物长相长势、降水情况等调查数据于当天录入“土壤墒情监测系统”，并按照统一格式撰写墒情监测简报。内容包括：作物生长情况、土壤水分状况和墒情等级、天气状况、同比、环比墒情变化趋势及预测、对策措施建议。5个监测点位人工测定，采用浙江托普云农业科技股份有限公司的便携手持土壤墒情速测仪（型号T2S -1K）监测。测定为体积含水量，再换算成相对含水量。

（二）工作制度、监测队伍与资金

按照农业农村部的要求，组织制定了年度项目任务计划，上报农业部并通知到相关县市，明确目标任务，同时对于基层相关人员了解土壤墒情监测的意义、目的，掌握土壤墒情监测的要领起到了积极的作用，也为全省全面开展土壤墒情监测奠定了坚实的基础。为确保墒情监测项目的有序展开，努力做到项目管理规范化，资金使用制度化，工作目标责任化，项目县合理配置人力资源，及时落实人员，不断充实土壤墒情监测技术队伍，明确责任，做到计划早安排，思想早发动，物质早准备，技术早培训。

每月10日、25日前两天省农业技术推广服务中心短信提醒相关农技人员做好工作安排，及时取样检测、上传数据、编写墒情简报。墒情简报对当前一段时期墒情和天气情况进行评述和预测，并结合当前农时和作物生长情况提出农艺措施、病虫害防治和灌溉施肥等技术措施的建议，增加墒情监测的应用指导作用。在春耕春播、秋收秋种关键时节扩大监测范围，增加监测频率，及时掌握墒情动态变化，指导农业抗旱减灾生产。

2018年农业部没有安排浙江省土壤墒情监测专项经费，婺城区、浦江县、磐安县、永康市和兰溪市5个县（市、区）积极争取县财政支持，结合化肥减量增效，耕地质量评价工作，顺利完成了年度监测任务。

（三）主要作物墒情指标体系

按照耕地利用类型确定评价等级标准，根据土壤水分、作物表象、生产状况等因素综合评价墒情等级。

1. 水浇地和旱地

渍涝：土壤水分饱和，田面出现积水，持续超过3天；不能播种，作物生长停滞。

过多：土壤水分超过作物播种出苗或生长发育适宜含水量上限（通常为土壤相对含水量大于80%），田面积水3天内可排除，对作物播种或生长产生不利影响。

适宜：土壤水分满足作物播种出苗或生长发育需求（通常为土壤相对含水量60%～80%），有利于作物正常生长。

不足：土壤水分低于作物播种出苗或生长发育适宜含水量的下限（通常为土壤相对含水量50%～60%），不能满足作物需求，生长发育受到影响，午间叶片出现短期萎蔫、卷叶等表象。

干旱：土壤水分供应持续不足（通常为土壤相对含水量低于50%），干土层深5厘米以上，作物生长发育受到危害，叶片出现持续萎蔫、干枯等表象。

严重干旱：土壤水分供应持续不足，干土层深10厘米以上，作物生长发育受到严重危害，干枯死亡。

2. 水田

渍涝：淹水深度20厘米以上，3天内不能排出，严重危害作物生长。

过多：淹水深度8～20厘米，3天内不能排出，危害作物生长。

适宜：淹水深度0～8厘米，有利于作物生长发育。

不足：田面无水、开裂，裂缝宽1厘米以下，午间高温，禾苗出现萎蔫，影响作物生长。

干旱：田间严重开裂，裂缝宽1厘米以上，禾苗出现卷叶，叶尖干枯，危害作物生长。

严重干旱：土壤水分供应持续不足，禾苗干枯死亡。

2018年江西省土壤墒情监测技术报告

一、农业生产基本情况

（一）农业资源特点

江西省位于我国东南部，地处东经113°34′36″～118°28′58″，北纬24°29′14″～30°04′41″之间，全省面积16.69万千米^2。境内除北部较为平坦外，东西南部三面环山，中部丘陵起伏，成为一个整体向鄱阳湖倾斜而往北开口的巨大盆地。全境有大小河流2 400余条，赣江、抚河、信江、修河和饶河为江西五大河流。江西处北回归线附近，全省气候温暖，雨量充沛，年均降水量1 341～1 940毫米，无霜期长，为亚热带湿润气候。

江西气候温暖湿润，四季比较分明，年平均气温27～19。7℃。1月最冷，月平均气温3.7～8.6℃；7月最热，月平均气温高达27～29.9℃。冬季极端最低气温一般在－5～－12℃之间，夏季极端最高气温在40℃以上，日温稳定在≥10℃的初终间隔日数为235～274.5天。全省稳定通过10℃的年积温为5 034～6 343℃，气温自北向南递增。年平均相对湿度一般为75%～79%。月平均相对湿度，春夏季常达80%以上，秋冬季多在70%～75%。全年无霜期约240～307天。

自然土壤以红壤分布最广，位于500～100米以下的丘陵岗地和海拔500～800米的低山区，面积约占全省总面积的46%；其次为黄壤、黄棕壤、紫色土、石灰（岩）土和草甸土；局部山间盆地或山腰低洼积水处尚有沼泽土分布。耕作土壤以水稻土居多，约占全省耕地总面积的85%。旱地土约占15%。

（二）水资源时空分布特点

全省水资源时空分布不均，空间分布呈北多南少的特点，各季降水量不甚均匀；1～3月降水量约为全年降水量的14%～17%，4～6月降水量为全年的53%～60%，降水量多而集中，时常发生洪涝灾害；7～9月降水量约为全年的18%～21%；10～12月降水量最少，一般只有全年的6%～10%，少雨年份个别地区甚至全月无雨。径流最大月一般出现在5月或6月，径流最小月一般出现在12月或翌年1月。由于径流的年内分配主要集中在4～6月，易造成洪涝灾害。而7～9月，降水稀，气温高，农业用水正值高场，江河却处在少水期，每年的降水存在差异，径流量最大年比最小年各河在4～5倍左右。年径流量变化还存在连续干旱和连续洪水的情况。

（三）农业生产情况

江西是一个农业人口多、农村地域大、农业比重相对较高的省份，粮、油、菜、水产等主要农产品产量在全国占有重要地位。江西省农业资源丰富，生态优势明显。全省耕地面积4 633.5万亩。境内鄱阳湖是中国最大的淡水湖。江西自古就是全国的“鱼米之乡，绿色之源"。江西以占全国1.8%的耕地，生产占全国3.8%的粮食。粮食产量位居全国第十二位，其中稻谷产量居全国第二位，人均稻谷产量居全国第一位，始终保持全国主产省的地位，是中华人民共和国成立以来全国仅有的两个从未间断输出商品粮的省份之一，为保障全国粮食安全作出了积极贡献。油料产量位居全国第十位；蔬菜产量位居全国第二十位；柑橘产量居全国第七位，其中橙类产量居全国第一位；农民人均收入居全国第十四位。

二、气象与墒情状况分析

江西省地处中亚热带，受东南季风之惠，年降水量为1 350～1 940毫米，为北方半湿润地区年降水量的2～3倍，半干旱地区的4～5倍，以致给人错觉，认为江西省不存在干旱问题，或者认为影响较小。事实上，全省降水时空分布不均，洪涝灾害、季节性干旱十分频繁。干旱特别是伏秋干旱对全省农业生产已经构成了严重的威胁。据调查，江西省每年均有旱情发生，平均每2年发生1次较重旱情，每5年发生1次重大旱情。

2018年3～5月全省平均气温19.9℃，较常年同期偏高2.4℃，创1961年以来同期新高，其中赣北、赣中东部、赣南边缘山区偏高1～2℃，赣中西部、赣南盆地偏高3～4℃。降水量为0.1～138.6毫米，呈北多南少的特点，其中赣北北部偏多1成至1倍，赣南和吉安大部偏少8成以上，其余一般偏少1～8成。4～5月赣中赣南和赣北的西南部等地降水偏少，同期偏少3成，其中吉安东部和赣南大部偏少6成以上，赣北南部和抚州大部偏少1～6成，赣北北部偏多1成至1倍。5月中下旬全省就自北向南出现35℃以上的高温天气，首次高温天气范围广、强度大，出现时间早，期间全省有42个县（市、区）日最高气温突破5月极值，持续晴热高温，致使江河湖泊持续低水位，水库蓄水不足。全省多条河道断流，水库干涸多座。降水持续偏少的萍乡市、新余市、万载县等西部地区继续出现伏旱，且干旱程度加重，导致大量农田开裂、农作物缺收，缺水时间长、因旱饮水困难需救助人口上栗县3.8万人，万载县3万人，湘东区2.7万人，均占当地总人口的9%以上，给居民的生产和生活造成严重影响。

6月上旬，受台风影响，赣中赣南出现一轮强降水，降雨集中，累计雨量大，导致吉安和赣州两市的部分地区出现洪涝灾害，尤其是井冈山、泰和、万安、遂川、瑞金和石城等地出现了严重的内涝、山洪地质灾害，灾区大量农作物被淹等灾情严重。此次台风也是近十年来影响全省最早的台风。7月下旬至8月上旬全省平均气温28.6℃，较常年同期偏低0.6℃；降水量全省平均43.9毫米，偏多3.5成，其中7月31日高温范围最大，全省普遍出现35℃以上高温，其中28站最高气温超过37℃，对中稻（一季稻）穗分化、晚稻返青分蘖、柑橘果实生长等不利。据土壤湿度监测，7月31日赣北赣南部分地区、赣中局地10厘米土壤相对湿度低于60%，出现轻—中度农业干旱。8月上旬降雨增多，全省平均降雨32毫米，全省最高气温普遍在35℃以下，农业干旱得到有效缓解，仅赣北少部分地区存在轻旱。

2～9月全省大部降水偏少，省内赣江、抚河、信江、饶河和修河五大江河水位持续走低，导致鄱阳湖来水持续偏少，9月中旬，鄱阳湖主体及附近水域面积较历史同期偏小400多千米^2，较同期偏小1.4成。9月20日，星子站水位跌破12米，鄱阳湖比历史同期平均提前23天进入枯水期。

11～12月全省出现持续阴雨寡照天气，降水量异常偏多，全省平均降水量较同期偏多2.8倍，其中15～16日有9站达到暴雨级别，降水主要集中在赣中和赣南，其中赣中、赣南累计降水量分别为125.8毫米和108.2毫米。连阴雨天气不利于部分收割偏迟的双季晚稻收晒，且该时段正处南丰蜜橘、新余蜜橘等宽皮橘采摘盛期，赣南脐橙采收初期，连续阴雨导致蜜橘采收进度延缓，部分地区出现浮皮、发霉和脱落现象。

总体来看，仅5月中旬及7月下旬受持续高温天气影响，赣中北部、赣南东北部部分地区土壤墒情较差，出现短期缺墒状况，其余时间墒情适宜，且收获期底墒充足。

三、土壤墒情监测体系建设

（一）监测站点建设情况

截至2019年3月，江西省有11个县常年开展墒情监测，其中，国家级监测县5个，省级监测县15个。建立农田人工监测点26个。2018年，继续在奉新县、上犹县、万载县、贵溪市、芦溪县5个国家级土壤墒情固定监测点开展日常监测工作，全部采用智能化自动监测设备，按照墒情监测技术规范要求开展定点监测，并通过移动网络将监测数据实时上传到全国农业技术推广服务中心。另外，结合果菜茶有机肥替代化肥示范县创建，在南昌县、南丰县、修水县、渝水区、赣县区、信丰县新增固定监测点15个；结合基层农业技术推广体系建设，在20多个县配备了便携式土壤墒情速测设备，根据生产需要，不定期开展墒情监测工作，全年累计完成监测418次。

目前，江西省农田人工监测点主要采用化验室烘干法测定土壤水分。建成的墒情自动监测站主要包括两种类型，一种是采用针式土壤温湿度传感器，应用FDR频域反射原理测定土壤水分，具有快速准确、定点连续、宽量程等优点；另一种是采用管式土壤温湿度传感器，应用电容法原理测定土壤水分，具有安装简便、数据连续、性能稳定等优点。

（二）主要措施与主要成效

全省在实施土壤墒情监测过程中，主要采取了以下工作措施：一是强化组织领导。省农业厅主要领导亲自过问土壤墒情监测工作，省土肥技术推广站明确专门科室指导全省开展农田土壤墒情监测工作，县土肥站配备专门技术人员从事土壤墒情监测工作。二是制订工作方案。为确保墒情监测工作顺利进行，省土肥站按照全国农业技术推广服务中心要求，制定了《江西省土壤墒情监测技术方案》。三是为保障土壤墒情工作的顺利开展，在工作方法上，实行部门协作、资源整合，积极主动与气象、水利、教学部门协作，采用信息共享方式交换相关气象、水文资料，提高了农田墒情监测数据的准确性，进一步提高了墒情评价水平。

墒情监测工作的开展，积累了大量气候和土壤墒情监测信息数据，推进了因墒种植、因墒灌溉、水肥一体化等节水农业技术的推广应用，为实现农业高效用水，为农业抗旱减灾，指导科学灌溉、节水技术推广，提供了有效的信息服务和技术支撑。

（三）存在的问题

一是监测经费不足，监测网络覆盖率低。全省墒情监测点主要依靠农业部墒情监测项目少量资金维持，因此骨干墒情监测点较少，覆盖率较低，难以发挥墒情监测的指导作用。5

个有极少量资金支持的监测点，都是结合其他项目，创造条件，定期开展墒情监测工作；大部分无资金支持的临时墒情监测点，仅是结合其他项目，临时性做些墒情监测工作，实际上难以定期开展墒情监测工作。二是监测手段落后，监测工作艰苦。受监测经费限制，监测点没有配置墒情自动监测仪，缺乏先进的设备和手段，目前仅是利用测土配方施肥项目的仪器设备开展工作，不仅工作艰苦，分析速度慢，而且时效性差，甚至难以坚持。三是由于网络规模小，且技术人员不足等多方面原因，江西省尚未建立主要农作物不同生育期墒情与旱情等级评价指标体系。

2018 年由于省土肥站人员变动等多方面原因，墒情监测工作有所松懈，出现部分自动监测点故障且未及时联系厂家修复，数据停报及错报，墒情简报也未按要求发布。目前，省土壤站已开展墒情监测站点甄别，基础数据完善等各项工作，要求各监测点对已损坏的监测点进行维修，确保其正常运行，并落实专人负责墒情监测工作，及时采集数据和发布信息。2019 年全省将继续结合基层农业技术推广体系建设等涉农项目资金，加密土壤墒情监测网点，扩大监测范围。对已有的监测网点，加强监督指导，确保数据入网通畅，数据处理规范，信息发布及时，为旱作节水农业技术示范推广提供监测数据保障。

2018 年安徽省土壤墒情监测技术报告

土壤墒情监测是农业生产的重要基础工作。2018 年，按照《安徽省农业委员会办公室关于印发全省耕地质量监测和土壤墒情监测实施方案的通知》（皖农办土〔2016〕26 号）要求，全省 75 个县（市、区）开展墒情监测，采集土壤样品 10 380 组，监测水分数据约 30 972个，累计发布墒情报告 2105 期，其中省级发布土壤墒情简报 45 期，为指导农业生产提供了科学依据。

一、全年气候状况及特点

安徽省地跨江淮，南北跨度大，既有半湿润季风气候，又有亚热带湿润季风气候，雨热同季，但时空差异大，季节干旱、渍涝明显，土壤类型复杂，水分物理性状各异。探求年度墒情变化趋势以及与气候、作物水分需求相互关系，更好地为农业生产提供指导依据。根据全省各地监测数据，对全省 2018 年土壤墒情作出趋势分析。

2018 年，全省气候总体适宜，全年总降雨量较 2017 年和常年均偏小，同时，降雨量时空分布不均，沿江江南地区相对较大，沿淮淮北地区相对较小。与 2017 年同期相比，江淮之间降雨量有所增加，沿江江南和皖南地区降雨量有所减少。1、2、3、4、5、7、11 月降雨量较 2017 年同期有所增加，6、8、9、10 月降雨量较 2017 年和常年同期均大幅度减少。全年气温除 2、10 月大部分地区较常年同期偏低外，其他时段均偏高。

2017 年秋种到 2018 年秋种，从全省降水分布图（图 1 至图 7）可以看出：2017 年 10 月上、中旬受降水影响，皖北大部分地区土壤持续过湿，中旬末开始以晴到多云天气为主，前期土壤过湿状况逐步缓解，至 10 月末，皖北大部分地区土壤墒情适宜，不利天气影响了

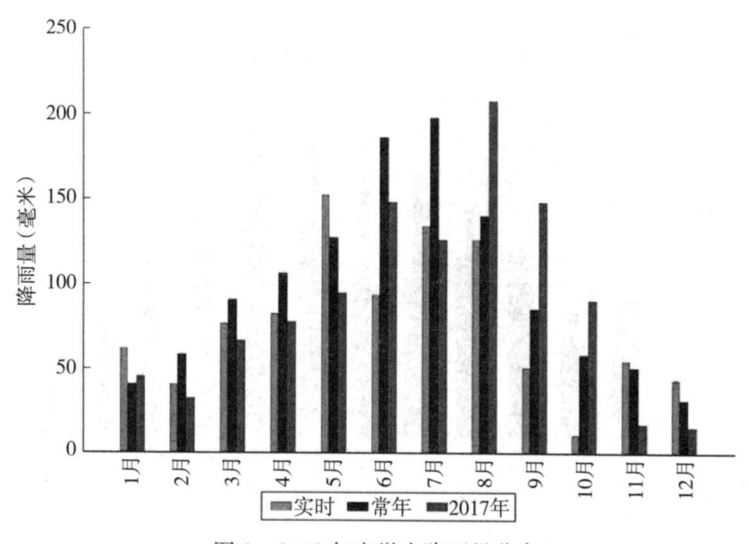

图 1　2018 年安徽省降雨量分布

冬小麦的播种进度。2018 年 2 月上旬至中旬前期，全省多晴好天气，光照充足，缓解了前期雨雪天气导致的农田土壤过湿状况，皖北土壤墒情适宜，气象条件总体利于冬小麦返青生长；2 月中旬后期至月末，全省阴雨天气增多，出现多次降水过程，全省大部分地区土壤墒情过多，部分降水集中地区出现湿渍害，对小麦根系生长有一定不利影响。进入 5 月，全省降水异常偏多，日照显著偏少，且发生在小麦灌浆乳熟的关键季节，导致全省尤其是沿淮和江淮北部土壤持续过湿，降水集中区农田发生渍涝，小麦出现根系退化早衰。大风等强对流天气导致小麦倒伏，增加收获难度和霉变发芽的风险，光照不足对小麦干物质积累不利，也影响了夏收安排。9 月下旬至 10 月底，由于全省降水持续偏少，大部分地区尤其是淮北和沿江地区旱情加重，旱情持续发展对小麦播种及已播作物出苗造成一定的不利影响，多地积极组织开展灌溉补墒造墒，保证了小麦适期适墒播种。

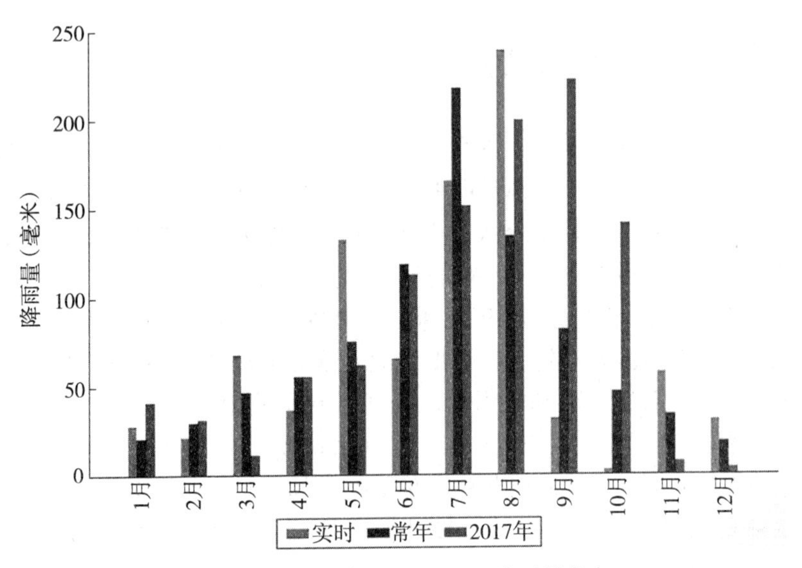

图 2　2018 年安徽省淮北地区降雨量分布

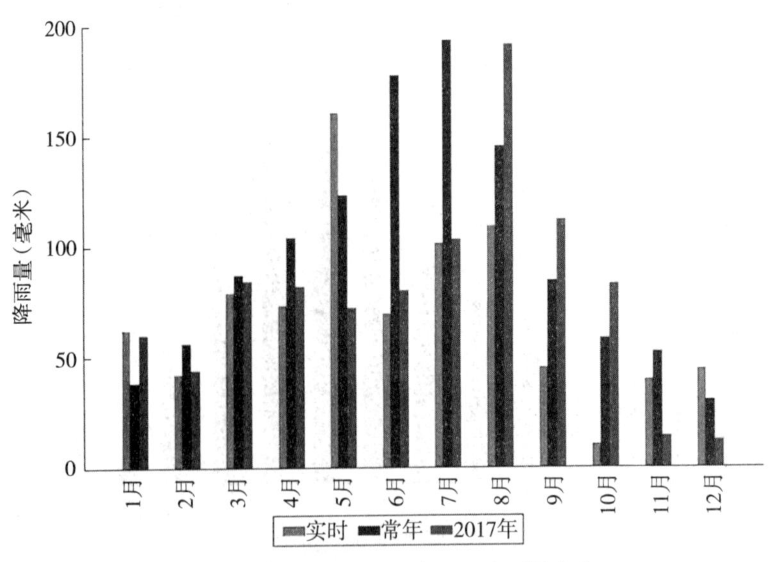

图 3　2018 年安徽省江淮地区降雨量分布

2 月中旬后期至 3 月中旬，全省阴雨天气增多，出现多次降水过程，导致全省大部分地区土壤过湿，部分降水集中地区出现湿渍害，对油菜根系生长和开花授粉有一定不利影响；10 月至 11 月上旬，全省范围出现中到重度干旱，对油菜播（栽）及苗期生长不利，11 月上中旬的降水过程，补充了农田土壤水分，全省旱情得以解除，大部分地区土壤墒情基本适宜，有利于油菜的苗期生长。

6 月上中旬，全省多晴好天气，但淮北地区持续无有效降水，旱情显现并发展，影响夏玉米等旱作物的播种进度；下旬的降水有效缓解或解除了淮北地区前期旱情，补充了土壤底墒，总体有利于玉米的播种、出苗和苗期生长。

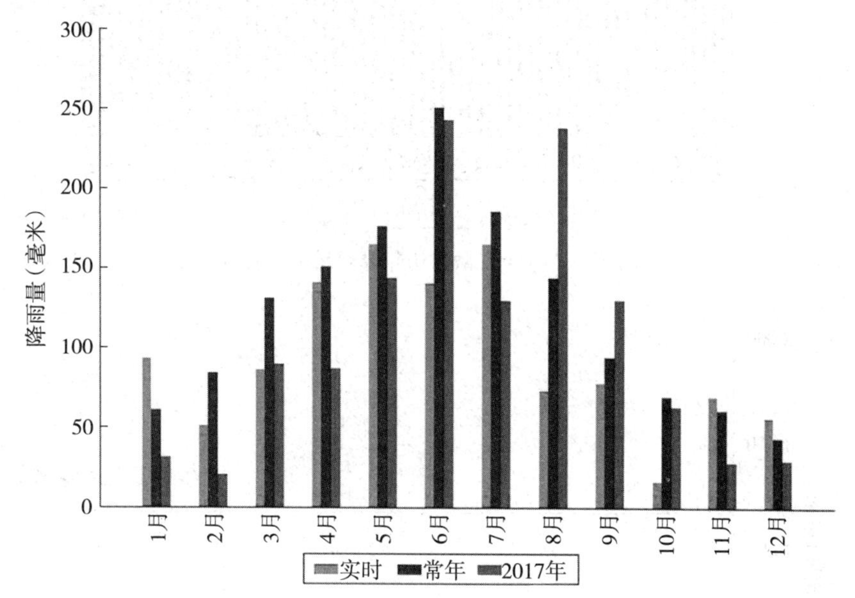

图 4　2018 年安徽省皖南地区降雨量分布

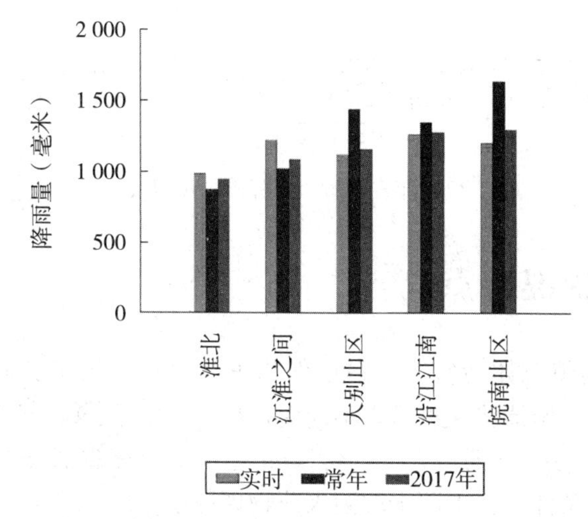

图 5　2018 年安徽省各区域降雨量分布

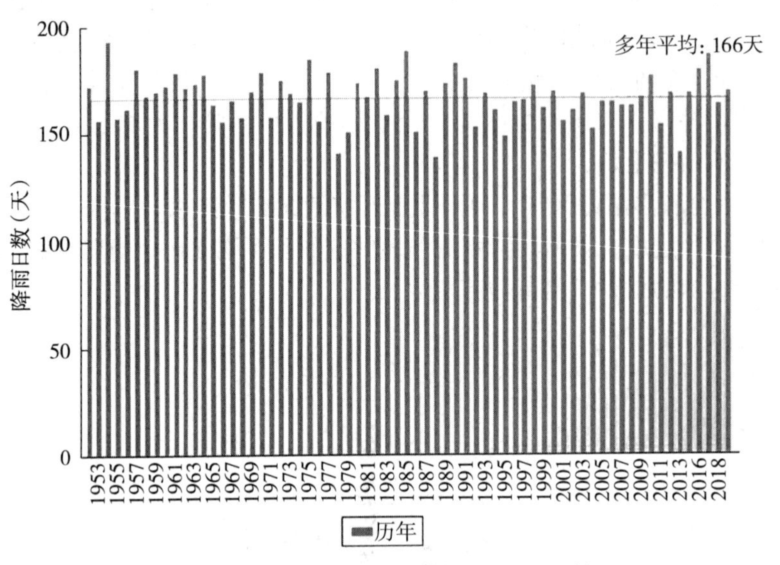

图 6　2018 年安徽省历年降雨量平均日数

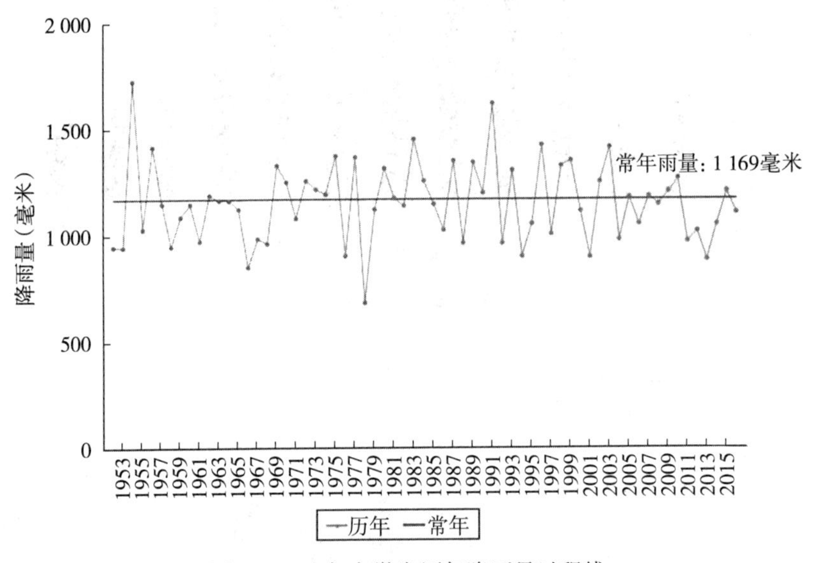

图 7　2018 年安徽省历年降雨量过程线

二、全年墒情状况特点

2018 年，全省土壤墒情总体适宜，为在地作物正常生长提供了有利条件，但受降水、气温时空分布不均的影响，墒情状况也呈现不同变化趋势。1 月下旬、2 月、5 月下旬、7 月上旬全省墒情总体过多；4 月、6 月、7 月、8 月、9 月、10 月全省部分地区出现不同程度的墒情不足状况。同等降水条件下，不同土壤因水分物理性质不同，墒情状况表现不一。淮北砂姜黑土、黏质潮土以及江淮岗坡黄褐土等地，易发生墒情不足情况；沿江江南和皖南地区沟谷洼地受常年降水和汛期的影响，易发生墒情过多情况。

（一）区域墒情状况趋势分析

1. 沿淮淮北地区　全年墒情总体适宜。1 月下旬、2 月上旬、3 月、5 月下旬、7 月上旬、8 月上旬由于受降雨影响，大部分地区墒情过多；4 月、6 月上中旬、7 月中下旬、8 月上旬、9 月下旬和 10 月因有效降雨较少，部分地区表墒轻度不足至中度不足，其中 10 月出现大面积表墒不足，多地开展浇灌、人工降雨、喷灌等一系列补灌造墒措施。

2. 江淮之间　1 月中下旬、2 月、3 月、5 月、7 月上旬、8 月下旬，该区域墒情总体过多；4 月上中旬、6 月下旬、7 月中下旬、9 月、10 月，部分地区表墒轻度不足至中度不足，其中 10 月出现大面积表墒不足，江淮东部和大别山区南部部分地区中度至重度不足。

3. 沿江江南和皖南地区　1 月上旬、2 月、3 月、4 月下旬、5 月下旬、6 月、7 月上中旬、8 月下旬、11 月受常年降水和汛期的影响，大部分地区墒情过多。7 月中下旬、8 月中下旬、9 月、10 月部分地区因有效降雨较少，出现表墒不足现象。

（二）主要代表性土壤墒情状况趋势分析

1. 潮土　全省潮土面积大约 1 776.3 万亩，约占全省土壤总面积的 11.44%，主要分布在黄泛平原、沿淮平原和沿江平原。母质为江河冲击沉积物，土体较厚，土壤水分物理性质较好，毛管发达。全年墒情大多适宜，但受区域降雨较多影响，出现短时墒情过多甚至渍涝现象，如 1 月下旬、2 月、3 月及 8、9 月等。不同潮土区域墒情有别：一是灰潮土。主要分布于长江沿岸。区域降水较多，墒情过多时间较长。如沿江东至县大渡口镇灰潮土墒情监测点表明，全年除 7、9、10 月降水量较小，墒情轻度不足至适宜外，其他时间段均墒情过多。二是砂质潮土。主要分布在淮北东北部、萧县、砀山境内的黄河故道、沙河等河床两侧。质地较粗，毛管性能不良，保水保肥能力较差，但通气透水性较好，易于耕种。2018 年砀山、萧县等砂质潮土田块墒情总体较适宜。

2. 砂姜黑土　全省砂姜黑土面积大约为 2 400 多万亩，约占全省土壤总面积的 16%，主要集中分布在淮北平原的中南部及其平原延伸的淮河以南的平洼地。由于砂姜黑土质地黏重，容重大，结构不良，通气孔隙小，土壤有效含水量少，加之地下水位高，土壤可调节水分库容偏小，所以砂姜黑土既不耐旱也不抗渍。2018 年该类型土壤多次出现旱情，占旱耕地面积的 50%以上。1 月下旬、2 月上旬、3 月、5 月下旬、7 月上旬、8 月上旬由于受降雨影响，砂姜黑土大部分地区墒情过多；4 月、6 月上中旬、7 月中下旬、8 月上旬、9 月下旬和 10 月因有效降雨较少，部分地区表墒轻度不足至中度不足，其中 10 月整个区域出现表墒中度至重度不足。

3. 黄褐土　全省黄褐土总面积约为 1 256.9 万亩，约占全省土壤总面积的 8.0%，主要分布在江淮丘陵岗地。2018 年全年大部分地区土壤墒情总体较适宜，9 月、10 月部分地区出现墒情不足的情况，1 月、2 月、3 月、5 月、7 月大部分地区墒情过多。

4. 水稻土　全省水稻土总面积约为 3 623 万亩，约占全省总面积的 23%。主要集中分布在淮河以南的江淮丘陵岗地区、沿江平原及皖南山地丘陵区。种植旱作期间，墒情变化主要受降水、地形地貌和土壤质地影响较大。2018 年全省稻茬田墒情总体适宜，1 月下旬、2 月上旬、3 月、5 月受降水影响，全省马肝田、湖泥田大多墒情过多，部分地势低洼、排水不良的稻茬田墒情持续过多。

（三）主要农作物土壤墒情状况趋势

1. 小麦 2018 年 5 月全省降水异常偏多，日照显著偏少，且发生在小麦灌浆乳熟的关键季节，导致全省尤其是沿淮和江淮北部土壤持续过湿，小麦出现根系退化早衰，也影响了夏收安排。9 月下旬至 10 月底由于全省降水持续偏少，大部分地区尤其是淮北和沿江地区旱情加重，旱情持续发展对小麦播种及已播作物出苗造成一定的不利影响，多地积极组织开展灌溉补墒造墒，保证了小麦适期适墒播种（图 8）。

图 8　2018 年安徽省小麦土壤墒情趋势分布

2. 玉米 6 月上中旬，淮北地区持续无有效降水，旱情显现并发展，影响夏玉米等旱作的播种进度；下旬的降水有效缓解或解除了淮北地区前期旱情，补充了土壤底墒，总体有利于玉米的播种、出苗和苗期生长（图 9）。

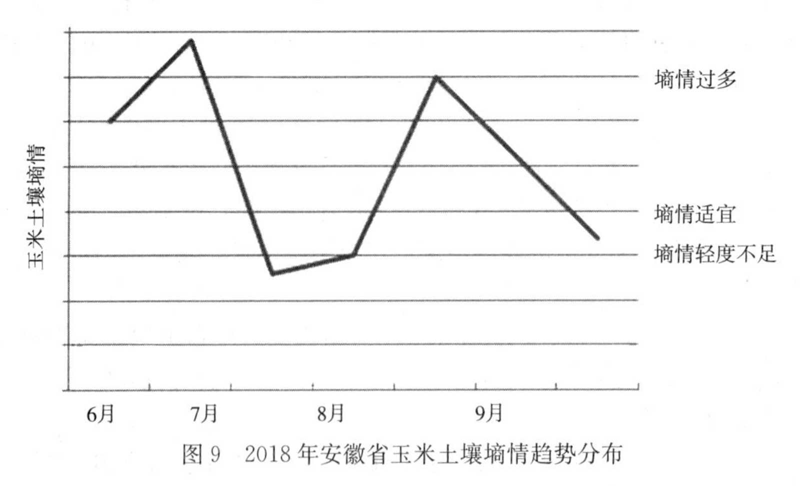

图 9　2018 年安徽省玉米土壤墒情趋势分布

3. 油菜 2 月中旬后期至 3 月中旬，全省出现多次降水过程，导致全省大部分地区土壤过湿，对油菜根系生长和开花授粉有一定不利的影响；10 月至 11 月上旬全省范围出现中到重度干旱，对油菜播（栽）及苗期生长不利，11 月上中旬的降水过程，补充了农田土壤水分，大部分地区土壤墒情基本适宜，有利于油菜的苗期生长（图 10）。

图10　2018年安徽省油菜土壤墒情趋势分布

三、主要问题

1. 墒情监测网点建设存在盲区　全省385个监测点主要分布在中北部的沿淮淮北和江淮地区粮食主产区，中南部还有部分县区未建监测点，不能及时有效的提供该地区墒情信息状况，对全省土壤墒情咨询服务造成一定的影响。

2. 经费投入不足　土壤墒情监测是咨询服务的前提和技术保证。2008年全省布设自动监测点27个，但由于没有监测和维护经费，自动监测装置几乎全部报废。长期以来，土壤墒情监测经费投入不足，以致这项工作只能依靠常规人工采土取样监测方法，自动化程度低，工作量大，技术人员工作辛苦，影响了工作的正常开展和墒情信息报告的全面性和时效性。

3. 部门之间协调不够　土壤墒情信息咨询涉及农业、气象、水利等部门，内容涉及天气情况、农田水利和农业生产田间管理。但由于目前缺乏联席机制，3个部门之间信息不能共享，墒情监测科学性、准确性和指导性都有待进一步提高。

4. 重视程度有待提高　少数县农业农村主管部门对墒情信息重要性认识不足，技术力量不够，在监测点科学布设、监测时间、监测报告发布等方面，没有严格按照标准要求进行。

四、下一步工作

1. 加大墒情监测工作经费投入　建议加大墒情监测专项资金投入，用于配置自动监测设备及设备更新、维护，逐步提高自动化智能化水平，及时、准确采集和运用墒情信息，充分发挥墒情监测在农业生产中的指导作用。

2. 进一步加强培训　逐步培养一支业务能力和责任心较强的专业墒情监测队伍，不断提高全省土肥系统的墒情监测水平，增强科学运用监测结果指导和服务农业生产的能力。

3. 完善部门协调机制　加强与水利、气象部门的沟通与协调，争取实现资源共享，促进墒情信息的科学性、准确性、及时性和指导性。

2018 年山东省土壤墒情监测技术报告

一、农业生产基本情况

（一）农业资源特点

山东省农业持续发展面临着“地少、水缺”的资源约束压力，全省现有耕地 1.14 亿亩，约占全国的 6%，人均耕地 1.18 亩。年平均降水量约 680 毫米，水资源总量 303 亿米^3，人均占有量 334 米^3，约占全国人均的 1/6，亩均水资源占有量 265 米^3，约占全国亩均的 1/5，地下水超采形成的漏斗区面积达到 1.04 万千米^2。山东省农业是第一用水大户，约占用水总量的 65%。农业用水方式向节水灌溉发展，但用水效率依然偏低，水肥一体化等节水技术需要加快发展。

（二）不同区域特点

山东省地处东部沿海、黄河下游，全省地形复杂，胶东地区以丘陵为主；鲁中南有较多的中山和低山；黄河贯穿鲁西南和鲁北，形成大面积泛滥冲积平原；黄河入海口不断淤积延伸，构成黄河三角洲。种植作物上，胶东地区以果树、花生为主；鲁中地区以粮食、蔬菜、果树、花生为主；鲁西北地区以粮食、蔬菜、棉花为主；鲁西南地区以粮食、棉花、花生、大蒜为主；鲁南地区以果树、蔬菜、茶叶为主。

（三）冬小麦生产情况

2018 年山东省小麦播种面积 6 078.9 万亩，比上年减少 9 万亩。由于秋种基础较好、土壤墒情适宜、田管措施得力，2018 年小麦春季苗情群体合理、个体健壮，整体苗情好于去年和常年，是近几年苗情较好的一年。全省小麦一类苗面积占到总播种面积的 51.5%，二三类苗面积比例为 33.6%和 9.6%，旺苗比例为 5.3%。但是，当前也存在着旺长面积较大、部分麦田遭受冻害等不利方面。

二、墒情状况分析

（一）气象状况分析

2018 年春季（3～5 月），平均气温较常年偏高，降水量偏多，日照时数偏少。季内，冬小麦处在返青—乳熟期，棉花、花生处在播种—苗期，水热条件利于冬小麦的生长发育和春播作物的苗期生长。

夏季（6～8 月），季平均气温较常年偏高 1.7℃，降水量偏多 25.2%，日照时数偏多 44.8 小时。6 月，全省以晴好天气为主，夏收夏种工作进展顺利。7 月中旬至 8 月中旬前期，大部地区出现持续高温天气，影响部分地区夏玉米。

秋季（9～11月），全省平均气温较常年偏高，降水量和日照时数偏少。季内的大部时段以晴好天气为主，墒情适宜，气象条件利于秋季作物后期生长及冬小麦播种出苗和苗期生长。

冬季（2018年12月至2019年2月），季平均气温较常年偏高，降水量略偏少，日照时数偏少。大部分时段冬小麦处在越冬期，2月下旬大部地区冬小麦进入返青期。

（二）不同区域墒情状况分析

整体来说，全年全省大部分地区墒情较适宜。全省出现墒情不足情况有：胶东地区在10月中下旬（小麦播种出苗期）、7月下旬至8月上旬（玉米开花期）旱地出现墒情不足；鲁西北地区在6月中旬（玉米播种出苗期）、2019年2月中旬至2019年3月中旬（小麦返青期）出现墒情不足情况；鲁南地区在6月中旬（玉米播种出苗期）、7月中下旬（玉米拔节—抽雄期）出现墒情不足情况。8月中下旬（玉米开花—灌溉期），受台风“摩羯”和“温比亚”影响，全省普遍出现连续强降雨，多数地区墒情过多。其他时期墒情均较适宜。

（三）主要作物不同生育期墒情状况分析

1. 冬小麦

（1）播种出苗期。10月，冬小麦进入播种期，全省整体墒情适宜，胶东地区旱地出现墒情不足。10月中下旬，冬小麦处于苗期，全省大部分农田土壤墒情适宜，胶东地区旱地墒情不足。

（2）分蘖期。10月下旬、11月上旬，冬小麦处于苗期—分蘖期，全省农田土壤墒情适宜。

（3）越冬期。2018年11月中旬至2019年2月中旬，冬小麦处于越冬—返青期，土壤农田墒情适宜。

（4）返青期。2019年2月中旬至2019年3月中旬，冬小麦进入返青期，全省大部分农田土壤墒情适宜，鲁西北部分地区旱地墒情不足。

2. 夏玉米

（1）播种出苗期。6月中旬，夏玉米处在播种—出苗期，全省大部分地区土壤墒情适宜，鲁西北、鲁南部分地区墒情不足。

（2）拔节期。6月下旬至7月上旬，夏玉米处于苗期—拔节期，全省土壤墒情适宜。

（3）抽雄期。7月中下旬，夏玉米处于拔节—抽雄期，全省大部地区土壤墒情适宜，鲁西南部分地区出现干旱。

（4）开花期。7月下旬至8月上旬，夏玉米处于抽雄—开花期，全省土壤墒情整体适宜，胶东部分地区出现墒情干旱。

（5）抽丝—灌浆期。8月中下旬，夏玉米处于开花—灌溉期，全省土壤墒情适宜或者过多，部分地区出现渍涝。

（6）成熟期。9月，夏玉米进入成熟—收获期，全省土壤墒情适宜。

（四）旱涝灾害发生情况分析

（1）5月中旬，部分县市遭受风雹灾害，小麦点片倒伏。

（2）5月中下旬，日照不足，影响小麦正常灌浆、乳熟。

（3）8月中旬，受台风“摩羯”和“温比亚”影响，鲁西北、鲁中和鲁东南部分地区农田出现渍涝、作物倒伏，鲁中地区部分日光温室和塑料大棚受灾严重。

（4）9月中旬、11月各旬阴雨天气较多，不利于秋作物收获晾晒。

三、墒情监测体系

（一）监测站点基本情况

2018年山东省全省开展墒情监测的县达到80个，有41个墒情监测县向省站报送数据。全省农田墒情监测点899个，平均每个监测县11个监测点，监测点覆盖全省所有地市，基本涵盖了山东省主要的土壤类型，服务作物为玉米和小麦。

全年采集分析土壤样品19 073个，全部由县级检测完成。测定方法上，以人工采样（采用环刀法）、实验室化验分析为主，自动墒情监测仪有着一定的应用。据不完全统计，近些年全省共装备自动墒情监测仪250余台，覆盖全省50余个县区。目前正常运转大概150余台，停用100余台，停用原因基本是设备故障、没有经费支持。目前已经接入到全国墒情监测系统的自动墒情监测仪121台，正常报送数据仅22台，不到20%，其他未正常报送数据的仪器多为设备出现故障。

（二）工作制度、监测队伍与资金

山东省墒情数据测定主要由墒情监测县来完成，市级和省级部门不进行土样采样分析。墒情监测县由专人负责墒情数据测定和数据报送，形成县级墒情简报。省、市级部门依据县级数据制定省、市级墒情简报。全年制定发布墒情简报1 249期，其中省级简报24期，市级简报102期，县级简报1 123期。全省共有专业人员263名，其中省级人员2名，市级技术人员34人，县级市级技术人员227人。

（三）主要作物墒情指标体系

山东省农田墒情监测的主要农作物为冬小麦和夏玉米，主要评价因子为土壤0～20厘米及20～40厘米土层的相对含水量。墒情等级划分为渍涝（土壤水分饱和，田面出现积水，持续超过3天）、过多（土壤相对含水量大于85%）、适宜（土壤相对含水量60%～85%）、不足（土壤相对含水量50%～60%）、干旱（土壤相对含水量低于50%）、重旱（干土层深10厘米以上）。

2018年河南省土壤墒情监测技术报告

一、农业生产基本情况

（一）农业资源特点

河南省位于我国中东部、黄河中下游，地处东经110°21′～116°39′，北纬31°23′～36°22′之间，南北长530千米，东西长580千米，国土面积约16.7万千米^2，居全国第十七位，其中山地占26.6%，丘陵占17.7%，平原占55.7%。全省地势西高东低，北有太行山，西有伏牛山，南有桐柏山和大别山，中东部是广阔的黄淮冲积平原。

河南省地处亚热带向暖温带过渡地区，气候温和，四季分明，日照充足，降水充沛，可概括为冬季寒冷而少雨雪，春季干旱而多风沙，夏季炎热而易水涝，秋季晴朗而日照长，具有发展农业的良好条件。全省各地年平均气温在12.0～15.0℃之间，由南向北递减。如信阳为15.0℃，安阳为13.5℃。西部与西北部山地，年平均气温最低为12.1℃，极端最低气温在－17.4℃以下，安阳最低，为－21.1℃。极端最高气温，黄河沿岸较高，在42.7～44.2℃之间，伊洛河盆地高达44.2℃，向南、北递减，在40.2～41.7℃之间。日平均气温≥10℃的日数为200～220天，积温4 600～5 600℃。全省无霜期大致在190～230天之间。豫西山地和太行山区无霜期较短，最短地区在184～196天之间。南阳盆地和沙河以南无霜期较长，平均在220天以上。伏牛山南坡的西峡，全年无霜期可达236天。淮河两岸、南阳盆地西部和南部，在230天左右。其他各地无霜期在200～220天之间，农作物可一年两熟。全省日照时数在1 740～2 310小时之间，以夏季为最多，其中7月平均日照时数为200～240小时；以冬季最少，1月平均日照时数为130～180小时。全省年降水量为600～1 200毫米，时空分布不均，由南向北递减，南部最大，达1 000～1 200毫米，中部为700～1 000毫米，北部最小，仅600～700毫米。多年平均降水量为784毫米，主要集中在汛期（7～9月）。

河南省地跨黄河、淮河、长江、海河四大流域，其流域面积分别为3.60万千米^2、8.61万千米^2、2.77万千米^2、1.53万千米^2，大小河流1 500多条。全省100千米^{2}以上的河流有493条。全省水资源总量403.5亿米^3，其中地表水302.7亿米^3，地下水196.0亿米^3，重复量95.0亿米^3。全省人均占有水资源量423.0米^3，约为全国平均水平的1/5，世界平均水平的1/16；耕地亩均占有水资源量331.0米^3，约为全国平均水平的1/4。2017年度，全省实际供水量227.6亿米^3，其中地表水105.0亿米^3，地下水119.8亿米^3，农林渔用水125.6亿米^3，占供水总量的55.2%。

河南省耕地面积1.22亿亩（居全国第二位）。其中，水浇地6 830.70万亩，旱地4 206.50万亩，灌溉水田1 129.30万亩。截至2017年底，全省有效灌溉面积7 910.45万亩，占耕地面积总数的64.3%。高效节水灌溉面积2 043.54万亩，其中喷灌255.99万亩，微灌61.80万亩，管道灌溉1 725.75万亩。

（二）不同区域特点

全省水资源时空分布不均，丰水年径流量是枯水年的7倍左右，且连枯连丰明显，旱涝交替。由于特殊的水文气象条件和自然地理特征，决定了河南省农业生产具有显著的区域特点：黄河沿岸及以北地区降水不足600毫米，水资源短缺，土地资源条件良好，以灌溉农业为主；中东部地区地势平坦，旱涝并存，发展农业需要灌排保障；南部地区降水近900毫米，农田以补灌为主，是我国主要暴雨中心之一，地势低洼，涝灾严重，影响粮食生产特别是秋粮的稳产高产；西部地区气候干旱，年降雨量较少，且地势起伏大，保水能力差，水土流失严重，加上水源不足，抗旱能力低，旱灾影响大，是主要的旱作农区，以雨养农业为主。

由于河南降水量地区间分布不均衡，造成地表水和地下水资源分布不均，区域差异性明显。全省地表水资源由南向北递减，南部山地丘陵区径流深300～600毫米，干旱指数小于1，水量较充沛，属多水带。豫北平原径流深小于50毫米，干旱指数小于2，水量偏少，属少水带。其他地区径流深50～300毫米之间，属过渡带。山区与平原地表水量差别也比较大，在占全省耕地面积仅有1/4的山地丘陵区，却占有全省70%的地表水量，而占全省3/4耕地的平原，仅占有全省30%的地表水量，分布极不均衡。全省浅层地下水主要分布在黄淮海冲积平原、南阳盆地和伊洛河盆地，具有储量大、埋藏浅、增补快、宜开采的特点，但补给量有限，不宜超采或远距离调用。

（三）农业生产情况

河南是农业大省，粮、油等主要农产品产量均居全国前列，是全国重要的优质农产品生产基地。近年来，在稳定小麦种植面积基础上，围绕效益积极恢复大豆生产，稳定发展优质水稻，加快调整玉米结构，推进甘薯及杂粮发展，稳步推进农业生产。

2018年，全省粮食总产达到664.89亿千克（居全国第二位），其中小麦播种8 609.78万亩，产量360.29亿千克；玉米播种5 878.44万亩，产量235.14亿千克；稻谷播种930.62万亩，产量50.14亿千克；豆类播种636.00万亩，产量10.17亿千克；薯类播种172.35万亩，产量31.90亿千克。全省油料产量631.05万吨，首次超过600万吨，其中花生播种1 804.77万亩，产量57.25亿千克；油菜子播种217.53万亩，产量3.89亿千克。全省蔬菜及食用菌产量7 260.67万吨，连续3年保持在7 000万吨以上。全省果园面积稳定在650万亩以上，水果产量预计在900万吨以上。全省肉类总产量662.68万吨，牛奶产量202.65万吨，禽蛋产量413.61万吨。全省农林牧渔业增加值达到4 478.54亿元，全省农民人均可支配收入达到13 830.74元。

2018年，全省进一步扩大高标准农田建设规模，截至12月，已累计建成高标准农田6 163万亩，约占全省耕地面积的50%。预计全省主要农作物耕种收综合机械化水平达到82.3%，小麦机播、机收水平稳定在98%以上，玉米机播、机收水平分别达到92%、86%，花生机收水平达到58%，全省农业机械化水平明显提高。

二、气象与墒情状况分析

（一）气象状况分析

1. 上年冬小麦生育期 2～5月，全省气温普遍偏高，平均气温分别较常年同期偏高

0.1～1.6℃、1.4～4.5℃、0.3～2.5℃和 0.1～2.0℃。降水量除 2 月较常年同期偏少 20%外，3～5 月均较常年同期偏多 20%以上，尤其是 5 月中旬，全省出现较大范围强降水，不仅为小麦灌浆成熟提供了充足水分，亦为适墒夏播提供了有利条件。2～4 月全省日照时数均高于常年同期水平。总体来看，冬小麦返青—收获期气象条件较适宜，有利于小麦生长和收获。

2. 秋作物生育期 6～9 月全省各类秋作物生育期内，平均气温分别较常年同期偏高 0.3～2.6℃、1～2℃、0.8～3.6℃和 0.5～1.6℃。夏播期（5 月下旬至 6 月中旬），全省降水量在 23～220.6 毫米之间，除豫北、豫西西部、豫南南部地区较常年略偏少外，其他大部地区较常年偏多 1 成以上。苗期—收获期，各地降水量除豫西北、豫东及豫东北地区接近常年同期或偏多10%～40%外，其他大部地区偏少 10%～50%。全省各地≥10℃积温在 2 838～3 532℃·天，大部地区较常年同期偏多 41～308℃·天。总体来看，秋作物生育期内光温条件适宜，仅 7 月中旬出现一次持续 10 天以上的高温少雨天气，降水虽偏少，但主要集中在成熟期内。总体来看，秋作物生育期，气象条件好于上年同期，有利于喜温大秋作物的生长。

3. 2018 年冬小麦生育期 麦播—出苗期，全省天气晴好，平均气温较常年同期偏高 0.9℃；11 月中旬越冬前，各地平均气温 6.8℃，较上年和常年偏高 0.1℃和 0.9℃；入冬后，受冷空气影响，全省气温整体处于偏低水平。10～12 月，全省降水量 67.2 毫米，较上年和常年偏少 50%和 20%，但降水过程相对集中。同期，全省平均日照时数 432.6 小时，较上年和常年偏少 4.9 小时和 51.6 小时，偏少的区域主要位于黄河以南大部。总体来看，冬小麦播种—越冬期光温水条件适宜，有利于小麦出苗生长和安全越冬。

（二）主要作物不同生育期墒情状况分析

1. 上年冬小麦生育期 总体来看，上年冬小麦返青期由于降水少，局部麦田出现缺墒状况；拔节期—收获期降水充足，大部分麦田墒情适宜，整体墒情状况好于上年。具体分析如下：

2 月返青后，全省气温偏高，降水较常年偏少 20%以上，为做好晚播麦田三类苗管理，各地积极动员群众浇灌返青水，促进弱苗早发快长。据 2 月 25 日全省墒情监测结果显示，0～40 厘米土壤含水量在 65%～88%之间。除豫东、豫中、豫北少部分地块表墒不足外，其他地块墒情适宜，为小麦后期拔节生长提供了良好的墒情条件。

进入拔节期，全省气温持续偏高，但降水偏多，大部分地块墒情适宜。据 3 月 10 日、25 日墒情监测结果显示，全省 0～40 厘米土层土壤含水量在 64%～89%之间。部分地块由于降水过多，导致土壤偏湿，0～20 厘米土层土壤含水量在 90%以上。

4 月上旬，全省气温仍然偏高，除豫南降水较多外，其他大部分地区降水不足 10 毫米，在一定程度上缓解了前期部分地块土壤偏湿的状况。4 月中下旬，全省普遍降水，且持续时间较长，雨水入渗好，麦田底墒充足。据 4 月 25 日全省墒情监测结果显示，0～40 厘米土层土壤含水量在 68%～88%之间，大部地区土壤墒情适宜。

小麦灌浆成熟期，全省气温前期偏高、后期偏低，豫南、豫西南大部地区降水量在 50～100 毫米之间，豫北、豫西部分地区降水偏少，导致部分麦田墒情不足，0～40 厘米土壤含水量在 42%～63%。但全省整体墒情状况明显好于上年（图 1），0～20 厘米、20～40 厘米土壤含水量均高于上年同期水平。

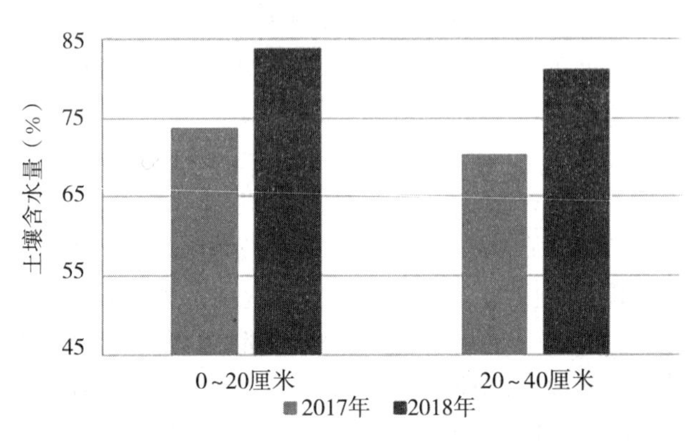

图1　河南省土壤墒情对比

2. 秋作物生育期　总体来看，秋作物生育期内，仅7月中旬受持续高温天气影响，豫南、豫中部分秋田出现短期缺墒状况，其余时间墒情适宜，且收获期底墒充足。具体分析如下：

夏播期间，各地降水量在23～221毫米，除豫北、豫西西部、豫南南部地区较常年略偏少外，其他大部地区偏多10%以上，全省大部墒情适宜，0～20厘米土壤含水量在65%～90%，实现了适墒播种。播后大部地区气温接近常年略偏高，热量条件适宜，秋作物基本实现苗齐、苗匀、苗壮。

秋作物生长中期，全省大部气温偏高，光照充足，多次出现降水过程，但降水分布不均，豫北、豫东及豫南南部降水偏少10%～60%，其他地区偏多10%以上。豫西、豫西南灌溉条件较差地区墒情适宜，墒情状况明显好于上年和同期水平，0～40厘米土壤含水量在67%～88%；豫东、豫北部分地区墒情不足，0～40厘米土壤含水量在48%～64%。全省大部地区秋作物生长稳健且长势良好，7月中旬出现的持续高温少雨天气，导致豫中、豫南等地出现短期阶段性缺墒状况。

秋作物生长后期，全省大部以晴热天气为主，由于前、中期降水充足，大部地区墒情适宜，未出现明显旱情，有利于灌浆成熟。尤其是全省大部地区农田底墒适宜，为冬小麦足墒适期播种创造了有利条件。

3. 2018年冬小麦生育期　麦播期间（9月下旬至10月中旬），全省大部地区气温偏高，累计降水量50～100毫米，除豫西南大部和豫东南（南阳市、信阳市）少部分地区土壤墒情不足外，其他地区土壤墒情适宜。全省麦田0～40厘米土壤含水量平均值在66%～89%之间，是近几年墒情状况较好的年份之一，有利于冬小麦播种和出苗，全省基本实现适期播种和一播全苗。

小麦苗期（10月下旬至11月），全省大部分地区气温偏高1～2℃，降水偏多20%以上，除豫南、豫东部分农田土壤偏湿外，其他大部分地区土壤墒情适宜（据11月10日、25日农田监测点墒情监测显示：全省0～40厘米土壤含水量平均值为65%～88%），为小麦安全越冬提供了良好的墒情条件。

越冬期，全省气温偏高，12月上旬出现一次大范围雨雪过程，降水较常年同期偏多20%以上，大部地区土壤墒情适宜（据12月10日、25日农田监测点墒情监测显示：全省0～40

厘米土壤含水量平均值为68%～89%)。1月底全省再次出现大范围降雪过程，麦田积雪起到了保温增墒作用。整个越冬期，全省气象条件适宜，没有大的自然灾害发生（图2）。

总体来看，2018年冬小麦播种期底墒充足，苗期—越冬期降水偏多，水分条件充分，大部地区墒情适宜。据农情调度，越冬期苗情总体好于常年，明显好于上年，是苗情较好、较均衡的年份。全省小麦一二类苗比例达85.4%，比常年增2.2%，比上年增15.6%；三类苗比例为13.3%，比常年减2.2%，比上年减16.8%；旺长苗比例为1.3%，与常年持平，比上年增1.2%。小麦群体适宜，结构合理，根叶生长协调，叶色正常，长势良好。

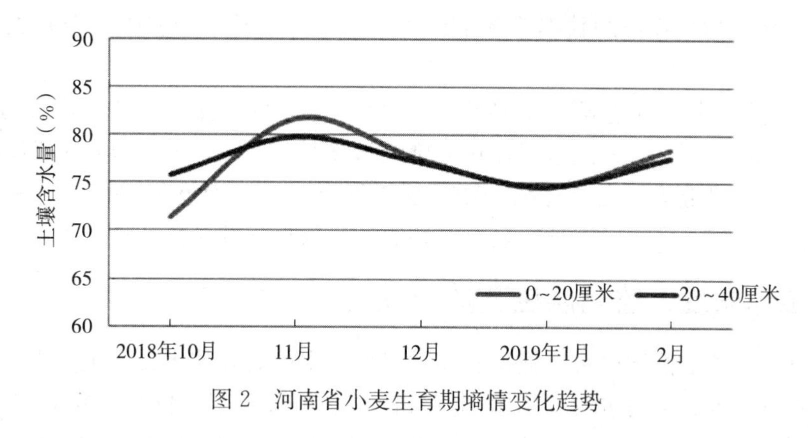

图2 河南省小麦生育期墒情变化趋势

（三）自然灾害发生情况分析

1. 大风降温 4月3～8日，全省先后遭受两次较强冷空气影响，出现大风、强降温天气，平均气温仅为11.2℃，较常年偏低2.0℃，比上年同期偏低4.3℃；平均最低气温较常年偏低2.3℃，比上年同期偏低8.4℃；极端最低气温在－2～4℃。豫西、豫北、豫中等地风速较大，极大风速达11～28.7米/秒。据农情调查，截至4月22日，全省小麦受冻害面积286万亩，占种植面积的3%左右，主要分布在豫北、豫东地区。其中，成灾面积87万亩，绝收面积12.6万亩，受灾小麦主要表现为小穗或小花败育，结实粒数减少。

2. 持续高温 自7月中旬开始，连续10天，全省遭遇较强区域性高温天气过程，多地突破或达到历史极值，≥34℃高温日数与上年同期相比呈现西少东多的状态，豫北、豫东、豫南等地受高温影响较大，但土壤墒情大部适宜，秋作物田间湿度普遍较高。持续高温天气使秋作物花期变短，花粉活力降低，从而影响夏玉米和水稻的授粉结实，但热害影响较上年明显偏轻。

3. 暴雨大风 8月17～19日，受台风“温比亚”影响，豫东、豫东北地区出现250毫米以上强降水，局地降水量超过400毫米，大部地区还伴有4～6级大风，造成商丘、周口、驻马店、开封、濮阳等地大面积玉米倒伏和大豆水淹，对秋作物产量影响较大，全省受灾面积977.8万亩（风雹567万亩，洪涝410.8万亩），成灾面积368.6万亩（风雹130.2万亩，洪涝238.4万亩），绝收面积43.7万亩（风雹10万亩，洪涝33.7万亩）。据灾情调查，由于倒伏的玉米大部分处于灌浆—乳熟期，局部处于乳熟中后期，且受淹田块1～2天后即排除了田间积水，因此，没有发生渍捞灾害，对秋作物产量影响较轻。

三、土壤墒情监测体系建设

（一）监测站点建设情况

截至2018年12月，河南省有51个县常年开展墒情监测，其中，国家级监测县25个，省级监测县26个。建立农田人工监测点315个，分布在18个省辖市，初步形成了覆盖豫西北山地丘陵区、豫北高产区、南阳盆地区、淮南浅山丘陵区等多个区域的土壤墒情监测网络。另外，还建有固定墒情自动监测站60个（其中，2018年新建10个），配套移动速测仪55台，建设省级土壤墒情监测数据管理平台1个，建立了基本能够服务全省农业生产的墒情监测体系。

目前，河南省农田人工监测点主要采用化验室烘干法测定土壤水分。建成的墒情自动监测站主要包括两种类型，一种是采用针式土壤温湿度传感器，应用FDR频域反射原理测定土壤水分，具有快速准确、定点连续、宽量程等优点；另一种是采用管式土壤温湿度传感器，应用电容法原理测定土壤水分，具有安装简便、数据连续、性能稳定等优点。

（二）工作制度、监测队伍及资金投入

河南省自开展墒情监测以来，根据农业农村部和全国农业技术推广服务中心的要求，立足减少农田灌溉用水、提高水资源利用率的宗旨，不断强化工作制度，组织51个监测县依据《农田土壤墒情监测技术规范》（NY/T 1782—2009），定时（每月10日、25日）定点开展监测。在春耕备播、夏收夏种、秋冬种等关键农时和重大灾害发生期，实施加密监测，联合气象部门开展墒情会商，科学制定应对措施，为领导决策、指导灌溉和服务生产提供支撑。

目前，全省共有墒情监测技术人员177人，包括省级3人、市级18人、县级156人，每月固定开展2次监测，全年发布各类墒情信息1 200期以上。在灌区，立足地下水压采和提高灌溉水利用率，依据不同作物需水规律和当地水资源状况，优化作物灌溉制度，指导农田实施科学灌溉；在旱区，依据墒情状况，实施因墒种植，为各级农业主管部门提供墒情信息，提高节水农业宏观管理决策水平。

近年来，河南省结合实际，一方面积极争取各级财政立项，切实加强墒情自动监测站建设，积极促进墒情监测自动化和标准化，提高监测技术水平，建立墒情信息管理平台，不断提高农业生产服务水平，增强抗旱减灾应对能力；另一方面在粮食主产区不断增设监测点，完善监测网络，扩大监测范围，不断完善全省墒情监测体系，为测墒灌溉、水肥一体化等农艺节水技术示范应用提供支撑，通过优化农作物灌溉施肥制度，促进水肥耦合，实现水肥高效利用。“十二五”以来，累计投入省级和地方财政资金330万元，用于建设墒情自动监测站、购置移动速测仪、建立墒情数据管理平台等。

（三）主要作物墒情指标体系

自2003年以来，河南省墒情监测工作从无到有，规模从小到大，在做好日常监测和信息发布的同时，为了客观评价农田墒情状况，提高指导农田灌溉的科学性和准确性，省土肥站联合河南农业大学、河南省农业科学院等单位，组织监测县技术人员，在全省不同区域，

针对不同作物开展了墒情与旱情定性评价的试验研究工作。通过多年实践与探索，并经过多次修订，制定出了河南省主要农作物不同生育期墒情与旱情等级评价指标（表1、表2）。

表1　河南省主要农作物不同生育期墒情等级评价指标

作物名称	生育期	相对含水量（%）		
		过多	适宜	不足
小麦	幼苗期	≥80	60～75	≤60
	返青期	≥80	60～75	≤60
	拔节期	≥85	65～80	≤65
	灌浆期	≥85	60～80	≤60
	成熟期	≥80	60～75	≤60
玉米	苗　期	≥80	65～80	≤65
	拔节期	≥80	70～80	≤70
	抽穗期	≥85	70～85	≤70
	灌浆期	≥80	65～80	≤65
	成熟期	≥70	60～70	≤60
花生	播种—出苗	≥70	60～70	≤60
	齐苗—开花	≥70	55～70	≤55
	开花—结荚	≥75	65～75	≤65
	结荚—成熟	≥70	60～70	≤60

表2　河南省主要农作物不同生育期旱情等级评价指标

作物名称	生育期	相对含水量（%）		
		轻旱	中旱	重旱
小麦	幼苗期	50～65	40～60	30～50
	返青期	50～60	40～60	30～40
	拔节期	50～60	40～60	30～40
	灌浆期	50～65	45～55	30～50
	成熟期	50～60	45～55	30～50
玉米	苗　期	60～70	55～65	40～55
	拔节期	60～70	55～65	45～55
	抽穗期	60～70	55～70	45～55
	灌浆期	60～70	55～65	45～55
	成熟期	55～65	50～60	40～50
花生	播种—出苗	50～60	40～55	35～45
	齐苗—开花	50～65	45～60	30～45
	开花—结荚	60～70	50～60	40～50
	结荚—成熟	55～65	45～55	35～45

2018年湖北省土壤墒情监测技术报告

一、全省农业生产基本情况

（一）农业资源特点

湖北省位于我国中部，长江中游，地跨东经108°21′42″～116°07′50″，北纬29°01′53″～33°6′47″之间。东邻安徽，南接江西、湖南，西连重庆，西北与陕西接壤，北与河南毗邻。东西长约740千米，南北宽约470千米。全省国土面积18.59万千米^2，占全国总面积的1.94%。其中山地占56%，丘陵占24%，平原湖区占20%。全省总人口6 000万人，其中乡村人口3 940万人。现有耕地面积7 853.9万亩，可养水面875万亩。

湖北省地处南北过渡地带，属亚热带季风气候。农业自然资源十分丰富，光、热、水资源充足，年平均气温15～17℃，年平均日照时数1 200～2 200小时，全年无霜期230～307天，年平均降雨量800～1 600毫米。

全省境内除长江、汉江干流外，省内各级河流河长5千米以上的有4 228条，另有中小河流1 193条，河流总长5.92万千米，其中河长在100千米以上的河流41条。长江自西向东，流贯省内26个县市，西起巴东县鳊鱼溪河口入境，东至黄梅滨江出境，流程1 041千米。境内的长江支流有汉水、沮水、漳水、清江、东荆河、陆水、滠水、倒水、举水、巴水、浠水、富水等。其中，汉水为长江中游最大支流，在湖北境内由西北趋东南，流经13个县市，由陕西白河县将军河进入湖北郧西县，至武汉汇入长江，流程858千米。湖北素有“千湖之省”之称，境内湖泊主要分布在江汉平原上。面积百亩以上的湖泊约800余个，湖泊总面积2 983.5千米^2。面积大于100千米^{2}的湖泊有洪湖、长湖、梁子湖和斧头湖。

湖北省农作物品种丰富，南北兼有。粮食作物主要有水稻、大麦、小麦、玉米、薯类和豆类等；大田经济作物主要有棉花、油菜、芝麻、花生、红麻、黄麻、苎麻和烟叶等；特产作物主要有茶叶、柑橘、梨、桃和桑树等。全省耕作制度以一年两熟为主，三至四熟为辅，农作物复种指数2.1左右。

（二）主要农产品生产情况

湖北是我国主要粮棉油生产基地之一，具有2 500万吨粮食、50万吨棉花、275万吨油料的综合生产能力。其中优质双低油菜子产量全国第一，芝麻产量居全国第二，产量20万吨以上。湖北盛产各类蔬菜，蔬菜种植多达12大类，560多个品种。近年蔬菜播种面积1 650万亩，总产3 200万吨，是全国四大蔬菜主产省份之一。每年销往外省和国际市场的蔬菜产品有400万吨，干菜3万吨，出口创汇4 500万美元。湖北水果资源丰富，主要有柑橘、梨、桃、猕猴桃、葡萄、板栗、银杏等18个品种。全省果树种植面积600万亩，果品总产量350万吨，销往全国各地。其中，柑橘水果罐头和板栗等水果销往欧美、日本、韩国等国际市场。湖北茶叶生产历史悠久，全省茶园面积180万亩，常年产量6.5万吨，产品有绿茶、红茶、花茶、砖茶、珠茶、粉茶等，远销欧美、东南亚等国际市场。湖北是中国畜牧业大省，畜牧业以猪、牛、羊、鸡、鸭、鹅为主，全省每年出栏牲猪 2 800 万头，其中优质三元猪占 48.1%。家禽出栏 3 亿只，牛出栏 100 万头，羊出栏 200 万只，肉类总产 270 万吨，禽蛋总产 103 万吨。湖北是我国蜂业大省，蜂产品出口第一省，养蜂规模达到 41 万群，年蜂蜜产量达 1.2 万吨，蜂王浆 210 吨，远销欧美、日本、东南亚等 20 多个国家和地区。湖北素有千湖之省、鱼米之乡的美称，是中国淡水鱼生产第一省，主要养殖品种有淡水鱼、龟鳖虾蟹等，淡水产品达 200 万吨以上，人均占有淡水产品 40 千克。

1. 水稻生产情况 湖北素有“湖广熟、天下足”的美誉，是全国 13 个粮食主产区之一，也是商品粮生产基地。以种植水稻、小麦为主，其中水稻占 70%左右，小麦占 10%左右。其中长江、汉江流域被列为全国优质稻谷产业带，53 个县（市）被列为全国粮食主产县（市）。作为我国水稻生产的大省之一，湖北的水稻种植面积和总产居全国第四位，水稻单产量居全国第二位。2018 年全省水稻种植面积 3 552.1 万亩。

水稻主产区主要集中在三大产区。①鄂中丘陵岗地：包括安陆、当阳、京山、远安、沙洋、钟祥、应城、曾都、广水、襄阳、枣阳、南漳、宜城 13 县市区，以种植籼稻为主，其中京山、沙洋为优质品牌“桥米”基地；②江汉平原：包括潜江、松滋、洪湖、江陵、枝江、监利、石首、公安、天门、荆州、仙桃、汉川、荆门 13 县市区，以种植籼稻为主，为优质品牌“荆珍雪”、“天润”、富硒大米、绿色无公害大米生产基地；③鄂东丘陵岗地：包括团风、浠水、蕲春、武穴、黄梅、麻城、孝南、云梦、孝昌、阳新、鄂州、新州、黄陂、大冶、咸安、崇阳、赤壁 17 县市区，以种植籼稻、粳稻为主，为优质品牌“润珠”、中国香米等生产基地；此外江夏、蔡甸、黄冈、英山、罗田、宜都、宜昌、谷城、保康、赤壁、嘉鱼、老河口、大悟、通城、红安等县市区也种有大量水稻。

2. 小麦生产情况 小麦是湖北省第二大粮食作物。湖北旱地冬种小麦普遍，水田冬种小麦比率也较高，前者盛行于鄂北岗地，后者盛行于鄂东一带。种植布局重点在鄂中丘陵和鄂北岗地优质中、弱筋专用小麦基地，包括襄阳、枣阳、曾都、广水、宜城、老河口、谷城、南漳、丹江口、钟祥、安陆 11 个县市区。其中鄂北岗地被列为全国中低筋专用小麦产区，襄樊市是湖北的小麦主产区。2018 年全省小麦种植面积 1 729.8 万亩。

3. 油菜生产情况 湖北是油菜生产大省，种植面积、产量和“双低”化率在全国居第一位。湖北油菜面积占全国油菜总播面的 15%。湖北是中国乃至世界油菜科研的领先地区，中国农业科学院油料作物研究所、华中农业大学、国家油料作物改良中心及国家油菜改良武汉分中心均建在湖北。2018 年全省油菜种植面积 1 456.8 万亩。油菜种植主要集中在三大区域。①江汉平原种植区，“双低”油菜集中产区，包括天门、监利、仙桃、公安、松滋、潜江、汉川、石首、荆州、洪湖、枝江、江陵 12 个县市区。②鄂东种植区，“双低”油菜集中产区，包括新洲、浠水、红安、黄梅、麻城、鄂州、武穴、阳新、大冶、赤壁、咸安 11 个县市区。③鄂中北种植区，包括沙洋、钟祥、京山、当阳、宜城 5 个县市区。此外，江夏区、蔡甸区、黄陂区、襄樊市辖区、老河口市、襄阳区、枣阳市、南漳县、英山县、孝昌县、孝南区、安陆市、应城市、云梦县、广水市、罗田县、蕲春县、嘉鱼县、曾都区、荆门市辖区等也种植有油菜。

4. 棉花生产情况 棉花是湖北农业优势作物，农业部将湖北列为高品质原棉生产基地，是全国除新疆以外的第二大生产基地和用棉大省，棉纺织产量居全国第三位。品种主要为鄂棉系列、鄂抗棉系列、中棉系列、杂交棉及鄂荆1号等。2018年全省棉花种植面积307.2万亩。棉花种植主要集中在三大区域。①江汉平原棉区，包括天门、潜江、公安、松滋、钟祥、汉川、监利、洪湖、石首、枝江、仙桃、江陵、荆州区、沙洋及沙洋农场等县市区。②鄂东棉区：黄梅、麻城、武穴、新洲、黄州、团风等县市区。③鄂北棉区：襄阳、枣阳、宜城、曾都等县市区。此外江夏区、襄樊市辖区、老河口市、鄂州、黄州区、团风县、广水市、蔡甸区、黄陂区、孝南区、应城、云梦、广水、浠水、红安、阳新、京山、当阳也种植有棉花。

5. 蔬菜生产情况 湖北蔬菜居全国第四位。其中莲藕面积、产量全国第一。2018年全省蔬菜种植面积2 925.8万亩。生产布局主要分为三大区域。①武汉市周边及鄂东蔬菜种植区，包括东西湖、蔡甸、汉南、新洲、团风、黄州、麻城、孝南、汉川、云梦、嘉鱼、浠水、黄石江北农场等县市区场。主要以精细菜、加工菜及反季节菜为主。②鄂北特色菜种植区，包括襄阳、广水、谷城、老河口4县市区。其中，襄阳发展大头菜，广水发展大蒜，谷城发展花椒，老河口发展蔬菜种子。③高山菜及山野菜种植区，包括长阳、五峰、远安、崇阳、来凤、鹤峰6县市区。其中，长阳、五峰发展高山反季节菜，远安发展冲菜，崇阳发展雷竹笋，来凤发展凤头姜，鹤峰发展薇菜。

6. 柑橘生产情况 湖北是全国主要柑橘产区之一，种植面积和总产分别居全国第七位和第六位。三峡脐橙、宜昌蜜橘等品种在全国享有盛名。2018年全省柑橘种植面积360万亩。区域布局有：①三峡库区优质甜橙产区，包括秭归、巴东、兴山3县市区，品种以脐橙为主，兴山、巴东适当发展锦橙和夏橙，秭归适当发展桃叶橙。②长江沿岸优质宽皮柑橘产区，包括夷陵、点军、当阳、宜都、枝江、东宝、松滋7县市区，品种以温州蜜柑早熟品系、高糖品系和椪柑优系为主。③丹江库区优质宽皮柑橘产区，包括丹江口、郧县2县市区，品种以温州蜜柑早熟品系、高糖品系为主。

7. 茶叶生产情况 湖北是茶圣陆羽的故乡，茶园面积和产量在全国居第四位，产值居第三位。2018年全省茶叶种植面积425万亩。区域布局有：①大别山优质绿茶产业区，包括英山、大悟2县市区。②武陵山富硒绿茶和宜红茶产业区，包括鹤峰、恩施、宣恩、咸丰、五峰、宜都、夷陵7县市区。③秦巴山名优绿茶产业区，包括竹溪、竹山、保康、谷城4县市区。④幕阜山名优早茶及边销茶产业区，包括赤壁、通城2县市区。名优绿茶出口基地包括鹤峰、五峰、恩施、宣恩、英山、保康、竹溪、竹山、谷城、通城10县市区，宜红茶基地包括宜都、咸丰、夷陵3县市区。

8. 中药材生产情况 湖北有各类中药材402科、3 654种，占全国品种资源的75%左右，居全国第二位。其中名贵中药材如鸡爪连、板党、紫油厚朴、贝母、茯苓、杜仲、黄柏等在国内外市场享有盛誉。2018年全省中药材种植面积233.1万亩。种植区域主要有：①武陵山种植区，包括恩施、巴东、利川、咸丰、鹤峰、建始6县市区，主要生产13个道地药材品种，即：板党、黄连、湖北贝母、独活、五鹤续断、白术、贯叶连翘、缬草、紫油厚朴、玄参、白三七、黄柏、杜仲。②秦巴山种植区，包括郧西、郧县、房县、竹山、竹溪、丹江口、谷城、保康、南漳9县市区，主要生产黄姜、肚倍、麦冬、半夏、桔梗、黄连、杜仲、白柴胡等地方特色产品。③大别山优势种植区，包括蕲春、英山、罗田、麻城4县市区，主要生产白术、菊花、茯苓、元胡、桔梗、射干、天麻等地道药材。④幕阜山种植区，包括通城、崇阳、通山3县市区，主要生产金银花、菊花、白术、百合、厚朴、黄柏、辛夷花、金刚藤、杜仲等。⑤神农架种植区，主要生产独活、党参、当归、黄连等高山中药材，及冬花、绞股蓝、柴胡、桔梗、丹参等中低山药材及杜仲、黄柏等木本药材。⑥三峡种植区，包括五峰、长阳、远安、宜都、夷陵、兴山6县市区，主要生产党参、天麻、当归、贝母、杜仲、厚朴、栀果、独活、木瓜、辛夷花等。

二、全省耕地土壤墒情状况

（一）气象状况

湖北省主要属北亚热带季风气候，具有从亚热带向暖温带过渡的特征。光照充足，热量丰富，无霜期长，降水丰沛，雨热同季，利于农业生产。全省年均温15～17℃，7月均温为27～29℃，江汉平原最高温在40℃以上，为中国酷热地区之一。由于受地形影响，大神农架南部等地为全省多雨中心，江汉平原在梅雨期长的年份常发生洪涝灾害。

湖北省地处长江中游，地貌类型复杂多样，省内河流纵横，湖泊众多。湖北省是南北气候过渡带，除高山地区外，大部为亚热带季风气候，具有四季分明、降水充沛、冬冷夏热、雨热同季的特点。气象灾害种类多、影响大。气候特点主要表现在3个方面。

1. 冬冷夏热，四季分明，春秋多变，夏冬长春秋短 气温南部高于北部，东部高于西部，受季风影响，冬冷夏热。1月最冷，大部分地区平均气温3～6℃；7月最热，除高山地区外，平均气温27～29℃；极端最高气温达40℃以上。四季分明，夏季最长，平均为121天；冬季次之，为116天；春秋季短，约64天左右。入春较早，平均3月21日入春，南北、东西差异大。

2. 降水充沛，梅雨明显，时空分布不均匀 湖北省年均降水量1 201毫米，远高于全国平均降水量（632毫米）。由西北向东南递增，其中鄂西北为800～1 000毫米，鄂东南多达1 400～1 600毫米。受季风气候影响，降水量分布有明显的季节变化，夏季最多，冬季最少。全省夏季雨量在300～700毫米之间，以7月最多（204毫米）；冬季雨量在30～190毫米之间，以12月最少（26毫米）。降水量主要集中在5～9月，平均降水量760毫米，占全年降水量的63％，其中梅雨期（6月中旬至7月中旬）雨量最多，强度最大。

3. 雨热同季，气候资源丰富多样 高温期与多雨期一致，雨热同季，气候资源丰富多样。大部分地区≥10℃积温和日数分别在4 500～5 400℃和200～250天。日照时数按地域分布是鄂东北向鄂西南递减，鄂北、鄂东北最多，为2 000～2 150小时；鄂西南最少，为1 100～1 400小时。其季节分布是夏季最多，冬季最少，春秋两季因地而异。西部山区立体气候资源丰富，为农林业生产提供了得天独厚的气候条件，风能、太阳能及空中云水资源均有较好的开发利用价值。

（二）耕地土壤墒情与作物长势状况

土壤墒情与降水存在密切的相关关系。不同区域、不同季节的土壤墒情随区域降水次数和降水量的多少而变化。鄂西北降水次数和降水量相对偏少，土壤相对含水量维持适宜的时间或天数相对较短，干旱期延长，易发生旱灾。鄂东南降水次数和降水量相对较多，土壤相对含水量适宜和偏多的时间或天数相对较长，易发生渍涝危害。土壤墒情与降水量分布同样有明显的季节变化，土壤相对含水量春夏季以适宜为主，局部偏多或过湿；秋冬季以适宜为主，局部偏少或不足。

1. 冬春季 根据各部、省墒情监测站点墒情测报结果统计，1～4 月鄂东南、鄂东北、鄂西南、鄂西北、江汉平原各区大部 0～20 厘米和 20～40 厘米的土壤相对含水量均在 60%～80%之间，墒情以适宜为主；鄂西南、鄂东南和江汉平原各区局部土壤相对含水量在 80%～90%之间，土壤偏湿。此期在田作物小麦处于拔节孕穗至结实期，油菜处于现蕾抽薹至开花结实期，大部墒情适宜，长势良好；鄂东南和江汉平原局部，因土壤偏湿，受到轻度渍涝影响。

2. 夏秋季 夏秋季 5～9 月是汛期，6～8 月为主汛期，6～7 月出现梅雨季，降水比去年同期略多，大部墒情适宜，局部较轻程度发生了季节性渍涝和干旱。根据墒情测报结果统计，5～9 月鄂东南、鄂东北、鄂西南、鄂西北、江汉平原各区大部 0～20 厘米和 20～40 厘米的土壤相对含水量均在 60%～80%之间，墒情以适宜为主；鄂西南、鄂东南和江汉平原各区局部土壤相对含水量在 80%以上，土壤偏湿，发生轻度渍涝；鄂西北、鄂东北和鄂东南各区局部土壤相对含水量小于 60%，墒情不足，发生轻度干旱。此期 5 月小麦、油菜进入完熟收获期；早稻 5 月基本完成移栽，进入返青分蘖期，6～7 月为拔节孕穗至结实收获期；中稻 5 月为苗床育苗期，6 月进入移栽返青分蘖期，7～9 月为拔节孕穗至结实收获期；棉花 5 月进入钵苗移栽期，6～9 月进入现蕾至花铃期。此期大部因墒情适宜，各作物均长势良好；鄂东南和江汉平原局部，因土壤偏湿，水稻和棉花 6～7 月生长期间发生轻度渍涝；鄂西北、鄂东北、鄂东南和江汉平原各区局部和因土壤墒情不足，水稻和棉花 7～8 月生长期间发生轻度干旱，水稻结实率有所下降，棉花花铃脱落有所增加。

3. 秋冬季土壤墒情 根据墒情测报结果统计，秋冬季 9～12 月，鄂东南、鄂东北、鄂西南、鄂西北、江汉平原各区大部 0～20 厘米和 20～40 厘米的土壤相对含水量均在 60%～80%之间，墒情以适宜为主；鄂西北、鄂东南和鄂东北各区局部、江汉平原北部土壤相对含水量小于 60%，墒情不足，发生轻度秋冬旱。此期 9 月中稻处于灌浆成熟收获期，9～11 月棉花进入吐絮采收期，10～11 月油菜、小麦作物进入播种和出苗；各作物大部长势良好，鄂西北、鄂东南和鄂东北各区局部、江汉平原北部，因秋冬旱，油菜、小麦作物播种和出苗受到一定影响。

（三）旱涝灾害发生情况分析

湖北省是我国自然灾害多发省份之一，完全没有旱涝灾害出现的年份是非常少见的，只是灾害影响范围的大小和程度的轻重不同而已，尤其是大旱、大涝破坏性尤重，是社会经济发展的一大制约因素。疏浚河道，开渠引水，消弭水旱，免除灾患成为全省农业发展之第一要义，农业和水利相辅而行是湖北农业的一个显著特点。湖北省旱涝灾害按出现时段，洪涝可分为梅涝、盛夏涝、春涝和秋涝，干旱可分为伏秋干旱、春夏干旱、秋季干旱和冬季干旱，因而具有季节性；按灾害严重程度，干旱可分为鄂东北干旱严重区、鄂东中部伏秋旱严重区、鄂西北春夏旱严重区和鄂西南轻度干旱区，洪涝可分为鄂东中部和江汉平原梅涝区、鄂东北和鄂东南春梅涝严重区、鄂西南夏秋涝区和鄂西北和三峡河谷少涝区，因而具有区域性。此外，还具有延续性、阶段性和连发性等特征。湖北省旱涝灾害形成的主要因素是气候因素、地貌因素、环境资源因素、抗灾能力因素、社会经济因素等自然因素和人为因素等。

1. 严重性 长江中游是旱涝灾害严重而频发的地区，在历史上旱涝灾害给广大劳动人民带来了深重的苦难，“赤地千里”、“百谷不登”等悲惨的记载不绝于史册。从历史上灾害发生的态势看，旱涝灾害的威胁远未解除，以洪灾为例：由于近百年来荆江四口分流分沙减少，河湖普遍淤积加高，沙市、城陵矶相同流量下的长江洪水水位有上涨的现象，迫使荆江大堤不断加高。现在荆江堤防平均高达 13 米，最高达 18 米，万一大堤决口，每秒数万立方米的洪流，以十多米高的水头冲泻下来直逼武汉，将造成难以想象的灾难。

2. 区域性 干旱灾害在湖北各地均有发生，但以岗丘地区居多，尤其是鄂北岗地最为严重，为全省多旱区。洪涝灾害主要发生在沿江湖区，江汉平原由于长江、汉江横贯其间，平原内部河网稠密，地势低洼，历来洪涝灾害发生频繁；与之相反，鄂西北洪涝灾害的威胁就稍轻些，故历史上把鄂北岗地和江汉平原分别称作湖北的“旱包子”和“水袋子”。

3. 季节性 史料中的灾害记载表明，湖北省旱涝灾害发生的季节性也比较突出。就干旱而言，一年四季都有可能发生，其中以 7～9 月的伏秋旱频次最多，旱期最长，受灾面积最大，灾情最重；春季和夏季干旱（3～6 月）次之。洪涝灾害以 6 月下旬至 7 月中旬的梅雨期间最为严重，其频次、范围、强度和危害均是洪灾之首；盛夏局部洪涝（7 月下旬至 8 月）频次较多，但影响范围不大，分布零散，历时较短；秋涝（9 月）和春涝（4～5 月）较轻。

4. 持续性 湖北省旱涝灾害常常连季或连年出现，具有明显的持续性特点。伏秋旱就是伏旱（7～8 月）与秋旱（9 月）相连，使旱情加重，成为对农业生产危害最大的干旱。从近 500 年来湖北发生的旱涝灾害统计结果看，旱涝灾害连年出现的特点也很突出。以宜昌为例，自 1470 年以来曾有过 6 年连续受旱的记录，发生在 1899—1904 年；连续为水灾年的时间则更长，达 9 年，发生在 1929—1937 年。

5. 连锁性 旱涝灾害常常是别的自然灾害发生的环境条件或触发机制，大灾后的次生灾害危害往往不亚于旱涝灾害中的直接损失，如水灾后瘟疫流行、血吸虫病扩散、农田病虫害流行以及灾区生态环境恶化、河流改道、水系破坏、水利工程损毁和渍害加重等。

6. 人为性 旱涝灾害虽然是自然灾害，但人为因素的影响往往会触发和加剧旱涝灾害的发生、发展。如上所述，由于大量围湖造田，削弱了湖泊的调蓄作用；重采轻育，乱砍滥伐，森林面积被大量破坏，造成水土流失严重，这些不合理的资源利用方式，不仅加重了旱涝灾情，而且使原来无灾害的区域旱涝增多。

三、墒情监测体系

（一）监测站点基本情况

1. 部级监测站点 全省针对不同地区气候、土壤类型、耕作制度等特点，分别在鄂东南、鄂东北、鄂西南、鄂西北、江汉平原等五大区域，选择鄂西北襄阳市、房县和丹江口市，鄂东北广水市和红安县，鄂西南兴山县和宜都市，鄂东南赤壁市和孝南区及江汉平原钟祥市 10 个代表性县市区设立了墒情监测站，每站各设 10 个墒情监测点，共计 100 个土壤墒情监测点，开展农田耕地土壤墒情监测。各监测点每月 10 日、25 日开展两次土壤墒情测报。根据作物根系分布情况和生长需求确定监测深度和层次，按照 0～20 厘米、20～40 厘米两层监测。在春耕、夏收夏种、秋收秋冬播等关键时期和旱情发生时，扩大监测范围，增加监测频率。各站点除赤壁市采用土壤水分速测仪移动速测外，其他基本是采用人工环刀法和经验法测试土壤相对含水量。监测服务作物主要是小麦、油菜、玉米、棉花等旱作物。

2. 自动监测点情况 即采用墒情自动测报设备测报土壤墒情数据。主要是近些年建设物联网点和水肥一体化基地所配套建设的监测点。初步统计，湖北省内一共有 32 个自动监测点。存在 3 种情况：一是不归属当地土肥站管理的有 16 个站点，分别是孝昌县 6 个、当阳市 2 个、夷陵市 1 个、东宝区 1 个、公安县 6 个。二是归属当地土肥站管理的，但没有正常运转的有 8 个站点，分别是江夏区 4 个、枣阳市 1 个、浠水县 1 个、大悟县 1 个、应城市 1 个。三是当地土肥站管理，并运行良好的有 8 个站点，分别是秭归县 4 个、公安县 1 个、长阳县 1 个、麻城市 1 个、仙桃市 1 个。监测服务作物主要是果树、蔬菜等经济特产作物。

（二）监测工作与墒情测报

1. 制定土壤墒情监测技术方案 按照《农田土壤墒情监测技术规范》（NY/T 1782—2009）技术要求和各地实际，制定了《2018 年湖北省农田土壤墒情监测工作方案》。主要对各墒情监测站建设、监测点网点分布与设置、监测时间和数据的整理、信息发布、运行维护与管理等进行了规范统一的要求，指导各监测站规范开展土壤墒情测报工作。主要针对土壤相对含水量建立了初步的指标体系，土壤相对含水量≥60％的为墒情不足；＞60％和≤80％为墒情适宜；＞80％的为墒情偏多。

2. 开展技术培训 对各监测站监测人员开展了线上土壤墒情监测技术培训，开展了墒情监测技术及工作经验交流，提高了项目县市监测人员的技术水平，保证了各项监测技术措施能够落实到位，有力促进了墒情与旱情监测技术的实施，为土壤墒情监测工作的持续发展提供了较好的技术支撑。

3. 及时信息发布 各墒情监测站每月 10 日和 25 日发布土壤墒情简报 2 期以上，全年达到 30 次以上。10 个县市区墒情监测站全年发布县市区墒情简报 300 期。省级根据各监测站土壤墒情数据，及时汇总统计分析，每月发布土壤墒情简报 2 期以上，全年发布湖北省土壤墒情简报 30 期。

4. 开展墒情会商 2018 年湖北省在春、秋两季进行了墒情会商，来自省气象局、省农业厅种植业处、蔬菜办、植保站、种子管理局、华中农业大学的各位专家，对全省春耕秋播期间天气进行了分析和预测，并提出了预防措施及下一步的生产建议。

2018年湖南省土壤墒情监测技术报告

一、农业生产基本情况

（一）农业资源特点

湖南省地处长江中游，（位于东经108°47′～114°15′，北纬24°39′～30°08′之间），东邻江西，南接两广，西连渝黔，北交湖北，东西宽667千米，南北长774千米，土地总面积21.18万千米^2。湖南地势属于云贵高原向江南丘陵，南岭山地向江汉平原的过渡地带。全省东南西三面环山，中部北部地势低平，东北开口呈不对称马蹄形，境内山地、丘陵、岗地、平原地貌齐全。全省辖14个市州、121个县市区，总人口7 089.53万，2018年耕地面积6 226.5万亩，其中水田4 895.5万亩，水浇地、旱地1 331.0万亩，另有果茶园802.0万亩。

湖南省地处亚热带季风湿润气候区，具有冬冷夏热、春夏多雨、夏季高温、夏秋多旱、冬季湿冷、四季分明的特点，第一是光、热、水资源丰富，三者的高值又基本同步。第二是气候年内变化较大。冬寒冷而夏酷热，春温多变，秋温陡降，且气候的年际变化也较大。第三是气候垂直变化最明显的地带为三面环山的山地，尤以湘西与湘南山地更为显著。湖南年日照时数为1 300～1 800小时，热量丰富。年气温高，年平均温度在16～18℃之间，年有效积温4 900～5 700℃。湖南冬季处在冬季风控制下，而东南西三面环山，向北敞开的地貌特性，有利于冷空气的长驱直入，故1月平均温度多在4～7℃之间，湖南无霜期长达260～310天，大部分地区都在280～300天之间。

湖南省内河网密布，水系发达，淡水面积达1.35万千米^2。湘北洞庭湖，为中国第二大淡水湖。湘江、资水、沅水和澧水四大水系，分别从西南向东北流入洞庭湖，经城陵矶注入长江。湖南省年平均降水量为1 427毫米，雨量充沛，为我国雨水较多的省份之一，水资源总量1 689亿米^3，人均占有水资源量2 500米^3，水资源相对较丰富。

（二）不同区域特点

湖南省4～6月降水占全年降水量的50%以上，蒸发量占全年蒸发量的30%左右；7～9月降水只占全年降水量的25%左右，蒸发量占全年蒸发量的45%以上，这一阶段是全省农作物覆盖率最高时期和需水量最大时期，也是作物产量形成的关键期，作物常因干旱缺水而减产甚至绝收。在空间上，降水多在山区，雨水通过径流大多汇集到平地和湖区，有效利用率低。21世纪以来，全省旱灾越发频繁，前十年有8年受旱，其中2003年、2007年、2009年和2010年为罕见特大旱灾年，特别是2010年的冬春夏连旱，干旱遍及全省，就连有泽国之称的洞庭湖区，也因干旱出现了早稻无水播种的境况。

1. 湘西山区　本区包括湘西自治州的吉首市、凤凰县、古丈县、永顺县、龙山县、花垣县、保靖县、泸溪县，张家界市的永定区、慈利县、桑植县，怀化市的鹤城区、洪江市、沅陵县、辰溪县、溆浦县、中方县、会同县、新晃侗族自治县、麻阳苗族自治县、芷江侗族自治县、通道侗族自治县、靖州苗族侗族自治县，邵阳市的新宁县、绥宁县、城步县、洞口县，常德市的石门县，共28个县市区，国土面积6.45万千米^2。区内有水田797.9万亩，旱土296万亩，园地300.5万亩。

自然条件特征：本区地处云贵高原东侧，为我国一级阶地与二级阶地的过渡地带，地貌以山地丘陵和喀斯特岩溶地貌为主，地下暗河溶洞极度发育，地形起伏大，地表切割破碎，水土流失严重。土壤以黄壤、黄色石灰土、黑色石灰土为主，土质黏、土层薄，地面坡度大，不利于雨水蓄积。坡耕地具有"陡、薄、瘦、蚀、旱"的特点。该区处于全省降水充沛区，年平均降水量在1 400～1 450毫米之间，50%～60%降水量集中在4～7月，多暴雨洪水，雨水流失快。1～3月常出现春旱，7月下旬到9月极易发生夏秋连旱。

农业生产特征：本区山坡、河谷为农业生产区，自然条件和水利条件差，田地分散，灌溉难，作物在需水关键时期基本无水源灌溉，是传统一季稻区和柑橘主产区。主要作物有水稻、玉米、油菜、甘薯、马铃薯、大豆、花生、百合、烤烟、柑橘、猕猴桃、茶叶及蔬菜等，柑橘 、猕猴桃、茶叶、玉米等占全省比例较大，具有一定优势。常年农作物播种面积2 273.1万亩，旱作农业总产值占种植业总产值的50%以上。

2. 湘南丘陵山区 本区域包括衡阳市的耒阳市、常宁市、衡阳县、衡南县、衡东县、衡山县、祁东县，郴州市的北湖区、苏仙区、桂阳县、宜章县、永兴县、嘉禾县、临武县、汝城县、桂东县、安仁县、资兴市，永州市的冷水滩区、零陵区、祁阳县、东安县、双牌县、宁远县、江华县、江永县、道县、新田县、蓝山县，共29个县市区，国土面积5.62万千米^2。区内水田1 085.8万亩，旱土340.7万亩，园地195.9万亩。

自然条件特征：本区地处湘江上中游，区域内岭谷相间，丘陵、盆地交错，农业耕地集中在岗、川、河谷，土壤主要由紫色砂页岩、石灰岩、红砂岩、板页岩发育而成，抗蚀性较弱，土壤持水、蓄水与渗透性能差，中低产田面积大。区内光温充足，年平均降水1 400毫米左右，主要集中在4～6月。7月初开始，因南岭山脉阻隔形成的焚风增温效应，在该区形成持续酷热，蒸发蒸腾作用强烈，并因该区库塘蓄水和引提河流径流水源不足，易造成大面积的夏旱和秋旱。

农业生产特征：本区主要农作物有水稻、烤烟、棉花、香芋、黄花菜、反季蔬菜、席草、油菜、玉米、花生、大豆、西瓜、水果等，主产水稻、水果和亚热带特种经济作物，是湖南省传统的双季稻主产区。该区域常年农作物播种面积3 352.2万亩，其中粮油作物2 520万亩。农业灌溉依靠库塘蓄水与引提取水，夏秋连旱是严重影响该区农业生产的瓶颈。

3. 湘东湘中丘岗区 本区域包括长沙市望城区、长沙县、宁乡县、浏阳市，株洲市的株洲县、攸县、茶陵县、炎陵县、醴陵市，湘潭市的雨湖区、岳塘区、湘乡市、韶山市、湘潭县，娄底市娄星区、涟源市、双峰县、新化县、冷水江市，邵阳市的北塔区、双清区、大祥区、邵东县、邵阳县、新邵县、隆回县、武冈市，益阳市的安化县，岳阳市的平江县，共29个县市区，国土总面积5.597万千米^2。区内共有水田1 276.4万亩，旱土251.5万亩，园地147.8万亩。

自然条件特征：本区为典型的丘岗地貌，地形以低山、丘陵、岗地为主。土壤母岩母质有花岗岩、板页岩、砂岩、石灰岩、紫色页岩、第四纪红土、河流冲积物七类，主要土壤类型有水稻土、红壤、红色石灰土和潮土。区内气候温和，水热总量丰富，有资江和湘江两大水系，年平均降雨量在1 340毫米左右，年平均气温17℃，无霜期270天以上，适于植物生长。该区域降水量虽然充沛，但降雨主要集中在上半年，易形成连绵阴雨，下半年高温期降水明显减少，常出现水源性缺水和工程性缺水，形成伏秋旱和冬旱。

农业生产特征：本区农业区位优势明显，农业科技基础好，农业经济发展较快，主要农作物有水稻、甘薯、玉米、油菜、花生、大豆、棉花、西瓜、蔬菜、水果、茶叶、药材等，主产水稻、甘薯、水果和亚热带特种经济作物，是湖南省传统的双季水稻主产区，同时也是茶叶、湘莲、黄桃、奈李等特色农产品和反季节蔬菜的生产基地。季节性干旱缺水对该区晚稻生产的威胁越来越大。

4. 湘北平湖区 本区域包括常德市的武陵区、鼎城区、澧县、临澧县、汉寿县、安乡县、桃源县、津市市，岳阳市的君山区、云溪区、屈原区、华容县、湘阴县、岳阳县、汨罗市、临湘市，益阳市的赫山区、资阳区、大通湖区、南县、桃江县、沅江市，共22个县市区，土地总面积3.29万千米^2，区内有水田1 092.2万亩，旱土263.3万亩，园地86.5万亩。

自然条件特征：本区大部分地处湘北环洞庭湖平原地带，属中亚热带湿润季风气候，气候温和，年平均气温16～17℃，全年降水量1 230毫米左右，在全省属降水较少区，常为春季多雨、夏季多旱。但该区域汇湘、资、沅、澧四水于洞庭湖，并吞纳长江，来水资源丰富。洞庭湖平原区土壤主要是以紫潮泥、潮沙泥为主的水稻土和以紫潮土、潮土等为主的旱土。平原周边地区尚有部分第四纪红土、板页岩、花岗岩、紫色砂页岩等成土母质发育而成的水田旱土。

农业生产特征：本区自然条件较为优越，土地资源丰富，土壤深厚肥沃，可利用率高，适宜各种农作物栽培，为全省粮、棉、油、麻农产品的重要生产基地。农作物以水稻、油菜、蔬菜、棉花、苎麻、柑橘为主，玉米、大豆、甘薯、马铃薯、花生等种植面积相对较少。农作物播种面积3 362.5万亩，其中粮食作物面积1 802.4万亩、油料作物面积503.3万亩、蔬菜面积274.7万亩、棉花面积139.2万亩。该区农业用水以引提灌溉为主，农田水利设施老化，农业用水管理粗放。由于三峡工程蓄水后长江中游水位下降，注入洞庭湖水量减少，导致原有的提灌泵站和沟渠系统因河湖水位下降而丧失部分供水能力，夏旱程度加剧，个别年份甚至出现春旱。

（三）全省农业生产情况

湖南是一个农业大省，自古以来就享有“鱼米之乡”的美誉。湖南的主要农产品在我国占有重要位置，粮食产量居全国第七位，稻谷产量居第一位，苎麻产量居第一位，茶叶产量居第二位，柑橘产量居第三位。著名土特产有黄花、湘莲、生姜、辣椒等。全省粮食总产达到3 073.6万吨，其中水稻播种面积6 425.5万亩，产量2 740.3万吨；玉米播种面积548.7万亩，产量199.2万吨；豆类播种面积211.5万亩，产量31.9万吨；薯类播种面积181.1万亩，产量86.5万吨。油料播种面积1 967.4万亩，产量226.1万吨。蔬菜播种1 828.9万亩，产量3671.6万吨。全省果园面积751.1万亩，水果产量586.4万吨，茶园面积233.7万亩，茶叶产量19.7万吨。全省肉类总产量541.3万吨，禽蛋产量103.2万吨，牛奶产量6.0万吨，水产品产量242.3万吨。全省农林牧渔业总产值5 213.5亿元，增加值达到3 165.2亿元。

二、气象与墒情状况分析

（一）上半年情况

1. 气候 全省上半年气候发展平稳，气温由低到高缓慢回升，2月下旬到3月上旬回升较快，但温度变化较大。其他时段最高温、最低温保持适度上升。上半年气温与往年同期基本一致。上半年是全省降雨充沛时期，4月前阴雨天多，但降水量较少，并随时间推移雨量平缓增加。4月全省雨量骤然增加，各地均有极端降雨天气存在。5～6月底保持中等降雨量，并随时间推移，降雨量平缓减少。此期间总降雨量较往年同期有所减少。总体上，全省上半年天气总体发展平稳，极端天气少，气温、降雨适宜于农业生产。

2. 墒情 上半年全省土壤水分含量受到日照、降雨及作物生长量的综合影响，前期较高，随着时间推移，土壤水分缓慢下降，但总体保持在墒情适宜区间，适宜于早稻、春玉米、蔬菜等农作物的播栽，但4月过多的降水，不利于油菜开花与成熟，不利于柑橘、葡萄、猕猴桃等水果的开花授粉。5～6月无论天气还是墒情，均对所有农作物生产十分有利。

（二）下半年情况

1. 气候 全省7月开始进入高温高光照阶段，在8月初达到最高温，然后逐步下降，进入9月以后，气温开始下降，总体比往年偏低1～2℃。2018年下半年气温正常，没有出现极端高温。降雨在7月中旬到8月中旬有所下降，但不特别明显。8月下旬后降雨又有所增长，与往年同期相比，7～8月降雨较往年同期要多。9月开始，气温开始下降后雨水又有所增加，相比往年同期，该阶段降雨明显增加，没有出现以往晴天霹雳。总体而言，全省下半年天气总体发展平稳，极端天气少，给农业生产带来的影响较小。

2. 墒情 7月下旬至8月上旬在高温高蒸发下，全省旱地土壤水分持续下降，出现20天左右的轻旱到中旱，干旱区域为湘西、湘西南及湘北少部分区域，主要影响作物为玉米、蔬菜、棉花、柑橘、梨、猕猴桃等，由于该阶段仍有少量降雨，干旱持续时间短，通过合理的补灌措施后，影响有限，没有给农业生产造成太大影响。

（三）灾害天气情况

2018年湖南省全年没有发生较为明显的灾害性天气。

三、土壤墒情监测体系建设

（一）监测站点建设情况

截至2018年12月，湖南省有25个县常年开展土壤墒情监测，共建立了墒情监测点125个，其中自动墒情站20个，农田人工监测点105个，分布在13个市州共25个县市区，初步形成了覆盖全省的土壤墒情监测网络。土壤墒情监测网点重点布设在湘西、湘西南、湘中干旱发生频率高的区域。

目前，湖南省农田人工墒情监测点主要采用便携式土壤水分仪现场实测土壤水分为主。

自动墒情监测站主要为北京开创、浙江拓普2个生产厂家的产品。产品类型包括两种类型，一种是采用针式土壤温湿度传感器，另一种是采用管式土壤温湿度传感器。自动墒情监测站设备能持续快速测定土壤水分，但也存在使用年限短，性能不够稳定的缺点。

（二）工作制度、监测队伍及资金投入

湖南省自2011年节水农业科成立以来就开展了稳定的墒情监测工作，根据全国农业技术推广服务中心的要求，不断强化工作制度，组织25个监测县依据《农田土壤墒情监测技术规范》（NY/T 1782—2009），每月10日、25日定时定点开展监测中，遇到重大灾害天气发生，实施加密监测，及时发布预警和应对措施，为领导决策、指导生产提供信息技术支撑。

目前，全省共有墒情监测技术人员51人，包括省级1人、县级50人，共有25台便携式水分测定仪，15台全自动墒情站，每月固定开展2次监测，全年发布各类墒情信息400期以上。

近年来，湖南省结合省级专项安排实际，一方面积极争取在省级农业财政专项中解决日常监测工作经费，每年每个监测县安排2万元工作经费，用于日常监测租车、资料打印、设备维护等，支持县级土肥站开展日常监测工作。8年来，湖南省每年直接投入墒情监测工作经费为65万元。另一方面，湖南省在制定高标准农田建设系列标准时，将全自动土壤墒情监测站列为高标准农田科技服务设施的建设内容，部分高标准农田县如宜章、耒阳、石门、吉首、永顺、古丈等县争取到设备购置资金，建设了部分自动墒情站点。一些水肥一体化项目实施业主，也利用了项目补贴资金，在项目区内建设了企业自用的全自动墒情站，用于指导测墒灌溉工作。

（三）主要作物墒情指标体系

湖南省自2012年开展稳定的墒情监测工作以来，土壤墒情监测规模从小到大，在做好日常监测和信息发布的同时，为了客观评价农田墒情状况，提高指导农田灌溉的科学性和准确性，省土肥站要求开展墒情监测工作的县级土肥站，针对当地主要旱地作物物候期开展墒情监测进行评价，探索建立当地主要作物不同生态期墒情指标体系，用于预测预警干旱发生和指导农业生产服务。经综合汇总，适宜全省大多数区域。作物的墒情指标列于表1。

表1　作物墒情指标

作物	生育期	墒情等级					
		渍涝	过多	适宜	不足	干旱	严重干旱
猕猴桃	萌芽期	＞90	75～90	65～75	55～65	50～55	＜50
	抽穗期	＞90	75～90	65～75	55～65	50～55	＜50
	花期	＞90	75～90	65～75	55～65	50～55	＜50
	坐果期	＞90	75～90	65～75	55～65	50～55	＜50
	果实膨大期	＞90	80～90	65～80	55～65	50～55	＜50
	成熟期	＞90	70～90	55～70	50～55	40～50	＜40
	休眠期	＞85	70～85	55～70	45～55	40～45	＜40

（续）

作物	生育期	墒情等级					
		渍涝	过多	适宜	不足	干旱	严重干旱
柑橘	萌芽期	＞90	85～90	65～85	50～65	45～50	＜45
	花期	＞90	85～90	65～85	50～65	45～50	＜50
	第一次落果期	＞90	85～90	70～85	60～70	55～60	＜55
	第二次落果期	＞90	85～90	70～85	60～70	55～60	＜55
	果实膨大期	＞90	85～90	65～85	55～65	50～55	＜50
	成熟期	＞90	80～90	60～80	55～60	50～55	＜50
茶叶	萌芽期	＞95	80～95	65～80	55～65	45～55	＜45
	春茶采收期	＞95	80～95	65～80	55～65	45～55	＜45
	夏茶采收期	＞90	85～90	60～85	50～60	40～50	＜40
	秋茶采收期	＞90	80～90	60～80	50～60	40～50	＜40
	花期	＞90	80～90	60～80	50～60	40～50	＜40
	休眠期	＞90	80～90	60～80	50～60	40～50	＜40
玉米	播种出苗期	＞85	80～85	65～80	55～65	50～55	＜50
	幼苗期	＞85	85～85	65～85	55～65	50～55	＜50
	拔节期	＞90	85～90	65～85	55～65	50～55	＜50
	孕穗期	＞90	85～90	65～85	55～65	50～55	＜50
	抽雄期	＞90	85～90	65～85	55～65	50～55	＜50
	灌浆期	＞90	85～90	65～85	55～65	50～55	＜50
	成熟期	＞90	80～90	65～80	50～65	45～50	＜45
烤烟	苗期	＞85	80～85	65～80	55～65	45～55	＜45
	移栽缓苗期	＞90	85～90	75～85	65～75	55～65	＜55
	伸根期	＞90	85～90	75～85	65～75	55～65	＜55
	旺长期	＞95	85～95	65～85	55～65	50～65	＜50
	成熟期	＞85	80～85	65～80	50～65	45～50	＜45

2018年广西壮族自治区土壤墒情监测技术报告

一、农业生产基本情况

（一）农业资源特点

广西壮族自治区地处我国南部，位于东经104°26′～112°04′，北纬20°54′～26°24′之间，北回归线横贯中部。接邻的省份有：广东、湖南、贵州、云南，与海南隔海相望。与越南接邻国，国境线全长约800多千米，海岸线长约1 500千米。陆地区域总面积23.67万千米^2，占全国国土总面积的2.5%。属于喀斯特地貌，亚热带季风气候区，丘陵山地多，雨水充沛，农业资源丰富，特色农作物较多。历年平均降雨量在1 100～2 000毫米之间，虽然年降水量较多，但时空分布极不均匀，时有季节性局部干旱、缺水现象出现，给农业生产带来一定的影响。2018年全区农业耕地面积7 348.5亩，期中旱地面积4 263.5万亩，水田面积3 078.2万亩，水浇地面积6.8万亩。全区通过推广水肥一体化、膜下滴灌、微喷灌、集雨补灌、覆膜保墒、深耕深松水稻浅湿灌溉、墒情监测等节水农业技术的应用，促进了粮食、蔬菜、水果等作物大幅度提质增效，稳健增产增收。

（二）不同区域特点

广西地处低纬度，北回归线横贯全区中部，各地的季节性气候和降雨量存在一定差距，农作物种植也具有区域特点。全区各地极端最高气温为33.7～42.5℃，极端最低气温为－8.4～2.9℃，年平均气温在16.5～23.1℃之间。大部地区气候温暖，热量丰富，雨水丰沛，干湿分明，季节变化不明显，日照适中，冬少夏多。各地年降水量均在1 070毫米以上，大部分地区为1 500～2 000毫米。降水按照地域分布具有东部多，西部少，丘陵山区多，河谷平原少，夏季迎风坡多，背风坡少的特点。各区域特色主产作物：桂北地区主要以柑橘、葡萄等作物为主；桂中地区以甘蔗、柑橘等作物为主；桂东地区以柑橘、茶叶等作物为主；桂南地区以荔枝、龙眼、柑橘、火龙果、百香果、甘蔗、玉米等作物为主；桂西地区以甘蔗、玉米、香蕉、芒果等作物为主。水稻全区都有种植，除了桂北、桂西局部地区因寒冷气候水稻只能种植一季稻外，其他地区均为双节稻种植。

（三）农业生产情况

广西农业以发展主要粮食作物、经济作物、优势特色作物等为主。近年来，新发展特色功能农业，创建全国首个省级富硒农产品协会，发布省（自治区）级富硒农产品地方标准《富硒农产品硒含量分类要求》，并颁布了富硒水稻、富硒茶叶等系列富硒农产品生产技术规程，规范广西富硒农业生产。

2018年，广西农作物播种面积9 214.65万亩。其中粮食作物播种面积4 338.15万亩（水稻2 883.75万亩，玉米895.80万亩，大豆150.60万亩，甘薯317.25万亩，马铃薯

90.75万亩）。经济作物种植面积：柑橘752万亩，香蕉124万亩，火龙果32万亩，百香果35万亩。糖料作物种植面积：甘蔗1 402.5万亩。全区推广节水农业技术面积达1 733.5万亩，比上年增加30.3万亩，增长1.8%，其中水肥一体化181.2万亩，比上年增加9.9万亩，增长5.8%，全年实现节水7.2亿米^3，节肥4.23万吨，增加作物产量6.07亿千克，增加农民收入6.21亿元。全区推广富硒产业共建立富硒农产品生产基地165个（片），比上年增长37.5%；富硒农产品生产面积24.3万亩，增长47.3%；富硒农产品产量预计13.9万吨，增长43.3%；富硒农业总产值达20.6亿元，共带动61 040户农户发展，其中贫困户14 483户，户均增收2 600多元。通过推广节水旱作农业技术、新型功能农业发展，农业经济效益显著提高，全年农业生产总值超过2 545亿元。

二、墒情状况分析

（一）气象状况分析

2018年，广西平均年气温为21℃，平均年降雨量1 516.7毫米，各地年降水量1 024.6～2 358.6毫米，大部地区在1 400毫米以上，其中防城港市大部，桂林、百色市部分地区及都安、马山、融安、融水、昭平、金秀、蒙山等地在1 600毫米以上，最多的为防城2 358.6毫米，最少的为宁明1 024.6毫米。按季节划分不均匀，秋季降雨316.7毫米偏多，冬、春季降雨量分别为116.8毫米、369.3毫米偏少，夏季降雨691.7毫米最多。

（二）不同区域墒情状况分析

桂北地区：桂北地区属于山地较多湿度较大的地区，常年农田墒情属于适宜偏多的地区，降雨平均在1 600毫米以上。根据墒情监测数据显示，桂林代表区除5、7、8月墒情相对适宜，其他月份都处于过多状态。

桂中地区：桂中来宾市等地降雨分布不均，全年降雨量在1 400毫米以下，根据墒情监测数据显示，2、4、5月下旬至6月中旬，9月至10月上旬、11月上旬局部出现不足至干旱墒情，其他时间墒情均为适宜至过多状态。

桂东地区：桂南梧州市、贺州市、玉林市、贵港市等地全年降雨大部分在1 600毫米以上，局部在1 400毫米以下。根据墒情监测数据显示，1月下旬、2月下旬至4月上旬、5下旬出现墒情不足至干旱，9月下旬至10月上旬到12月上旬局部出现不足至干旱墒情，其他时间墒情均为适宜至过多状态。

桂南地区：桂南南宁市、钦州市、北海市、防城港市、崇左市局部全年降雨在1 400毫米以下，其他区域都在1 600～1 400毫米之间。根据墒情监测数据显示，1月下旬至2月、3月下旬、4月上旬、5月下旬、10月、11月上旬局部出现不足至干旱墒情，其他时间墒情均为适宜至过多状态。

桂西地区：桂西河池市、百色市等地局部全年降雨在1 400毫米以下，其他区域都在1 600～1 400毫米之间。根据墒情监测数据显示，2月下旬至4月上旬，5月下旬，10月上旬、12月局部出现不足至干旱墒情，其他时间墒情均为适宜至过多状态。

汇总各区域墒情状况如图1，2018年墒情旱情主要出现3个阶段，一出现在1～3月正值春耕春种阶段，全区多地局部出现的旱情对春耕生产造成一定影响，对春播和苗情生长造成影响；二出现在4～5月局部地区墒情不足至干旱，直接影响作物生长；三出现在10～12月局地墒情不足至干旱，对部分秋种作物生长造成直接影响。全区墒情过多状态主要出现于6～9月汛期，对作物生长造成短期影响。总体来说墒情与旱情对局部作物生长有减产影响，但没有绝收情况。

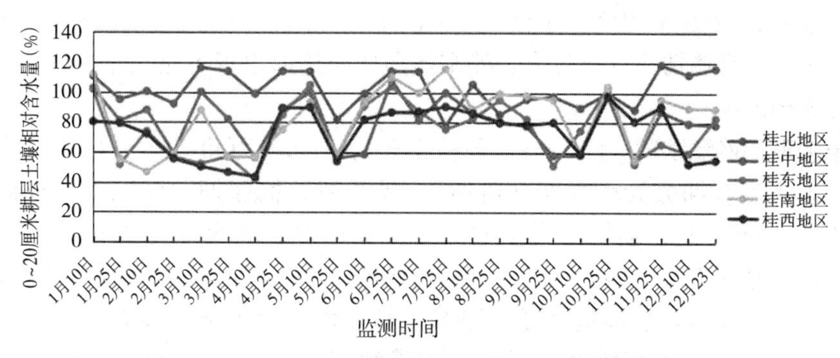

图1 2018年1～12月广西土壤墒情趋势（墒情监测数据分析）

（三）主要作物不同生育期墒情状况分析

1. 甘蔗生育期墒情状况 广西甘蔗新种植时间为1～2月以春种为主，部分在秋冬种植。甘蔗的生育期主要分为萌芽期、幼苗期、分蘖期、伸长期、成熟期。以下对甘蔗（以春植、宿根蔗为例）各生育期墒情状况进行分析：

萌芽期（1～2月）：1～2月平均气温桂东北全部、桂中大部和桂北高寒山区5.1～12.0℃，其余地区12.1～16.1℃；2月上旬前期气温偏低，桂东大部地区出现了霜（冰）冻天气；1月降雨量桂南大部、桂北高寒山区、百色市南北山区7.0～50.0毫米，其余地区50.1～224.7毫米，2月降雨量明显偏少，降雨量全区0～39.5毫米，与常年同期相比偏少，期中百色、河池大部以及忻城、柳江小于5毫米；墒情状况：1上旬过多，中下旬适宜，桂东桂南局部不足，2月墒情适宜至不足，桂西大部不足；墒情不足地区对甘蔗萌芽有影响，萌芽时间推迟，出现烂芽情况。

幼苗期（3～4月）：3～4月全区平均气温14.5～24℃，气温逐步升高，大部地区降雨有所增多，3月全区降雨量25.7～284.2毫米，桂南大部降雨偏少，4月全区各地降雨量10.4～207.0毫米，其中，桂西局部降雨10.4～18.4毫米，为全区降雨量最少的区域。墒情状况：3～4月墒情总体适宜至过多，总体适宜甘蔗苗期生长；桂西大部、桂南局部墒情出现短期不足至干旱，对甘蔗苗期生长造成一定影响，有苗不齐，长势慢情况发生。

分蘖期（5月）：5月全区平均气温22.8～29℃，降雨量45.1～523.7毫米。墒情状况：墒情适宜至过多，桂南、桂东、桂西局部出现不足至干旱墒情，阶段性影响甘蔗正常分蘖，有效茎株生长减慢。

伸长期（6～10月）：6～10月全区平均气温22.0～29.6℃，其中10月气温有所下降，在15～25.3℃。6月全区降雨量75.7～700.3毫米；7月降雨量全区79.9～710.3毫米，8月降雨量全区各地66.9～563.7毫米，9月中旬降雨量全区各地16.2～276.0毫米，10月降雨量大部地区26.5～257.4毫米；墒情状况：6～7月墒情适宜至过多为主，桂中、桂南出现局部墒情不足；8～9月墒情以适宜至过多为主；10月中上旬墒情适宜至过多，下旬墒情多地出现不足至干旱。综合6～10月墒情对甘蔗伸长期的影响并不大，10月中下旬甘蔗逐步从伸长期转为糖分积累期，对水肥需求逐步下降，10月下旬出现降雨，墒情干旱地区得到改善。

成熟期（11～12月）：11月广西各地平均气温12.9～23.4℃，11月全区各地降雨量0.8～178.6毫米；12月平均气温全区7.4～17.5℃；12月降雨量全区18.6～107.6毫米；墒情状况：11～12月墒情适宜至过多，桂东桂南桂西局部出现不足至干旱，对甘蔗成熟期糖分转化积累影响不大。

2. 玉米生育期墒情状况 广西玉米种植面积为876.6万亩，主要以春玉米为主，少量种植秋玉米，生育期分为播种期（苗期）、拔节期、抽穗期、灌浆期、成熟期。玉米播种期（苗期）1～2月，墒情1月上旬过多，1月中下旬至2月上旬适宜，桂东、桂南局部不足；墒情不足对玉米发芽有影响，严重时有烂种出现。拔节期和抽穗期（3～4月）墒情适宜至过多，总体墒情适宜玉米生长，但桂西大部、桂南局部墒情出现短期不足至干旱，不利于玉米抽雄开花授粉。玉米灌浆期（5月）墒情以适宜至过多为主，桂南、桂东、桂西局部出现不足至干旱墒情，总体墒情适宜玉米籽粒、灌浆，局部墒情旱情不利于籽粒灌浆，后期造成籽粒不饱满减产状况出现。玉米成熟期（6月）土壤墒情适宜至过多，桂中、桂南局部不足，玉米成熟期需水量逐步减少，墒情状况对玉米成熟期产量不影响。

（四）旱涝灾害发生情况分析

2018年，广西大部分时段光、温、墒情条件对农业生产发育及农事活动有利，未出现大面积严重干旱，局部旱情比常年偏轻，对农作物生长影响少。但也有部分时段出现自然旱涝灾害，与常年比严重性偏小。全年出现9次区域性暴雨和6个台风影响过程，主要发生在4～9月，部分地区农作物因灾受到影响和损失。出现两次暴雨大风冰雹强对流天气，部分地区农作物遭受损失（表1）。

表1 2018年广西区域性暴雨天气过程

序号	时间	暴雨以上站日（国家站）	直接经济损失（亿元）	备注
1	1月6～8日	23	0.023 4	贺州、百色市出现局部地区越冬农作物受灾
2	4月20～21日	15	无灾情上报	
3	5月7～13日	27	0.769 2	玉林、梧州、钦州、河池、来宾5市6个县(区)受灾
4	5月27日	11	0.004 9	贺州、百色市2县（区）受灾
5	6月3～4日	16	0.131 3	梧州、百色市5县（区）受灾
6	6月21～26日	26	1.44	桂林、来宾、柳州、南宁、河池、百色、钦州、崇左8市36个县（区）出现洪涝灾害
7	7月7～8日	35	0.119 9	贺州、河池、桂林3市6县（区）受灾
8	8月28日至9月2日	37	1.36	桂林、玉林、南宁、贺州、梧州、百色6市17个县（区、市）出现洪涝灾害
9	9月26～27日	13	无灾情上报	

三、墒情监测体系

（一）监测站点基本情况

广西根据干旱发生情况、地貌特点、土壤类型和耕作制度，在桂中旱区、桂北、沿海地区等主要旱作区共设14个土壤墒情监测站，其中国家级土壤墒情监测站10个，自治区级土壤墒情监测站4个，固定自动监测站12个。

监测站点覆盖了全区13个地级市和有代表性的土壤类型，监测农作物为广西种植面积较大、具有代表性的旱地作物甘蔗、玉米、甘薯、木薯等。监测方法采用人工采样烘干法、人工移动速测仪和固定自动监测站，监测日遇下雨时增加人工经验判断法监测。

（二）工作制度、监测队伍与资金

1. 监测工作要求 按照《全国土壤墒情监测工作方案》和《广西土壤墒情监测工作方案》中规定的监测内容和时间、技术规范及工作要求，各监测市、县土肥站站长直接负责墒情监测工作，每项目县固定配备2名具有相关专业知识的技术人员专门负责日常具体工作，为长期持续开展全区墒情监测工作提供保障。

2. 监测工作制度 各监测市、县按要求收集和测定每个监测点土壤质地、容重、田间持水量等资料、数据。每月10日、25日采用取土样烘干法或用便携式水分速测仪监测1次，按0～20厘米、20～40厘米两个耕层取样测定，24小时内完成测定并进行墒情分析，及时形成简报，报到自治区土肥站进行审核后发布墒情信息。省级墒情工作，负责汇总编写每期全区墒情简报，并上报全国土壤墒情监测系统、农业厅办公室、水利厅防汛抗旱指挥部等相关指导农业生产单位，同时发布墒情简报到广西农业信息网、广西土肥信息网等网站。全年14个监测站共采集墒情土样8 200个，在全国土壤墒情监测系统和广西土肥信息网上分别发布县级墒情简报330期，省（自治区）级简报24期。

3. 监测技术培训和监测队伍的建设 自治区土壤肥料工作站对土壤墒情监测高度重视，注重技术培训和监测队伍的建设，由站节水科举办年度广西墒情监测技术培训班，墒情监测技术人员全年到各监测单位对土壤墒情监测工作进行系统性培训指导服务，实地解决和规范监测技术员的墒情数据采集流程和需要注意的问题。实地培训远程墒情自动监测站的仪器维护和系统管理操作。通过培训有效提高技术人员的监测能力，准确性得到很大提高，监测团队体系建设得到进一步的提升。

4. 监测资金分配与使用 自治区土壤肥料工作站根据项目实施方案要求，严格实行专款专用，强化管理。2018年由农业农村部项目资金安排14万元作为土壤墒情监测经费，全站为了配合农业农村部高质量完成墒情监测工作，加大对监测工作的支持，从本级资金中争取14万元经费，因此自治区全年墒情经费每个监测站分配为2万元，总投入28万元。监测经费用于监测站点维护、墒情数据采集与交通。

（三）主要作物墒情指标体系

2018年，自治区根据多年来开展土壤墒情监测工作和墒情监测技术经验总结，对全区主要作物各生育期需水量及作物抗旱表现进行分析研究，制定出广西土壤墒情监测评价指标体系和广西甘蔗、玉米不同生育期墒情等级评价指标（表2、表3）。

表2　广西土壤墒情监测等级评价指标

农田土壤墒情类型	土壤相对含水量（%）	土壤基本性状
过多	＞85	土壤含水量超过作物播种出苗或生长发育适宜含水量上限，趋于饱和，对作物播种或生长产生不利影响
适宜	65～85	土壤含水量满足作物播种出苗或生长发育需求，有利于作物正常生长
轻旱	55～65	土壤含水量低于作物播种出苗或生长发育适宜含水量下限，不能满足作物需求，生长发育受到影响。叶片出现短期萎蔫、卷叶等现象
中旱	40～55	土壤水分供应持续不足，表土干硬，干土层深5厘米以上，作物生长发育受到危害，叶片出现持续萎蔫、干枯表象
重旱	＜40	土壤水分供应持续不足，表土干硬，干土层深10厘米以上，作物生长发育受到严重危害，干枯死亡

表3　广西甘蔗、玉米不同生育期墒情等级评价指标

作物名称	生育期	时间（月）	耕层（厘米）	相对含水量（%）				
				过多	适宜	不足		
						轻旱	中旱	干旱
甘蔗	萌芽期	1～2	0～20	⩾85	65～85	55～65	40～55	⩽40
	幼苗期	3～4	0～40	⩾85	65～75	55～65	40～55	⩽40
	分蘖期	5	0～40	⩾85	65～85	55～65	40～55	⩽40
	伸长期	6～10	0～40	⩾90	65～90	55～65	40～55	⩽40
	成熟期	11～12	0～40	⩾80	65～80	55～65	40～55	⩽40
玉米	苗　期	1～2	0～20	⩾80	65～80	55～65	40～55	⩽40
	拔节期	3	0～40	⩾85	65～85	55～65	40～55	⩽40
	抽穗期	4	0～40	⩾85	65～85	55～65	40～55	⩽40
	灌浆期	5	0～40	⩾85	65～85	55～65	40～55	⩽40
	成熟期	6	0～40	⩾80	60～80	55～60	40～50	⩽40

2018年广东省土壤墒情监测技术报告

一、农业生产基本情况

（一）农业资源特点

广东地处我国大陆最南部，位于东经109°39′～117°19′，北纬20°13′～25°31′之间，北回归线横贯全省中部。东邻福建，北接江西、湖南，西与广西接壤，北依南岭，南临南海，西南端隔琼州海峡与海南省相望。地势北高南低，境内山地、平原、丘陵交错。地处亚热带，大部分地区属于亚热带季风气候，夏长冬暖，雨量充沛，年平均气温22.7℃，年平均日照时数1 750～2 200小时，年平均降雨量为1 500～2 000毫米，年平均蒸发量1 000～1 200毫米，属湿润地区，无霜期长，绝大部分地区农业生产可一年二熟或三熟。珠江三角洲和韩江三角洲土地肥沃，物产丰富，是全国农业重要产区。

根据《2018年广东农村统计年鉴》显示，2017年末全省实际耕地面积260.76万公顷（耕地保有量260.11万公顷），2017年末全省耕地保有量面积2 601.1千公顷。耕地中，水田占63.4%，水浇地占4.4%，旱地占32.2%。全省有效灌溉面积1 774.61千公顷，占耕地面积68.2%；节水灌溉面积326.19千公顷，占有效灌溉面积18.4%。其中，喷灌面积18.5千公顷，微灌面积8.05千公顷，低压管灌面积33.13千公顷。

广东水系发达，水资源丰富。主要河系为珠江的西江、东江、北江和三角洲水系以及韩江水系，其次为粤东的榕江、练江、螺河和黄岗河以及粤西的漠阳江、鉴江、九洲江和南渡河等独流入海河流。广东的水资源时空分布不均，夏秋易洪涝，冬春常干旱。沿海台地和低丘陵区不利蓄水，缺水现象突出，尤以粤西的雷州半岛最为典型，而且不少河流中下游河段由于城市污水排入，污染严重，水质性缺水的威胁加剧。根据《广东省水资源公报2017》资料统计，2017年全省总供用水量433.5亿米^3，其中农业用水220.3亿米^3，占总用水量的50.8%，2010年后农业用水呈现逐渐减少态势。农田灌溉亩均用水量756米^3，与上年相比，亩均用水量略增。

（二）不同区域特点

全省各区域的耕地分布为珠三角占25.3%，粤东占9.8%，粤西占32.1%，粤北占32.7%。北部山地有蔚岭—大庚岭、大东山—瑶岭、连山、九连山等，其间错落分布着南雄、始兴、董塘、坪石、星子、连州以及众多石灰岩低山盆地；东部山地由凤凰山、莲花山、罗浮山等与海岸平行的山脉组成，并形成了梅江、西枝江、东江谷地；西部山地由西江以北的忠党山、八仙顶、黄莲山及以南的云开大山、大云雾山、天露山组成，其间分布着罗定、新兴和阳春石灰岩盆地。丘陵主要分布在山地周围并与相连，台地主要分布在雷州半岛南部及粤东、粤西沿海一带。平原主要有珠江三角洲和潮汕平原。

根据《2018年广东农村统计年鉴》和《广东省水资源公报2017》资料统计，珠三角地区

2017年平均降水为1 579.8毫米，年日照时数为1 702.8小时，年平均气温22.2℃，农业用水量为70.9亿米^3，占总用水量的31.7%，农田灌溉亩均用水量670米^3，该区域以发展都市精品农业为主，主要发展高效园艺及水产加工、观光休闲农业；粤东地区年平均降水为1 419.0毫米，年日照时数为1 994.6小时，年平均气温23.5℃，农业用水27.5亿米^3，占总用水量的59.0%，农田灌溉亩均用水量757米^3，该地区是全省加工型蔬菜、茶叶、优稀水果、花卉、水稻、畜禽、海水网箱养殖的主要生产区域；粤西地区年平均降水为1 760.7毫米，年日照时数为1 891.9小时，年平均气温23.7℃，农业用水52.8亿米^3，占总用水量的76.8%，农田灌溉亩均用水量795米^3，是亚热带农业现代化示范区，冬季北运菜重要生产基地，热带水果示范区；粤北地区年平均降水为1 397.2毫米，年日照时数为1 738.9小时，年平均气温20.8℃，农业用水69.1亿米^3，农田灌溉亩均用水量777米^3。该区域以发展绿色生态农业为主，重点发展生态绿色农产品、林下经济、药材种植、畜禽生态养殖。

（三）农业生产情况

2018年，广东深入推进种植业结构调整优化，农业生产稳定，农业产值增加，农民收入增长。一是粮食生产面积、产量略有下调，质量稳中向优。全年粮食播种面积3 227.3万亩、总产1 194.08万吨，比2017年分别减少27.29万亩、14.49万吨。二是经济作物全面增产。蔬菜播种面积2 259万面积，同比增长2.12%，产量3 679万吨，同比增长3.08%。园林水果面积总体稳定，产量全面增加，优稀水果发展迅速，面积基本稳定在1 710万亩，产量1 800万吨，产量增加约7%。其中荔枝产量增幅较大，同比增长18.4%。百香果、火龙果、鹰嘴桃、黄皮、杨梅、杨桃、猕猴桃等具有地域特色的其他杂果种植发展较快；岭南中药材稳定发展，种植面积达到325万亩；茶园面积达到90.23万亩，干毛茶产量9.5万吨；全省花卉种植品种呈现市场主导型与普及型结合的格局，以观赏苗木、盆栽植物和鲜切花为主，花卉种植面积约127万亩，种植产值约185亿元；蚕桑面积46.3万亩，蚕茧总产量3.1万吨。三是产业链不断延伸。农艺和农机融合进一步发展，荔枝、龙眼、蔬菜保鲜技术取得突破性进展，菠萝、芒果、猕猴桃、金柚等加工形成产业化，南药和茶叶加工及有机茶生产技术也规模化生产开发；农业生态涵养、观光休闲和文化传承等多种功能进一步强化，形成了一批依托田园风光、种植庄园、特色农产品为主题的农业旅游点，种植业经营业态融合发展。

二、墒情状况分析

（一）气象状况分析

据广东省气象局公布的《2018年广东天气气候特征和气候事件》显示，2018年，广东省总体天气气候特征是“气温偏高，开汛偏晚，洪涝灾害重，台风影响大”。全省平均气温22.3℃，较常年偏高0.4℃，月平均气温1月、3～7月、9月、11月、12月较常年偏高，2月、8月、10月较常年偏低，其中5月全省平均气温27.6℃，创历史新高；全省全年平均高温日数26.1天，较常年偏多8.6天。全省平均降水量1801.7毫米，但降水阶段性变化大，1月全省平均降水量119.4毫米，较常年显著偏多176%；2～5月降水持续偏少，出现阶段性气象干旱；6月降水偏多26%；8月27日20时至9月1日20时，受季风低压影响，广东省出现了强降水过程，24小时降雨量1 056.7毫米，刷新了广东省24小时降雨量极值。2018年3个台风登陆广东并严重影响珠三角。统计显示，6月6日至9月16日，广东先后经历了“艾云尼”、“贝碧嘉”、“山竹”的袭击。

（二）不同区域墒情状况分析

入汛前（1月1日至5月6日），全省降水偏少36%，各地出现了不同程度的气象干旱，5月全省平均气温27.6℃，为历史最高值，平均高温日数7.8天，破历史纪录，有71个县（市、区）高温日数破当地历史纪录。根据墒情监测点记录，1月25日至4月25日，广东粤北、粤东、雷州半岛和珠三角部分地区土壤墒情0～20厘米土层土壤相对含水量45%～55%，20～40厘米土层土壤相对含水量为54%～65%，监测结果表明，持续长时间的高温少雨天气导致粤北、粤东、雷州半岛和珠三角部分地区土壤墒情不足，旱情进一步发展。

2018年5月7日全省范围出现对流性强降水，广东全面入汛，多地出现旱涝急转，入汛后（5月7日至10月15日）全省平均降水量1 377.5毫米，偏多12%。根据5月10日至6月25日部分墒情监测点监测记录，粤北、粤东、雷州半岛和珠三角部分地区土壤墒情0～20厘米土层土壤相对含水量为58%～80%，20～40厘米土层土壤相对含水量为70%～85%，各地土壤墒情逐渐趋适宜，干旱逐渐解除。

之后广东冬季进入高低温交替少雨期，2018年12月9日，最低气温8℃、最高气温13℃，12月22日，全省平均气温21.2℃，全省有37个县（市、区）平均气温破当地当天历史纪录。根据10月25日至12月10日监测期间广东省部分墒情监测点记录，粤北、粤东、雷州半岛和珠三角部分地区土壤0～20厘米土层土壤相对含水量变化范围在74%～52%，20～40厘米土层土壤相对含水量变化范围在79%～61%，全省各地土壤墒情适宜趋不足。

（三）主要特色作物不同生育期墒情状况分析

1. 徐闻县香蕉　3～5月，此时正值香蕉苗期，全省降水偏少36%，各地出现了不同程度的气象干旱，据3月25日至4月25日香蕉土壤墒情点监测结果显示，0～20厘米土壤相对含水量62%～70%，土壤墒情不足趋旱；5～6月，香蕉苗处于伸长期，此时香蕉营养生长速度逐渐加快，该时期降雨较多，土壤墒情相对含水量0～20厘米土层变化范围在79%～88%，土壤墒情偏多。7～9月香蕉处于孕蕾、抽蕾期，是香蕉植株生长最为旺盛的时期，这段时期降雨充沛，土壤墒情相对含水量0～20厘米土层变化范围在76%～82%，土壤墒情适宜，较好地满足了香蕉植株生长需要。10月后，香蕉进入果实膨大、成熟期，而为防止香蕉裂果且利于采后的贮藏，香蕉在成熟期水分管理应做到“控”，土壤墒情适宜相对含水量0～60厘米土层变化范围在60%～70%，此时天气进入高低温交替少雨期，降雨较少，土壤墒情监测结果显示，土壤0～20厘米土层相对含水量变化范围在62%～78%，土壤墒情适宜。总体来说，2018年，徐闻香蕉苗期墒情不足，伸长期、孕蕾、抽蕾期降水较多，墒情适宜，果实膨大、成熟期虽降雨较少，但墒情也能满足香蕉的生长。

2. 徐闻县菠萝　菠萝为浅根系作物，根系主要分布在0～20厘米土层。1～4月，正值菠萝果实发育和成熟期，降雨量少，蒸发量大，据3月25日至4月25日菠萝土壤墒情监测结果显示，0～20厘米土层土壤相对含水量变化范围在58%～62%，墒情趋不足，为促进菠萝生长，建议每隔10天浇灌一次水。5～10月，正值菠萝定植后快速生长期，这段时期降雨较多，菠萝土壤墒情监测点土壤相对含水量0～20厘米土层变化范围在75%～82%，适宜菠萝生长发育的需要。10月至次年的1月，正值菠萝催花期和果实膨大期，菠萝土壤墒情监测点土壤相对含水量0～20厘米土层变化范围在64%～77%，土壤墒情趋不足，这段时期进行适量补充灌溉能有效促进植株生长，建议在菠萝越冬前浇灌一次水，能够起到保持土壤温湿度，起到维持菠萝生长需要的作用。

3. 平远县脐橙 2～4月，脐橙萌芽期，该时期平远县雨水较少，出现干旱，据土壤墒情监测点监测结果显示，0～20厘米土层土壤相对含水量变化范围在52%～59%，墒情趋不足，建议适时灌水，以促进脐橙花芽开花，有利于春稍的抽发、壮实；5～10月，脐橙处于膨果期，是脐橙果实生长的关键时期，该段时期平远县雨水充沛，0～20厘米土层土壤相对含水量变化范围在60%～67%，墒情适宜，但需密切关注土壤墒情发展状况，做好水分调节。11月，脐橙花芽分化期，0～20厘米土层土壤相对含水量变化范围在54%～62%，墒情趋不足。总体来说，当果园土壤含水量降低到田间持水量的50%时，必须及时进行灌水。一般成龄果树一次最适宜的灌水量，以水分完全湿润果树根系范围内的土层为宜。在采用节水灌溉方法的条件下，要达到的灌溉深度为0.4～0.5米，水源充足时可达0.8～1.0米。成年结果树每次每株浇水量不少于100千克，每10～15天1次。在某些特殊时段，水分管理有其特殊的作用。如为促进花芽分化，对脐橙园进行适当的控水，果实采收前15～20天，除特别干旱需适当灌水外，严禁灌水，防止降低果实品质和贮藏性能。冬季如遇低温霜冻，则应及时灌水，以提高土温，减轻冻害。

4. 惠州冬种马铃薯 惠州冬种马铃薯生长周期为100天左右，水分管理原则是前期足水、中期少水、后期湿润。播种时间一般在晚稻收完后的10月下旬至11月上旬进行，这段时期降雨量较少，0～20厘米土层土壤相对含水量变化范围在45%～55%，墒情趋不足，建议播种前进行深耕整地并灌水，保持适宜土壤墒情，耕作深度25～30厘米，土壤相对含水量保持在60%～70%，即细土手握成团，放手有少量松散为适宜状态。11月中旬至12月中下旬马铃薯出苗至现蕾初期，降雨量较少，墒情监测结果显示，0～20厘米土层土壤相对含水量变化范围在48%～59%，墒情不足，需及时补充灌水以保持土壤湿润，宜保持在55%～65%；12月下旬至2月上旬开花期至成熟期，该时段降雨量充足，0～20厘米土层土壤相对含水量变化范围在68%～78%，墒情适宜，为确保薯块膨大期用水需求，需补充灌溉并保持土壤相对含水量在75%～85%；马铃薯收获前7～8天停止灌水，土壤相对含水量保持在50%～60%利于收获及贮藏。

（四）旱涝灾害发生情况分析

2018年，广东省先后遭遇了多次强台风、强降雨、暴雨过程，洪涝灾害重。一是开汛晚，旱涝急转快。5月7日全省正式开汛，入汛前（1月1日至5月6日），全省降水偏少36%，各地出现了不同程度的气象干旱，入汛后（5月7日至10月15日）全省平均降水量1 377.5毫米，偏多12%；“龙舟水”（5月21日至6月20日）期间全省平均降水量329.4毫米，接近历史同期平均值，但“龙舟水”前弱后强，前半段（5月21日至6月5日）全省降雨量67.2毫米，较常年同期偏少55%；后半段（6月6～20日）全省降雨量262.7毫米，偏多55%。二是暴雨强，洪涝灾害重。1月6～10日，全省遭遇大范围冬季暴雨，粤北、珠三角和粤东市县普降大到暴雨，局部大暴雨。6月5～9日，受台风“艾云尼”影响，全省连续5天出现了大范围暴雨到大暴雨，部分市县特大暴雨，粤西和珠江三角洲的部分市县、汕尾、清远等17个市出现了特大暴雨。8月27日至9月1日，受季风低压影响，全省出现了持续强降水过程（即“18.8”特大暴雨洪涝灾害过程），珠三角南部市县、粤东地区出现持续性特大暴雨；惠东县高潭镇录得过程累积雨量（8月27日20时至9月1日20时）1 394.6毫米，刷新了广东省过程雨量极值，24小时降雨量（30日05时至31日05时）1 056.7毫米，刷新了广东省24小时降雨量极值，也创下中国大陆24小时实测降雨量极值。此外，第22号台风“山竹”带来的特大暴雨点多面广，造成了严重洪涝灾害。三是出台早，台风影响大。6月6日，4号台风“艾云尼”在湛江徐闻登陆，成为2018年登陆广东省的首个台风，较常年偏早21天，“艾云尼”三次登陆，是1980年以来登陆广东省造成暴雨范围最广、雨量最大、持续时间最长的热带风暴。8月11日，第16号台风“贝碧嘉”两次登陆广东省并近海回旋超过2圈，其带来的强降水导致粤西部分市县出现严重洪涝灾害。9月16日，22号台风“山竹”登陆江门台山市，正面袭击粤港澳大湾区，是1949年以来登陆珠三角的第二强台风（第一为“天鸽”），给全省带来了严重风雨影响，珠三角沿海12级以上大风持续时间超过16小时，成为名副其实的“风王”。四是气温高，高温天气多。全省全年平均高温日数26.1天，较常年偏多8.6天，其中南雄、连平、始兴、仁化4个县（市）高温日数创下当日历史新高。5～9月全省共出现11次大范围的高温过程，5月全省平均高温日数7.8天，破历史同期纪录，71个县（市、区）高温日数破当地历史纪录；5月18～31日全省出现大范围持续高温天气（日最高气温≥35℃），其中19～23日全省连续5天高温的县（市）超过50个。

三、墒情监测体系

（一）监测站点基本情况

截止2018年12月，全省已建成31个固定自动监测点及20个人工农田监测点，覆盖28个县，建设省级土壤墒情监测数据管理平台1个。站点具体情况如下：

珠江三角洲地区共建设9个自动监测点及12个农田监测点，种植作物主要有水稻、花生、玉米、蔬菜、马铃薯。粤东地区共建有5个自动监测点，种植作物主要有蔬菜、花生、茶叶。粤西地区建有7个自动监测点及4个农田监测点，种植作物主要有菠萝、香蕉、荔枝、龙眼。粤北地区共建设10个自动监测点及4个农田监测点，种植作物主要有水稻、金柚、脐橙、花生、砂糖橘。

目前，全省农田人工监测点主要采用化验室烘干法测定土壤水分。建成的墒情自动监测站均是采用管式土壤温湿度传感器，应用FDR频域反射原理测定土壤水分。

（二）工作制度、监测队伍与资金

全省各墒情监测工作站严格按照《农田土壤墒情监测技术规程》的要求开展监测工作，在数据采集、数据检测、数据汇总和报告编写、信息发布5个基本环节保持一致，保障信息发布科学、及时。监测站除了每月10日、25日定期定点取土样测定及发布墒情信息外，还根据春耕备播、秋冬种田间管理等农事安排，以及特殊天气发生情况，增加监测次数，并通过简报、网络等多种方式，及时向农民提供土壤墒情信息预报，指导农民科学灌溉，推荐应对的技术措施，使墒情监测预报能够及时为农业生产服务。

在统一工作制度的基础上，广东省还要求各土壤墒情监测站配备事业心强、工作认真负责的专业技术骨干负责土壤墒情监测工作。目前全省共有监测技术人员16名，其中省级1名、市级9名、县级6名，基本上能及时定点开展监测，并做好简报信息上报等工作。

2018年全省积极通过各种渠道筹措资金，增加投入，努力推进土壤墒情监测工作。一年来省级共投入资金31.5万元，为每个墒情监测站补助工作经费、扩大自动监测设施的布设和自动监测站设备更新，进一步提升全省土壤墒情的监测效率和服务能力。

（三）主要作物墒情指标体系

为了客观评价农田墒情状况，提高指导农田灌溉的科学性和准确性，广东省耕地肥料总站联合南亚热带作物研究所，在广东省的易旱地区徐闻县，运用盆栽试验及结合长期的定点监测，开展了特色作物香蕉、菠萝的墒情与旱情监测评价的研究工作。通过实践与探索，制定出了徐闻县香蕉、菠萝不同生育期墒情与旱情等级评价指标（表1）。

表1　广东湛江徐闻香蕉菠萝各生育土壤墒情评价指标

作物名称	评价等级			过多		适宜		不足	
	作物生育期	土层深度（厘米）	田间持水量（%）	土壤含水量（%）	相对含水量（%）	土壤含水量（%）	相对含水量（%）	土壤含水量（%）	相对含水量（%）
香蕉	苗期	0～20	34.0	＞27.2	＞80	23.8～27.2	70～80	＜23.8	＜70
	伸长期	0～30	35.0	＞28.0	＞80	24.5～28.0	75～80	＜24.5	＜75
	孕蕾期	0～40	35.9	＞30.5	＞85	28.7～30.5	80～85	＜28.7	＜80
	抽蕾期	0～50	35.3	＞30.0	＞85	28.2～30.0	80～85	＜28.2	＜80
	果实膨大期	0～60	35.1	＞28.0	＞80	26.3～28.0	75～80	＜26.3	＜75
	成熟期	0～60	35.1	＞24.5	＞70	21.0～24.5	60～70	＜21.0	＜60
菠萝	定植期	0～20	34.9	＞20.9	＞60	15.0～20.9	45～60	＜15.0	＜45
	快速生长期	0～30	35.1	＞28.1	＞80	21.0～26.3	60～80	＜21.0	＜60
	催花期	0～40	35.2	＞28.1	＞80	24.5～28.1	60～80	＜21.0	＜60
	开花期	0～40	35.2	＞28.1	＞80	24.6～28.1	65～80	＜22.8	＜65
	果实发育期	0～40	35.1	＞28.1	＞80	24.6～28.1	65～80	＜22.8	＜65
	成熟期	0～40	35.1	＞26.3	＞75	21.0～24.5	60～75	＜21.0	＜60

注：土壤质地为黏壤土，相对含水量=（土壤含水量/田间持水量）×100%。

2018年海南省土壤墒情监测技术报告

一、农业生产基本情况

（一）地理位置

海南省位于中国最南端，北隔琼州海峡与广东相望，西临北部湾与越南民主共和国相对，东濒南海与台湾省相望，东南和南边在南海中与菲律宾、文莱和马来西亚为邻，介于东经108°21′～111°03′，北纬19°20′～20°10′之间。海南岛四周低平，中间高耸，呈穹隆山地形，以五指山、鹦哥岭为隆起核心，向外围逐级下降，由山地、丘陵、台地、平原构成环形层状地貌，梯级结构明显。海南省行政区域包括海南岛和西沙群岛、中沙群岛和南沙群岛的岛礁及其海域，全省陆地面积约3.54万千米^2，占全国总面积的0.35%；海洋面积约210万千米^2，约占全国海洋总面积的60%，是我国陆地面积最小、海洋面积最大的热带海洋岛屿省份。

（二）气候条件

海南省位于北回归线以南，终年太阳高度角大，气候炎热多雨，植物生长茂盛，动物种类丰富，森林覆盖率稳居全国前列。太阳辐射能相当丰富，日照充足，年太阳辐射总量为4 600～5 800兆焦耳/米^2，年日照时数为1 793～2 590小时。

海南各地的年平均气温为22.5～25.6℃，以中部的琼中最低，南部的三亚最高。等温线向南弯曲呈弧线分布，从中部山区向四周沿海递增，23℃等温线在中部山区闭合。由于海洋的调节，海南气温年变差普遍较小，多数地区为8～10℃，三亚最小（7.6℃），普遍比中国大陆地区低5～10℃。

海南各地的年平均雨量为923～2 459毫米。等雨量线呈环状分布，中、东部多，西部少；山区丘陵多，沿海平原少；多雨中心位于万宁西侧至琼中一带，少雨区位于东方市沿海。多雨区中心的琼中县，年平均雨量为2 458.5毫米，年最多雨量为3 759.0毫米，年最少雨量为1 398.1毫米。少雨区的东方市，年平均雨量为922.7毫米，年最大雨量为1 528.8毫米（1980年），年最少雨量为275.4毫米（1969年）。海南省降水的季节亦分配很不均匀，有明显的多雨季和少雨季。每年5～10月是多雨季，总降雨量1 500毫米左右，占全年降雨量的70%～90%，雨源主要有锋面雨、热雷雨和台风雨；每年11月至翌年4月为少雨季，仅占全年降雨量的10%～30%，少雨季干旱常常发生。

（三）水文条件

海南为海岛，但具有独立水系，水资源充足。全岛年均降雨量为1 758毫米，平均径流约为3.08×10^{10}米^3，地下水资源储量约为7.0×10^{9}米^3，其中具有开采价值的约1.1×10^{9}米^3，全省年均水资源总量约为3.19×10^{10}米^3。2016年全省淡水总面积为13.7万公顷，水库总面积约为 5.6 万公顷，全岛单独流入海的河流共有 154 条，集水面积超过 3 000 千米^{2}的有南渡江、昌化江、万泉河；集水面积在 1 000～2 000 千米^2 的有陵水河、珠碧江；集水面积在 500～1 000 千米^2 的有宁远河、望楼河、文澜江、北门江、太阳河、藤桥河、春江、文教河。海南省大小河流水力资源理论蕴藏量约 103.8 万千瓦，可开发约 89.77 万千瓦。

（四）耕地资源

海南省耕地总面积为 723 485.1 公顷，其中水田 388 026.9 公顷，占全省耕地总面积的 53.65%；旱地 334 993.9 公顷，占全省耕地总面积的 46.30%；水浇地面积 464.3 公顷，占全省耕地总面积的 0.06%。

（五）农业产业情况

（1）2017 年全省农作物总播种面积为 79.76 万公顷，粮食作物面积为 34.83 万公顷，总产量 168.72 万吨。其中：水稻种植面积 28.15 万公顷，产量 140.64 万吨；番薯种植面积 6.08 万公顷，产量 260.18 万吨；大豆播种面积 0.22 万公顷，产量 0.71 万吨；花生播种面积 3.73 万公顷，产量 10.37 万吨；芝麻播种面积 0.12 万公顷，产量 0.14 万吨。

（2）瓜菜种植面积 29.66 万公顷，总产量 686.54 万吨。其中椒类种植面积 3.2 万公顷，产量 68.43 万吨；苦瓜 1.60 万公顷，产量 32.36 万吨；长豆角种植面积 1.74 万公顷，产量 44.84 万吨；冬瓜种植面积 1.31 万公顷，产量 70.13 万吨；青瓜 1.56 万公顷，产量 43.85 万吨；西瓜 1.67 万公顷，52.13 万吨。

（3）茶叶种植面积 0.19 万公顷，收获面积 0.13 万公顷，产量 1.0 万吨。园林水果种植面积 16.75 万公顷，收获面积 14.04 万公顷，产量 303.81 万吨，其中菠萝种植面积 1.63 万公顷，收获面积 1.28 万公顷，产量 40.99 万吨；荔枝种植面积 2.08 万公顷，收获面积 1.73 万公顷，产量 15.80 万吨；柑橘橙柚种植面积 0.70 万公顷，收获面积 0.29 万公顷，产量 6.63 万吨；香蕉种植面积 3.44 万公顷，收获面积 3.49 万公顷，产量 127.17 万吨；龙眼种植面积 0.86 万公顷，收获面积 0.75 万公顷，产量 5.60 万吨；芒果种植面积 5.45 万公顷，收获面积 4.43 万公顷，产量 56.73 万吨。

（4）全省热带作物种植面积 70.52 万公顷，其中橡胶种植面积为 54.29 万公顷，产量为 40.04 万吨；椰子种植面积为 3.36 万公顷，产量为 2.32 万吨；咖啡种植面积为 778 公顷，收获面积 183 公顷，总产量为 406 吨；槟榔种植面积为 10.25 万公顷，收获面积 7.39 万公顷，产量为 25.51 万吨；剑麻种植面积为 711 公顷，产量为 0.30 万吨；胡椒种植面积为 2.21 万公顷，收获面积 19.92 万公顷，产量为 4.15 万吨。

二、气象与墒情状况分析

（一）气象状况分析

2018 年海南省年平均气温 24.7℃，比常年偏高 0.2℃，位居历史第十三位高值。与常年相比，冬季和夏季气温分别偏低 0.2℃及 0.4℃，春季气温与常年持平，秋季气温偏高 0.9℃。全省平均年降水量 2 007.1 毫米，较常年偏多 11.3%，位居历史第十五位高值。全省平均年日照时数为 1 992.1 小时，较常年偏少 80.6 小时，位居历史第十七位高值。年内全省区域性暴雨过程次数达 10 次，次数与常年持平，但综合强度总体偏强。暴雨过程造成部分市县发生洪涝灾害，同时部分市县日最大降水量突破历史同期极值。年内全省出现了多次大范围高温天气过程，其中以 5 月中旬至 6 月初和 6 月下旬至 7 月上旬的两次过程最为严重。全省年平均高温日数 20 天，高温日数与常年持平。2018 年共有 11 个热带气旋影响本省，比常年偏多约 1 个，其中 4 个登陆，登陆个数较常年偏多 2 个，大部分热带气旋影响强度偏弱。第一个影响海南省的热带气旋出现在 1 月上旬，较常年偏早，最后一个影响海南省的热带气旋出现在 11 月下旬，接近常年。热带气旋灾害轻于常年。年内还发生多起雷雨大风、龙卷、大雾等气象灾害事件，并造成一定的经济损失。全年因气象灾害造成 18 个市县约 38.85 万人次受灾，农作物受灾约 2.35 万公顷，直接经济损失约 7.1 亿元。总体而言，2018 年气象灾害总体偏轻，气候对各行业影响利大于弊，气候年景属偏好年景。

（二）主要作物不同生育期墒情状况分析

1. 早稻生育期 总体来看，早稻大部分稻田墒情适宜，具体分析如下：

（1）1 月全省受冷空气影响，低温阴雨，全省墒情适宜至过多，东部地区早稻处于分蘖期，低温会导致分蘖减慢且数量减少，尚未移栽的早稻秧苗则容易出现烂秧情况。

（2）2 月受月内降水持续偏少的影响，中西部地区出现轻度气象干旱，墒情不足，对西部地区早稻播种不利。

（3）4 月降水偏多，充足的降水有利于中部和北部处于孕穗期的早稻的生长，全省墒情适宜至过多。

（4）5 月全省温度偏高、降水偏少，全省墒情不足至适宜，对北部、中部和西南部地区早稻乳熟不利，易造成高温逼熟，千粒重下降；对西部地区早稻孕穗也不利，易造成结实率下降。

（5）6 月受台风影响，降水偏多，北部地区墒情过多，早稻处于乳熟期至成熟期，来不及收割的早稻出现淹没、倒伏等现象。

2. 晚稻生育期 总体来看，晚稻种植期间，由于受热带气旋影响，大部分稻田墒情适宜至过多，11 月部分地区墒情不足，具体分析如下：

（1）7 月上旬出现多日高温天气，西南部地区墒情不足，中、下旬分别受台风“山神”和北部湾热带低压影响，缓解西部旱情，土壤墒情较好，能满足农作物生长需求，但也容易滋生病虫害。

（2）8 月受南海热带低压和强热带风暴影响，全省降水偏多，导致部分地区水田、菜园遭受暴雨洪涝灾害，部分地区墒情渍涝。

（3）9 月全省虽受两个热带气旋影响，但整体降水偏少，墒情适宜，对东部地区晚稻收割晾晒，北部、中部和南部地区晚稻抽穗灌浆和西部地区晚稻孕穗有利。

（4）11 月全省月平均气温较常年同期偏高 1.7℃，平均月雨量较常年偏少 45.6%。由于气温偏高、降水偏少，大部分市县出现轻到中度气象干旱，墒情不足至干旱。

3. 冬种瓜菜生育期 1 月全省受冷空气影响，低温阴雨，全省墒情适宜至过多，冬季瓜菜容易发生病害。2～3 月受月内降水持续偏少的影响，中西部地区出现轻度气象干旱，墒情不足，冬种瓜菜进入收获期，对水需求量较大，要及时做好灌溉，确保瓜菜生长的水肥需要。

（三）自然灾害发生情况分析

1. 冷空气 受1月的2次较强冷空气影响以及2月的强冷空气影响，海南省各地气温下降明显，并出现轻度低温阴雨天气过程。强低温天气造成叶菜类冬季瓜菜整体生长较差，植株纤弱，部分叶片受害皱缩和脱落；椒类和豆类等作物开花、授粉和坐果均受到影响，落花、落果现象较为明显。同时受温度持续偏低影响，东部早稻基本停止分蘖生长，其他地区移栽期也相应推迟。热带水果受到不同程度的危害，部分香蕉花蕾冻坏、果实轻微冻伤。

2. 热带气旋 2018年共有11个热带气旋影响全省，其中4个登陆。影响个数较常年偏多约1个，登陆个数较常年偏多2个，大部分热带气旋影响强度偏弱。第一个影响海南的热带气旋出现在1月上旬，较常年偏早，最后一个影响海南的热带气旋出现在11月下旬，接近常年。热带气旋灾害轻于常年。热带气旋带来强降雨，导致部分地区水田、菜园遭受暴雨洪涝灾害，部分地区墒情渍涝。

3. 高温 2018年年内全省出现了多次大范围高温天气过程，全省年平均高温日数20天，高温日数与常年持平，其中以5月上旬至7月上旬最为严重，部分市县日最高气温达到历史同期最高值。

三、土壤墒情监测体系建设

（一）监测站点建设情况

根据全国农业技术推广服务中心《土壤墒情与旱情监测站建设方案》的有关要求。按照“区域布局，分批建设”的原则，截止2018年底，海南省在琼海、三亚、屯昌、昌江、定安、文昌和乐东建立了7个省级土壤墒情监测点。目前已实现全省东、西、南、北、中部5个分区监测，通过土壤自动监测点进行土壤墒情数据采集和分析，提供土壤墒情情况，实施土壤墒情监测，了解和掌握农田土壤墒情和作物缺水状况，及时采取应对措施，缓解和减轻旱涝灾情威胁。

（二）工作成效

按照《全国土壤墒情监测技术规程》要求，全省土壤墒情监测及数据采集工作正常有序开展，到2018年底，全省共采集土壤水分、土壤温度、降雨量、空气温湿度、风速、风向、光照强度等墒情数据近20万条，为农业生产提供及时有效的土壤墒情指导数据。

根据土壤墒情监测结果和气象情况，每月发布两期省级墒情简报至全国农业技术推广服务中心，同时报送省农业农村厅相关处室，为各级农业部门和相关部门指导农业生产提供决策依据。2018年共发布24期省级土壤墒情简报，监测的数据信息和资料，既丰富了全省节水农业技术的内容，为提高节水技术的科技含量做出了很大的贡献，也为农业项目建设提供了宝贵的第一手资料。

2018年重庆市土壤墒情监测技术报告

一、农业生产基本情况

（一）农业资源特点

1. 地理地貌 重庆市位于东经105°17′～110°11′，北纬28°10′～32°13′之间的四川盆地，幅员面积约8.24万千米^2。地貌类型中有山地、丘陵和平坝，其中山地（中山和低山）面积62 413.24千米^2，占幅员面积的75.80%；丘陵面积为14 985.76千米^2，占幅员面积的18.2%；平坝和平地面积4 940.36千米^2，占幅员面积的6%。构成以山地为主的地貌形态类型组合特征。

2. 气候条件 重庆市属中亚热带季风气候，气候冬暖夏热，各地气候的差异大。就大气环流看，冬季处于西风环流不及地带，气温变化小，风力微弱，降水很少；春季西风环流减弱，气温回升快；夏季主要受西太平洋副热带高压控制，初夏6月，常发生大雨或暴雨，盛夏7～8月，常出现连晴高温天气，是常发生伏旱的主要原因；秋天多绵绵阴雨，气温下降。

（1）气温。重庆2018年（据2018年重庆气候公报，以下同）平均气温为17.6℃，接近常年（17.5℃）。年内各月气温波动较大，其中1月、2月、9月、10月、11月和12月分别偏低0.9℃、0.7℃、1.0℃、1.4℃、1.5℃和0.7℃，3月、4月、6月、7月和8月分别偏高2.3℃、1.7℃、0.5℃、1.8℃和1.0℃，5月正常。各地年平均气温在14.2～19.3℃之间，其中城口最低，沙坪坝最高。各季气温空间分布概况：冬季：各地平均气温在3.4～9.1℃之间；春季：各地平均气温在15.5～20.4℃之间；夏季：各地平均气温在24.1～29.5℃之间；秋季：各地平均气温在13.8～18.7℃之间；

（2）降水。2018年全市平均降水量为1 134.9毫米，接近常年（1 125.3毫米），较2017年偏少10%。降水量各月分布不均，2月、6月、7月和10月分别偏少38%、42%、22%、29%，1月、3月、4月、5月和9月分别偏多60%、66%、40%、26%、38%，8月、11月和12月正常。一年四季降雨差异较大，冬季降水量为51.3毫米，春季为401.6毫米，夏季为383.2毫米，秋季为280.9毫米。与常年相比，冬季偏少20%，春季偏多37%，夏季偏少25%，秋季偏多9%，其中春季降水为1951年以来同期第三多。

（3）日照。2018年重庆平均日照时数为1 180.7小时，接近常年（1 154.5小时），较2017年偏多5%。冬、春、夏季日照时数分别为135.7小时、353.9小时、560.2小时，均接近常年；秋季为160.6小时，较常年偏少36%，为历史同期最少。各月日照情况为：9月、10月和12月日照时数偏少3～5成，1月、3月、4月和8月偏多2～5成，2月、5月、6月、7月和11月日照时数正常。

3. 水资源及农田灌溉 全年水资源总量524.24亿米^3。全年总用水量77.18亿米^3。全市农田有效灌溉面积为1 045.47万亩，其中实际灌溉面积635.67万亩；节水灌溉面积达到

374.19 万亩，节水灌溉面积占有效灌溉面积的 35.79%。

（二）不同区域特点

1. 渝西地区

（1）渝西 400 米以下河谷浅丘区。该区气温高，热量丰富，高温伏旱严重，干旱指数为 0.5 左右；低温危害轻，农业复种指数高，可一年三熟。除荣昌、大足区域外，其余年日照时数在 1 000 小时以上，主城区日照较少，为 903.9 小时；年均温为 18.6℃，无霜期最长可达 350 天；年降水量大多在 980～1 200 毫米；年降水日数一般在 140～160 天。该区高程在 400 米以下，坡度以 15°以下的平缓坡为主，地势平缓，属于川东平行岭谷区，适合农业发展，是全市主要的粮食产区之一。土壤类型以紫色土和水稻土为主；土地利用以旱地和水田为主，占到区域总面积的 79.71%，多为稻田，种植优质水稻和再生稻。

（2）渝西 400 米以上深丘地区。该区伏旱较为严重，干旱指数 0.4 左右。年日照时数 800 小时，年均温 14.6℃，极端最低气温一般不低于－6℃，年降水量大多在 1 000～1 400 毫米，年降水日数 140 天左右。该区坡度集中在 20°以上，农业坡瘠地、中低产田比重大，耕地易于水土流失，应加强农田水利基本建设，注意农业环境保护。土壤类型以黄壤和石灰（岩）土为主，土地类型多为耕地和林地，分别占总面积的 41.13%和 41.01%。主要作物有玉米、蔬菜、茶叶和柑橘，再生稻有少量种植。

2. 渝中地区

（1）渝中 500 米以下浅丘平坝区。该区气温较高，热量较为丰富，高温伏旱较重，干旱指数 0.4 左右；热量条件好，低温危害轻，农业复种指数高。年日照时数为 1 200～1 400 小时；年均温 18℃，极端最低气温一般不低于－4℃；年降水量集中在 1 230～1 302 毫米，年降水日数多在 150～160 天。该区坡度集中在 15°以下，地势平缓；土壤类型以紫色土和水稻土为主；土地类型多为耕地，占总面积的 73.00%，以稻田为主，农业生产条件较优越。主要种植优质水稻和玉米，小麦和红苕轮作，优质油菜种植也多在此区域。

（2）渝中 500 米以上深丘低山区。该区气候较为温和，高温伏旱较轻，干旱指数 0.3 左右，有低温危害。年均温 13.8℃，年日照时数 900～1 000 小时，极端最低气温不低于－6℃；年降水量 1 400～1 500 毫米，年降水日数 150 天以上。该区虽山体不大，坡度也较小，但坡耕地多，并且处于顺坡耕作状态，水土流失严重。坡度在 20°以上，土壤类型以黄壤和石灰（岩）为主，土地类型多为耕地和林地，分别占区域总面积的 38.67%和 48.11%。该区主要有玉米、柑橘和柚子分布，茶叶和马铃薯在此区域有少量种植。

3. 渝南地区

（1）渝南 500 米以下丘陵平坝区。该区气温较高，多发生伏旱，干旱指数 0.4，酉阳部分地区冰雹灾害较严重，热量条件基本满足一年两熟到三熟。年日照数为 1 100～1 200 小时，无霜期 270～300 天；年均温 17.4℃，极端气温不低于－4℃；年降雨量 1 100～1 200 毫米，年降水日数多在 150～160 天。该区坡度多为 5°～25°；区域土壤类型有紫色土、黄壤，还有部分红壤；土地利用以耕地为主，占总面积的 48.78%，林地占区域总面积的 31.07%。该区主要种植水稻和玉米，多为套种和轮作，优质油菜种植也较多，经济作物有部分种植，柑橘也有分布。

（2）渝南 500～900 米深丘低山区。该区气候温和，高温伏旱轻，低温危害重，有暴雨洪涝、大风冰雹发生，热量可满足一年两熟。年日照数1 000～1 100小时，无霜期240～270天，年降水量1 200～1 350毫米；年均温15℃，极端最低气温一般不低于－10℃；年降水日数多在150～170天。该区坡度多为15°～60°，土壤类型以黄壤为主。土地类型以林地和耕地为主，分别占区域面积的43.24%和35.88%。该区粮食作物以玉米、水稻为主，经济作物以烤烟和各种油料作物为主，并出产中药材和果类。以茶叶和烟草种植为主，部分种植水稻，马铃薯也分布较多。

（3）渝南900米以上中低山区。该区气候温凉，无高温伏旱，低温冷（冻）害重，有暴雨、冰雹和大风发生，农业只能一年一熟。年日照数850～950小时，无霜期小于240天，年降水量一般为1 250～1 600毫米；年均温12.8℃，极端最低气温在－10℃以下，年积温小于3 000℃，年降水日数在170天以上。该区坡度多在25°以上，土壤类型以黄壤为主，土地以林地为主，占区域总面积的56.50%，其余多为草地和耕地，面积比例分别为23.40%和21.31%。该区主要作物是马铃薯，茶叶有零星分布。

4. 渝东北地区

（1）渝东900米以下深丘峡谷区。该区气候较为温和，但高温伏旱严重，干旱指数0.4，低温危害也有发生，有暴雨洪涝、大风冰雹发生，热量基本可满足一年两熟。年日照充足，在1 400～1 660小时之间，年均温16.7℃，极端最低气温不低于－6℃，无霜期240～270天；年降水量在940～1 157毫米之间，年降水日数多在150～170天。该区坡度多为5°～25°，土壤类型主要为紫色土和黄壤。土地利用主要有林地和耕地，面积比例分别是38.89%和37.33%。该区耕地主要种植水稻，多为稻—秋菜模式，玉米、马铃薯和茶叶种植较多，柑橘有少量分布。

（2）渝东900～1 500米低山区。该区气候温凉，无高温伏旱，低温冷（冻）害严重，有暴雨、冰雹和大风发生，农业多是一年一熟。年均温12.1℃，最冷月平均气温小于3℃，极端最低气温在－10℃以下；年降水量1 250～1 500毫米，年降水日数多在170天以上。该区坡度多为25°以上，土壤类型主要为黄壤和黄棕壤，土地类型多为林地，占区域面积的54.81%，其次为耕地，面积比例为32.19%。该区主要作物是马铃薯，茶叶有零星分布。

（3）渝东1 500米以上中山区。该区气候凉，无高温伏旱，低温冷（冻）害严重，也有暴雨、冰雹和大风发生，农业只能一年一熟。年均温8.1℃，极端最低气温一般在－10℃以下，无霜期小于240天，年降水量1 400～1 600毫米，年降水日数在180天以上。该区坡度多在35°以上，土壤类型主要为黄壤和石灰（岩）土，土地类型主要为林地，占区域总面积的63.22%，其次为草地，比例为23.88%，耕地只占区域面积的12.82%。该区作物少量种植马铃薯。

（三）农业生产情况

全年粮食播种面积3 026.77万亩，比上年下降0.6%。粮食综合亩产356.60千克，增长0.6%。全年粮食总产量1 079.34万吨，比上年减产0.1%。其中，夏粮产量122.10万吨，减产0.6%；秋粮产量957.24万吨，与上年持平。全年谷物产量753.59万吨，减产0.4%。其中，稻谷产量486.92万吨，与上年持平；小麦产量8.15万吨，减产16.6%；玉米产量251.33万吨，减产0.5%。

二、墒情状况分析

（一）气象状况分析

2018 年全市的气候特征主要表现为：

1. 高温日数多、强度强 35℃高温初日大部地区较常年偏早 4～46 天。全市≥35℃高温日数平均为 43.1 天，是常年的 1.8 倍，是上年的 1.3 倍。区域高温年度综合评估指数为 30.19，强度为重度，较常年和上年均偏重，且为 2000 年以来第四强。

2. 暴雨开始早、次数偏少、强度弱 3 月 4 日至 5 月 26 日，主城、西南部、东北部大部地区和西部、东南部部分地区 24 个区县陆续出现暴雨，开始期较常年偏早 2～91 天。全市 33 个区县共出现暴雨 81 站次，较常年偏少 2 成；区域暴雨年度综合评估指数为 1.41，比较常年和 2017 年均偏弱。

3. 气象干旱较上年略偏重，但较常年偏轻 7 月中旬开始，全市西部、西南部、中部、东北部部分地区陆续出现轻—中度气象干旱，受降水影响，7 月末大部地区干旱得以缓解；8 月中旬东北部和西部局部地区陆续出现轻度气象干旱，9 月初气象干旱解除。

4. 连阴雨天气多、强度较大 全市 34 个区县累计出现连阴雨过程 202 站次，较常年同期偏多 3 成，其中严重连阴雨 41 站次，较常年偏多 6 成。区域连阴雨年度综合评估指数为 1.4，强度为中度，较常年偏重，但较上年偏轻。

（二）不同区域墒情状况分析

从图 1 重庆 2018 年土壤（土层 20 厘米处）墒情（平均值）走势图可以看出，全年大多数旱地土壤相对含水量在 60%～80%之间，即墒情适宜。但 7 月 25 日监测点则显示渝西、渝中、渝东北地区处于墒情不足或局部干旱，4 月 25 日到 5 月 25 日，监测点显示，渝中和渝东北地区土壤墒情局部过多，持续时间相对较长，9 月 10 日到 9 月 25 日，渝中和渝东北地区土壤墒情有增长趋势，局地过多。从不同的地区来看，其中渝中地区墒情波动相对较

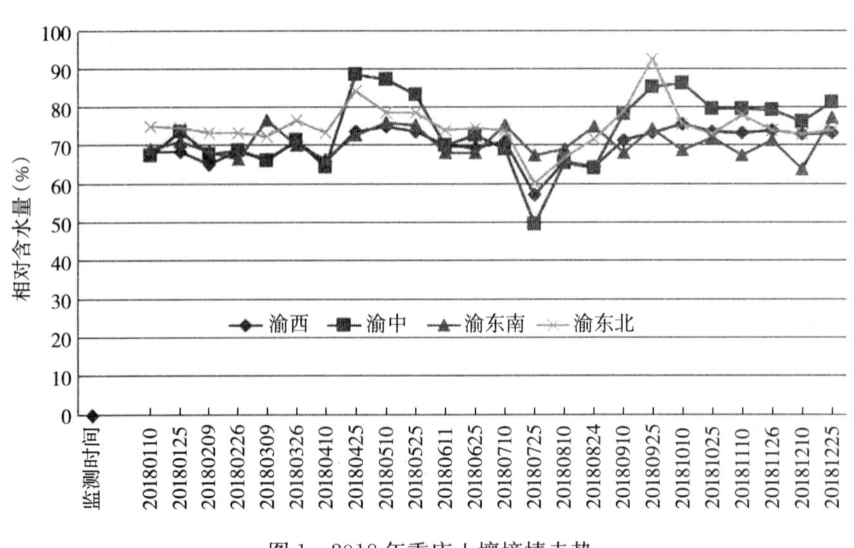

图 1　2018 年重庆土壤墒情走势

大，4月25日到5月25日，9月10日到10月25日，土壤墒情表现过多，持续时间较长，7月25日监测点显示墒情不足或干旱。渝东南和渝西地区全年基本在60%～80%之间，波动不大，土壤墒情适宜。

（三）主要作物不同生育期墒情状况分析

1. 水稻 2～3月为水稻播种育苗期，育秧式是旱育和地膜湿润育秧，此时需水较少，主要是提升土壤温度，促进发芽和催苗。2～3月墒情监测点显示，相对含水量在60%～80%之间，加之气温较低，土壤蒸发量少，此时土壤墒情适宜，对春耕播种有利。

4～6月，水稻为移栽苗期及拔节分蘖期，田间保持有浅水层，以利于水稻幼穗分化，水源条件好的地方在水稻拔节前可适当排水晒田或露田。期间，全市降雨量相对较大，2018年出现10场区域暴雨，其中有6场在4～6月。此时，墒情监测点显示，4～5月渝中、渝中和渝东北地区相对含水量在80%～90%之间，墒情过多或渍涝，对部分排水不良的正沟田或正处于洪水冲击的水稻田块不利，甚至形成涝灾。但此时水稻田的水源相对充足，有利于种植油菜收获后的田蓄水整田种大苗，对于已栽田需要注意看田排水，此阶段水稻田注意防止墒情过多。

7～8月，水稻为拔节抽穗杨花期至成熟收获期。7月25日监测点显示，渝西、渝中、渝东北地区处于墒情不足或局部干旱，此时也是全市处于高温时段，蒸发量也大，位于高塝田、望天田以及无灌溉水保证的稻田墒情不利，容易缺水导致干旱或形成旱灾，对水稻生产有一定的影响（表1、图2、图3）。

表1 水稻作物主要生育期

作物	2月	3月	4月	5月	6月	7月	8月	9月
水稻	备种、低海拔下旬播种	旱育秧、地膜湿润育秧	秧苗管理和播种扫尾	秧苗移栽	拔节分蘖期	拔节抽穗杨花期	成熟收获期	渝南、渝东深丘和中低山地区的水稻已陆续成熟

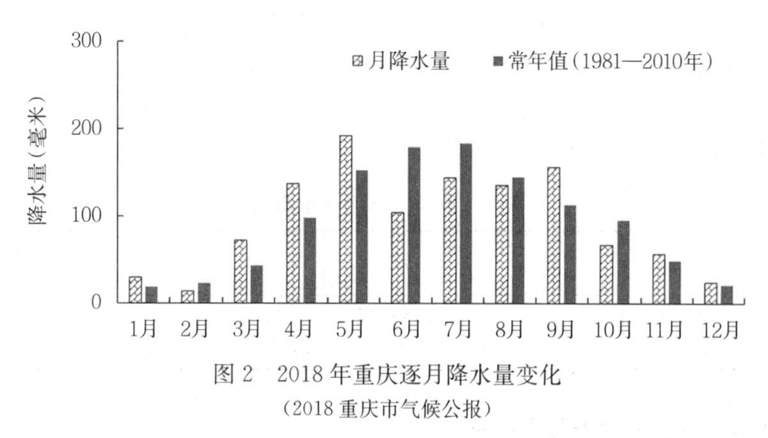

图2 2018年重庆逐月降水量变化
（2018重庆市气候公报）

2. 玉米 3月，采用地膜肥球播种育苗，由于此时地温较低，用地膜既可以保墒又可以增加温度，促进发苗。墒情点显示，相对含水量处于60%～80%之内，墒情适宜，有利玉米播种育苗。

4月，育苗移栽期，选择晴天有利于玉米整地栽种，但4月降水量较正常年偏大。25日

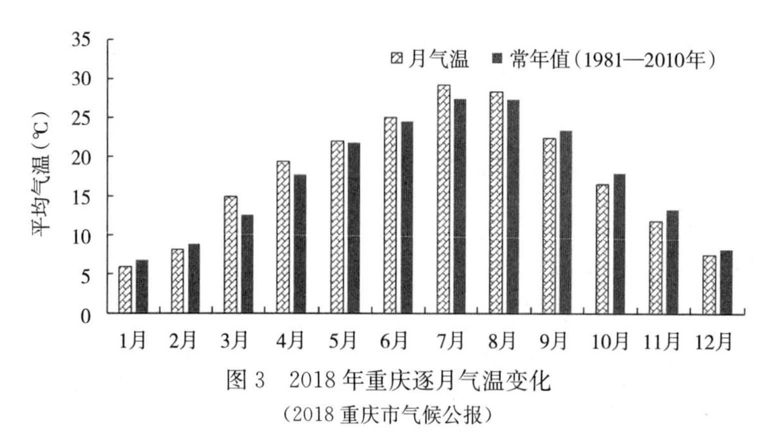

图 3　2018 年重庆逐月气温变化

（2018 重庆市气候公报）

墒情监测点显示，局部地区（渝中和渝东北）墒情过多，对这一地区的移栽产生不同程度的影响，对已移栽的玉米苗期生长不利。其他地区墒情适宜，有利于移栽。

5～6 月，由于重庆市是山地农业，立体气候明显，玉米的移栽与成熟期早晚不一，玉米也处于苗移栽扫尾和拔节孕穗期同期，差异较大，而 5 月降水量为全年最大，也高于正常年，监测点显示 5 月墒情总体偏高，其中渝中和渝东北表现过多，这一地区处于低洼排水不畅的玉米地块，苗期生长会受到影响。位于山洪地区容易被冲毁成灾，受灾地块可通过改种或补苗，加强施肥管理，也能挽回损失。对毁损严重的地块则只有通过修复后，选择其他作物进行栽种。

7 月，重庆市玉米处于孕穗灌浆结实期，低海拔地区 7 月可收获，中高海拔地区还处于孕穗灌浆期。7 月降水量比 5 月、9 月少，排月降水量第三，但温度是全年最高月份，7 月中旬开始，全市西部、西南部、中部、东北部部分地区陆续出现轻—中度气象干旱，7 月 25 日墒情点显示，墒情均处于全年最低值，渝西、渝中、渝东北地区处于台地、坡瘠地及以土层较薄地的墒情不足或局部干旱，这一地区旱地玉米受到不同程度的旱情，对玉米中后期生长和产量带来不利影响。

8 月，中高海拔地区玉米处于灌浆成熟收获期。8 月降水量比 5 月、7 月、9 月少，排月降水量第四，温度是全年次高月份，受降水影响，7 月末大部地区干旱得以缓解。8 月 10 日、24 日各地墒情监测显示，相对含水量在 60％～80％之间，表明适宜，有利于中高海拔地区玉米灌浆成熟，对产量形成有利（表 2）。

表 2　玉米主要作物生育期

作物	2 月	3 月	4 月	5 月	6 月	7 月	8 月
玉米	备种	采用地膜肥球播种	育苗移栽	苗移栽扫尾和拔节孕穗期	拔节孕穗期	孕穗灌浆结实期（低海拔）	结实和收获期（中高海拔）

（四）旱涝灾害发生情况分析

旱情：全市共有 27 个区县出现伏旱 36 站次，较常年（22.3 站次）偏多 6 成，较 2017 年（29 站次）偏多 2 成，其中，北碚、巴南、合川、铜梁、大足、丰都、垫江、巫山、开州均出现 2 段，黔江出现特重伏旱，北碚、合川、铜梁、大足、石柱、垫江出现中度伏旱。

据农情调度，高温伏旱导致农作物受灾39.2万亩、成灾13.4万亩、绝收1.3万亩。

涝情：全年累计出现10场区域暴雨过程，分别是“4.4”、“4.12”、“4.21”、“5.4”、“5.21”、“6.18”、“7.2”、“8.21”、“9.20”、“9.24”区域暴雨过程，其中“8.21”为年内最强区域暴雨过程，而“5.21”和“7.2”综合强度均为重度，分别排第二、三位。总体上看，区域暴雨年度综合评估指数为1.41，较常年和2017年均偏弱。据农情调度，暴雨洪涝导致农作物受灾65.4万亩、成灾26.2万亩、绝收11.0万亩。

三、墒情监测体系

（一）监测站点基本情况

全市共有大足、江津、巴南、涪陵、垫江、彭水、黔江区、武隆、万州、开州10区县（属于国家级400个重点）墒情监测站，每个区县共有5个点，全市共50个监测点，类型为监测点基本固定，监测方式为人工。站点布局：渝西地区有大足、江津、巴南；渝中地区有涪陵、垫江；渝东南地区有彭水、黔江区、武隆；渝东北地区有万州，开州。

监测的土壤类型：涉及灰棕紫泥土、红棕紫泥土、紫色水稻土、黄壤、矿子黄泥土、灰色水稻土等。监测点分布在丘陵、山地、平地。监测点种植的作物有：水稻、玉米、花生、甘薯、马铃薯、油菜、蔬菜。水分测量使用人工烘干法，使用常规仪器分析测量分水。

（二）工作制度、监测队伍与资金

由于2018年没有土壤墒情监测项目资金，重庆市农业技术推广总站领导高度重视，解决10万元用于支撑墒情监测工作开展。为了鼓励支持监测人员的积极性，出台了每条信息给予100元的信息费政策。每个监测区县落实一名分管站长，具体安排一人或两人进行墒情监测，要求基本稳定人员，按时监测上报，保证了信息上报的及时性。

（三）主要作物墒情指标体系

全市墒情监测按照以下标准进行。

（1）旱地。

当土壤水分饱和，田面出现积水，墒情评价为渍涝；

当土壤相对含水量大于80%，墒情评价为过多；

当土壤相对含水量60%～80%，墒情评价为适宜；

当土壤相对含水量50%～60%，墒情评价为不足；

当土壤相对含水量低于50%，墒情评价为干旱。

（2）水田。

当淹水深度20厘米以上，墒情评价为渍涝；

当淹水深度8～20厘米，墒情评价为过多；

当淹水深度0～8厘米，墒情评价为适宜；

当田面无水、开裂，裂缝宽1厘米以下，墒情评价为不足；

当田间严重开裂，裂缝宽1厘米以上，禾苗卷叶，叶尖干枯，墒情评价为干旱；

当土壤水分供应持续不足，禾苗干枯死亡，墒情评价为严重干旱。

2018年云南省土壤墒情监测技术报告

一、农业生产基本情况

（一）农业资源特点

云南北依广袤的亚洲大陆，南连位于辽阔的太平洋和印度洋的东南亚半岛，处在东南季风和西南季风控制之下，又受西藏高原区的影响，不仅有复杂多样的自然地理环境，更有鲜明的气候特征。因受南孟加拉高压气流影响形成的高原季风气候，全省大部分地区冬暖夏凉，四季如春，气候类型丰富多样，有北热带、南亚热带、中亚热带、北亚热带、南温带、中温带和高原气候区共7个气候类型；兼具低纬气候、季风气候、山原气候的特点，主要表现为：一是气候的区域差异和垂直变化十分明显；二是年温差小，日温差大；三是降水充沛，干湿分明，分布不均，干季和雨季过于集中，造成洪涝、低温冷冻、冰雹等灾害时有发生。具有得天独厚的地理优势、地缘区位优势、气候优势、水资源优势、土地资源优势、物种资源优势、产地生态优势、人力资源优势“八大优势”，适宜发展优势特色产业。

（二）不同区域特点

根据气候、水资源、土壤类型、地形地貌、种植结构、种植制度及习惯划分等因素，体现自然条件和社会经济技术条件相对一致，同时考虑金沙江、红河干流区域降雨量少、蒸发量大的气候特点，结合农业区划、气象区划和水利区划，将全省划分为6个墒情监测区域，即滇中区、滇东北区、滇东南区、滇西南区、滇西北区、干热河谷区。

1. 滇中区　位于云南中部腹地，地处金沙江、珠江、红河、澜沧江四大水系的分水岭，涉及昆明、曲靖、玉溪、楚雄、红河、大理、丽江7州（市）42个县（市、区）。该区高原盆地集中，大部分地方的多年平均气温为12～16℃，年均降雨量700～1 200毫米，干旱指数1.1～1.9。区域内水资源较为贫乏，水资源总量仅占全省的11.2%，人均水资源为1 520米^3/人。各地普遍干旱缺水，是全省旱灾最为严重的地区之一。同时该区又是云南省的政治、经济、文化中心，农业经济发达，生产水平较高，是云南省的主要种植业区。

2. 滇东南区　位于云南东部、南部及东南部地区，涉及曲靖、文山、红河3州（市）13个县（市、区）。该区是典型的喀斯特岩溶区，渗漏严重，全区光热条件普遍较好，大部分县的年平均气温为15～17℃，多年平均日照时数1 600～2 100小时，年均降雨量1 000～1 800毫米，农作物种类繁多，是全省较大的种植区之一。

3. 滇西南区　位于云南省南部及西南部地区，涉及保山、临沧、德宏、普洱、西双版纳、楚雄、红河、大理、玉溪9州（市）32个县（市、区）。该区为中山区，纬度和地势均较低，自然条件优越，光热资源丰富，气候湿热，多年平均气温为15～22℃，日照时数

2 000～2 400小时，年均降雨量900～2 800毫米，是全省的主要热区之一，水资源丰富，作物种类繁多，是云南重要的粮食产区和经济作物种植区。

4. 滇东北区 位于云南高原东北部，涉及昭通、曲靖2市12个县（市、区）。境内山高谷深，属中山山原峡谷地貌，气候温暖，多年平均气温为11～13℃。该区人口多，人口密度大，贫困面大，森林破坏严重，垦殖率高，地多田少，以旱作为主，是全省玉米、马铃薯的主产区。

5. 滇西北区 位于云南西北部，涉及怒江、迪庆、丽江、大理4州（市）12个县（市、区）。该区为典型的高山峡谷区，气候寒冷，森林覆盖率高，耕地少，作物种类单一，旱作比重大，单产低，耕作粗放，生产水平较低。

6. 干热河谷区 位于滇中和滇东北的金沙江干热河谷区、滇南的红河河谷，以及滇西南的怒江河谷区，涉及昆明、昭通、楚雄、大理、玉溪、红河、丽江、保山、临沧9州（市）18个县（市、区）。该区海拔低，光热资源丰富，降雨量少，蒸发量大，多年平均气温为18～24℃，日照时数2 000～2 800小时，年均降雨量580～1 100毫米，大部分地区干旱指数在2.0以上，作物种类繁多。

（三）2018年农业生产情况

2018年全省农业部门坚持绿色兴农、质量兴农，优化种植业结构，以稳定产能的同时，注重粮食生产提质增效，努力提高粮食综合生产能力，粮食生产继续保持稳定。2018年全省粮食种植面积6 262.5万亩，同比增8.7万亩；粮食产量1 861万吨，同比增17.6万吨，粮食产量稳中有增。完成高标准农田建设243.9万亩，为全省粮食奠定坚实基础。鲜食玉米种植面积240万亩，已成为全国双色甜玉米主要产区，并已形成全年供应态势。马铃薯优质广适及专用型品种推广力度加大，面积占比达70%，脱毒种薯覆盖率达到45%左右。油菜种植面积432.6万亩，产量60.1万吨，所种油菜品种中，优质“双低”品种占90%。

二、墒情状况分析

（一）气象状况分析

2018年云南省洪涝、干旱、单点暴雨频发，全省农作物受灾673.6万亩，成灾268.5万亩，绝收55.3万亩，对部分地区农业生产造成一定影响。春播期间，全省大部地区光热条件适宜，无低温影响，天气条件有利于育苗工作的开展。

雨季较往年偏早，进入5月后，全省大部地区开始有明显降雨降温过程。8月是全省主汛期的最后一个月，“低温阴雨寡照高湿”的特点十分突出，气温、日照明显偏低（少），降水偏多。9月初，全省降雨强度逐渐减弱，强降水范围逐渐减小，但滇南、滇西南仍有较强降水。9月中下旬起，除西部地区仍有降雨，全省大部地区气温回升，雨季结束期接近常年。截至2018年8月30日，全省库塘蓄水75.4亿米^3，比多年同期多蓄20亿米^3，比2017年少蓄0.9亿米^3。截至2018年12月31日，全省库塘蓄水89.14亿米^3，与2017年基本持平。截至2019年1月30日，全省库塘蓄水84.6亿米^3，比多年同期多蓄15.9亿米^3，全省库塘蓄水量进一步确保了全省2019年春耕的农业生产用水。

（二）不同区域墒情状况分析

2018年1～4月，全省土壤墒情基本适宜，滇中、滇西南墒情不足、干旱情况更为明显。滇东北土壤墒情基本适宜，滇东南土壤墒情基本适宜，局部干旱。滇西北土壤墒情基本适宜，局部干旱。进入雨季后，全省土壤墒情部分适宜，墒情过多范围广、时间持续长，滇东北、滇西北部分地区渍涝情况较为严重。

（三）主要作物不同生育期墒情状况分析

2018年1～2月，全省低温冻害较2016年影响偏轻，在常年同期中为中等略偏重年份。粮油作物灾情较重的区域分布在滇中及以东以北地区。

春耕春播期间，全省大部地区以小雨或多云间晴天气为主，大部区域不同程度缺墒，气象适宜度总体较好。4月初，全省大部地区冬小麦处于灌浆—成熟期，蚕豆处于结荚—成熟期，油菜处于结荚—成熟期，中稻处于育苗期，土壤墒情较好。

进入5月，全省出现了明显降水，大部地区达到透雨量级，有效缓解了旱情，有利于秋粮作物适时栽播。水稻中北部为移栽期，南部为返青—分蘖期，玉米大部处于播种出苗期。6月全省大部地区水稻进入分蘖—拔节孕穗期，玉米处于七叶—拔节期，大部地区水热条件基本正常，但寡照十分突出，影响了粮经作物旺盛生长和干物质积累。8月全省各地粮经作物陆续进入产量、品质形成的关键期，光热不足、较长时间的低温阴雨天气对全省粮经作物优质高产的形成有较大影响。9月中旬强降水天气过程对全省秋粮的成熟、收获及晾晒工作产生不利影响。

10月中旬雨季基本结束，云南省南部地区秋粮收获结束，滇中及以北地区正值秋收。滇中及以北地区播种夏收作物，南部地区秋种作物进入苗期。大部地区以晴朗天气为主，利于秋收秋种和秋收作物晾晒。

11月上旬全省冬小麦大部为播种—出苗期，蚕豆为出苗—分枝期，油菜为出苗—五叶期，降雨稀少、气温偏低、光照充足，呈现“干冷”的气候特征，有利于冬小麦等秋播作物苗期生长。

（四）旱涝灾害发生情况分析

2018年全省进入雨季比上年早，平均降水量为490.9毫米，较历史同期偏多12.5毫米，偏多2.6%，为近5年来降水第三多年份。主汛期（6～8月）降水量南部地区较常年偏多10%～20%，其余大部地区正常略偏少，其中北部地区偏少10%～20%。气温西部地区偏高0.5～1.0℃，其余地区正常，气温距平为－0.5～0.5℃。全省大部地区7月下旬至8月气温为正常至偏高，无大范围抽扬期低温冷害天气出现。入秋后（9～10月）降水量除滇东南偏多10%～20%外，其余大部地区正常至偏少，其中西北部地区偏少10%～20%，局部地区有5～7天的秋季连阴雨天气。气温西北部地区偏高0.5～1.0℃，其余大部地区正常，气温距平为－0.5～0.5℃。5月下旬以来全省降水偏多，滇中及以西以南地区出现持续强降雨，多地出现短时强降水并导致局部发生洪涝、冰雹灾害，造成水稻、玉米、马铃薯、蔬菜、烤烟等农作物不同程度受灾。

三、墒情监测体系

（一）监测站点基本情况

由于缺乏固定的经费渠道，都是通过整合其他项目筹措资金开展墒情监测，难以保障工作的连续性。全省21个县级监测站，占全省129个县的17%，还有83%的县尚未建立监测点。土壤墒情监测工作网点数量少，分布不均，覆盖面不够，还不能满足农业生产的需要。滇东北3个、滇东南7个、滇中4个、滇西南3个、干热河谷区2个、滇西北2个。全省共63个土壤墒情监测点，其中：自动墒情监测点15个，临时墒情监测点48个。在现有监测站中，主要是取样采用烘干法进行测定，手段落后，特别是全球气候变暖不断加剧，旱灾发生越来越频繁的背景下，对墒情监测的针对性、时效性、全局性、预见性等方面要求也越来越高。因此，迫切需要加大投入力度，积极应用自动控制、互联网、无线传输、可视化表达等技术，健全土壤墒情监测网络体系，提升全省农业应对灾害的能力。

（二）工作制度、监测队伍与资金

2011年以来，全省共建设10个国家级土壤墒情监测点，省级监测点利用节水农业示范基地、财政专项旱作节水农业、土壤样方监测等项目，建设11个墒情监测站，共21个墒情监测站，占全省129个县（区、市）的17%，共63个土壤墒情监测点，其中自动墒情监测点15个，临时墒情监测点48个。

墒情监测是开展节水农业的基础工作，为切实有效做好墒情监测工作，各县配备有专职技术人员，并保证墒情监测技术人员相对稳定。为提高各项技术措施的科技含量，确保各项技术指标达到要求，积极组织技术骨干参加农业部举办的土壤墒情监测技术培训班，掌握各种土壤墒情监测的具体操作方法，技术骨干采取多种形式的培训方式对基层技术人员进行培训，使更多的基层技术人员听懂、学懂并掌握技术，能在监测工作中准确应用。

为确保土壤墒情工作的顺利开展，明确各级各部门的职责，做到责任明确，分工负责。农业厅种植业处负责工作协调，资金整合，按时向农业部报送有关材料。省土肥站在省农业厅领导下，负责云南省土壤墒情监测工作方案的编制，技术培训教材的编写，并对16个县的技术骨干进行培训。负责全省土壤墒情简报的编写，每月11日和26日按时向全国农业技术推广服务中心报送墒情数据。各监测县土肥站负责土壤墒情监测点数据观察记载、县级土壤墒情监测简报的编写，每月10日和25日按时向省土肥站报送简报，并向全国土壤墒情系统上传数据。在农作物播种期、关键生育期及气象灾害发生期，增加检测频率和报告次数，不断提高墒情监测的时效性、针对性和科学性。各监测县结合农作物、土壤及气象等信息进行综合分析，提出种植结构调整、农田概况、抗旱保墒、农田节水技术推广等具体的生产指导意见，及时、准确、有效地将土壤墒情监测结果分析整理，用于指导农业生产。编写土壤墒情监测简报，报送给全国农业技术推广服务中心和当地政府，通过广播、电视、报刊、杂志、网络、手机短信等多种方式，向农民提供土壤墒情信息服务，推荐应对的技术措施，使土壤墒情监测信息及时服务于农业生产。

（三）主要作物墒情指标体系

全省已经初步确立了玉米、马铃薯、小麦、油菜、烤烟5种作物不同生育期的土壤墒情与旱情评价指标体系的框架。指标体系将5种作物各个生育期的相对含水量进行了分等定级，分成渍涝、过多、适宜、轻旱、中旱、重旱6个等级，并依据《云南省土壤墒情与旱情评价指标》，通过在全省各墒情监测县进行试用，结合监测数据进行分析判断，可对旱情与墒情做出合理的评价，对不合理的指标或指标的适用范围进行反馈、会商，完善现有的指标体系，使农田土壤墒情监测结果为农业生产中的防涝抗旱和科学合理的预测预报旱涝灾害提供了科学依据，为农业生产的防旱抗旱提供了信息保障。

2018年陕西省土壤墒情监测技术报告

陕西省墒情监测工作始于1995年，经过多年的发展，我们在全省六大农业区域（长城沿线风沙区、陕北丘陵沟壑区、渭北旱塬区、关中灌区、陕南川道区和陕南秦巴山区）建立土壤墒情监测点，长期不懈开展土壤墒情与旱情监测工作，取得了一定成效。迄今在40余个有代表性的市县区已建成土壤墒情与旱情监测点210个，形成了省、市、县三级测报和信息资料共享的土壤墒情与旱情监测网。并按照农业区划、气候条件、种植制度、农业生产水平等因素，将全省划分为渭北、关中、陕南、陕北4个农田土壤墒情监测区域，用多种技术措施，结合气象资料分析，归纳汇总墒情监测数据，编写墒情简报，为抗旱保墒、因墒灌溉、农业结构调整，发展可持续农业提供了有力支持。

一、技术措施

（一）墒情信息测报情况

每月各个监测点10日、25日定期采集土样，采用烘箱法测定土壤含水量，获取数据，县级监测点通过电子邮箱向省土肥站上报墒情监测数据和墒情简报，如遇下雨，推迟采样和数据报送，如有连续性降雨，暂停这一期的墒情监测工作，省土肥站及时对监测点上报的数据和报告分析汇总，提出全局性的、具体的农事生产建议指导生产。每月10日、25日左右上报两次墒情简报信息，如遇旱情或关键农时季节，加密监测一周一次，8月达到周报。同时上传到全国土壤墒情监测系统，并将电子版发送到厅种植业处、厅网站相关栏目，并将纸质版送达厅主管领导和相关处站。

（二）监测技术方法研究情况

全省墒情技术方法研究主要从两个方面开展。一是墒情测定方法，目前全省墒情测定的方法仍采用经典烘箱法；二是墒情与旱情评价指标体系以及各监测站（县）田间持水量测定。

（三）土壤墒情与旱情指标体系的完善

由于陕西省跨3个气候带，南北差异大，土壤种类较多，而不同类型的土壤，其田间持水量有较大差别。近年，在各国家级、省级农田监测点安排测定了田间持水量，将实际监测到的土壤含水量，利用田间持水量转化为相对含水量后，应用到生产实际。表1中提出了几个代表性土壤类型的旱情判别指标（表中的含水量数值为重量含水量，重度受旱对应的是严重干旱及以上等级），指导了各地旱情指标的判定。

表1　陕西省几个代表性土壤类型的旱情判别指标

墒情等级	沙壤土 含水率（%）	壤土 含水率（%）	黏壤土 含水率（%）	相当于田间持水量的 百分比（%）
适宜正常	10.0～13.0	14.0～17.0	18.0～23.0	60～80

（续）

墒情等级	沙壤土 含水率（%）	壤土 含水率（%）	黏壤土 含水率（%）	相当于田间持水量的 百分比（%）
轻度受旱	9.0～10.0	12.8～14.0	16.0～18.0	55～60
中度受旱	7.5～9.0	10.5～12.8	13.0～16.0	45～55
重度受旱	＜7.5	＜10.5	＜16.0	＜45

二、墒情监测数据分析

今年全省总体土壤墒情较好，除 8 月高温少雨出现伏旱，其他月份基本墒情适宜，满足了当季作物水分需要。为了更直观的了解全省全年土壤墒情状况，根据渭北、关中、陕南、陕北 4 区 1～12 月的墒情数据（表 2），形成 0～20 厘米和 20～40 厘米耕层土壤含水量变化趋势图（图 1、图 2）。

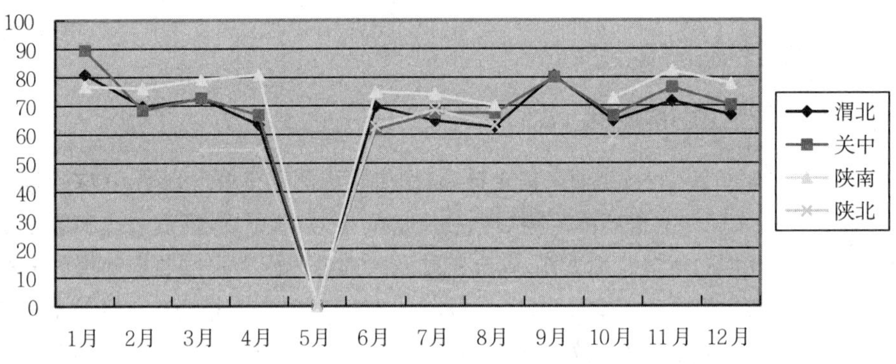

图 1　全省 1～12 月农田土壤墒情监测 0～20 厘米耕层土壤含水量变化趋势

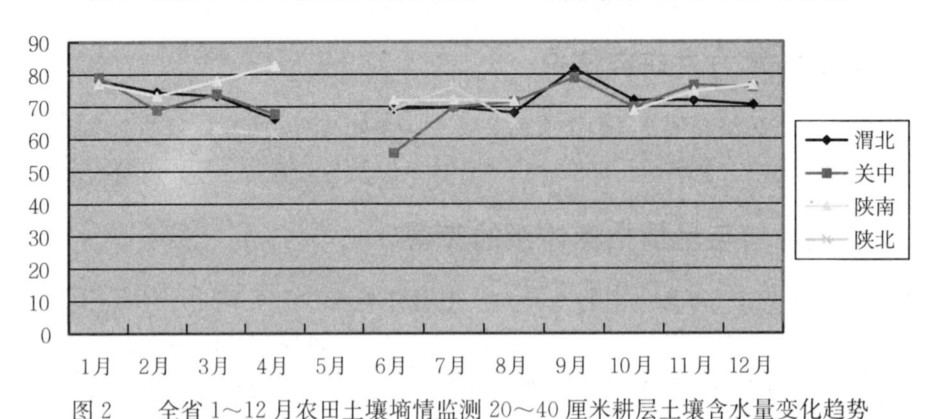

图 2　全省 1～12 月农田土壤墒情监测 20～40 厘米耕层土壤含水量变化趋势

表 2　陕西省四区墒情监测点土壤相对含水量数据（%）

月份 \ 土层（厘米）\ 地区	渭北		关中		陕南		陕北	
	0～20	20～40	0～20	20～40	0～20	20～40	0～20	20～40
1 月	80.9	78.1	89.5	79.1	76.8	77.2	—	—
2 月	69.7	74.5	68.4	68.9	76.1	73.3	—	—

（续）

月份 \ 地区 / 土层（厘米）	渭北		关中		陕南		陕北	
	0～20	20～40	0～20	20～40	0～20	20～40	0～20	20～40
3月	72.4	73.3	72.7	73.9	79.2	78.1	54.6	63.1
4月	63.4	66.2	66.8	67.7	80.9	82.7	54.6	61.4
5月	—	—	—	—	—	—	—	—
6月	69.7	69.3	61.8	55.7	74.8	72.1	62.8	69.1
7月	64.7	69.7	67.5	69.9	74.0	72.2	68.6	76.4
8月	62.6	68.1	67.4	71.6	70.1	71.8	63.1	65.1
9月	80.6	81.7	80.1	78.9	—	—	—	—
10月	64.8	72.0	66.6	69.9	72.8	68.8	58.6	63.8
11月	71.6	71.9	76.6	76.6	82.4	74.8	—	—
12月	66.8	70.6	70.2	76.1	77.8	76.7	—	—

墒情状况：综合今年各地降雨情况和各地墒情监测数据分析，2018年全省土壤墒情总体适宜向好，其中8月各地出现不同程度伏旱。其中：

1、2、3月全省墒情状况整体适宜，利于小麦返青生长；4、5月降水量适中，除陕北轻旱外，其他地区土壤含水量充足，利于小麦孕穗灌浆。6月各地土壤墒情整体适宜，利于夏播作物的播种出苗；7月各地降水充沛，利于作物关键期对水分的需求；8月上中旬各地高温少雨失墒加快，渭北、关中、陕北多地出现轻旱或中旱，局地现重旱，但8月下旬的降雨基本缓解或解除了前期干旱。9月以来全省降水偏多墒情适宜，利于作物灌浆和成熟；10月以来，全省降水不足，土壤含水量刚过适宜上限，建议及时灌水保苗等措施建议，促苗期生长；11月以来，降水偏少，但气温下降土壤蒸腾减缓，全省各地土壤墒情向好；12月以来，全省降水偏少，但气温低日照少，土壤蒸发速率低，大部地区土壤墒情仍维持适宜水平，渭北、关中东部局地旱象露头。

农艺措施建议：1～2月全省土壤墒情适宜，亦没有明显变化，3月以来全省降水适中，全省墒情适宜，利于作物返青生长；4月以来至5月上旬，全省各地降水偏少，渭北、陕北局地现轻旱，对小麦播种区，建议结合春灌或降水的有利时机，追施氮肥增施磷钾肥，促穗多增粒重，对春播地区指导农户采取了抢墒播种、带水点播、播前浸种等方式，保证了适期播种和出苗，尽量扩大春播面积；同时抓好苗期管理，力促苗齐苗壮。

5月下旬至6月中旬，全省各地降水适中，为此我们因地制宜提出了相应的农艺措施建议：对春播玉米田块，要中耕划锄，破除雨后板结，对苗小苗弱田块，可追施尿素10千克左右，保苗升级；6月下旬至7月以来，全省降水偏多，不仅解除了部分地区旱情，而且局地出现暴雨，首先满足了玉米关键生育期对水分的需求；建议关中、陕南部分降雨量大的地区，及时疏通渠道，晾田排涝，增加土壤通透性，确保作物正常生长，对受灾严重田块适时补种蔬菜、绿肥等作物，尽量降低灾害损失。8月以来，全省降水偏少，建议采用灌水或叶面喷施提高抗旱能力。

9月全省大部降水偏多，积极采取各种措施晾田排涝，促成熟收获，墒情适宜利于秋播；10月全省降水偏少，分布不均，渭北关中陕北局地旱象露头，建议采取补灌镇压等措施提墒保墒，促进苗期生长，对于有条件的地方积极推广秋覆膜技术，为来年春玉米播种打好水分基础，实现秋雨春用。

11～12月，气温低蒸发少，全省土壤墒情基本适宜，利于作物安全越冬，此期小麦由苗期、分蘖期逐步进入越冬期，建议墒情不足地区适时冬灌，有助于麦苗安全越冬和来年返青后生长；果园做好清园工作，并适当进行修剪，以提高光能利用率和果实品质。

三、气象要素

2018年气象方面整体与常年相近，但4月初出现一场寒潮天气过程，6、7月有大范围降雨且部分地区出现了暴雨天气过程，7月下旬到8月高温少雨的伏旱天气，均对农作物生产造成一定损失。然而，4月中旬出现了一场透墒雨，对夏粮作物关键生育期需水和春播作物的播种十分有利，9月的大范围降雨过程，不仅缓解了前期干旱，也满足了此期秋播需水的要求。

四、问题与建议

（一）技术难题

田间观测时，作物出现萎蔫状况是作物受旱的重要表征，但实际操作中，作物目观已旱，而监测结果显示墒情适宜，使表象指标获取陷入窘境，这需要今后加强对这方面工作的研究与探索，进一步完善墒情与旱情监测指标体系。

（二）监测时效问题

根据墒情监测要求，下雨时需报降雨量，而部分县（区）降雨量测定还有困难，应加大与气象部门的合作；再者墒情数据的获取主要来自基层采土后烘箱法的测报，时效性差；同时监测的自动化应用未普及，自动监测仪器数据尚不能作为参考直接应用于指导生产。

2018年甘肃省土壤墒情监测技术报告

一、农业生产基本情况

（一）农业资源特点

甘肃省地处黄河上游，在黄土高原、蒙古高原与青藏高原交汇处，位于东经92°13′～108°46′，北纬32°31′～42°57′之间，分属黄河、长江、内陆河三大流域。跨亚热带、温带和寒带3个气候带，地貌及气候条件复杂多样，对农业生产影响较大。因此，独特的自然条件也就形成了甘肃农业资源独有的特点。

1. 耕地资源丰富，质量差 甘肃总土地面积居全国第七位，全省耕地面积仅8 115.35万亩，占总土地面积的11%，低于全国14.14%的平均值，其中旱地70%以上，水田不到1/3，是典型的山地型高原地区。甘肃受内陆气候的影响，降水量比较偏少，植被稀疏，土壤中有机质含量比较低。全省耕地平均有机质含量不到1%，大部分耕地抗侵蚀能力低，养分大量随水土流失，土壤养分比全国其他地区低。耕地中坡地比重大，耕地坡度多在10°以上，过垦造成水土流失。此外，土壤墒情差，耕地内质的提升不高也是甘肃耕地所具有的主要特点。

2. 农业用水资源短缺，降水的时空分布严重不均 甘肃是缺水严重的省份，人均水资源只有1 150米^3，相当全国人均水资源的47%。甘肃不同地区之间降水在40～800毫米之间，降水较多的陇南地区多高山，土地资源有限；定西、平凉、庆阳、兰州等中东部雨养农业区降水的年际间波动大，十年九旱，且一年中降水主要在7、8、9三个月；河西走廊降水量小，主要靠黑河、疏勒河和石羊河3条内陆河灌溉。甘肃境内虽有黄河、长江穿过，但水低地高，应用困难。水资源不足，是制约甘肃农业发展的最大要素。甘肃缺水且对水资源的利用率较低，境内利用的水量仅为115.6亿米^3，水资源利用率19.08%。沿河灌区实际灌溉面积只有实际设计能力的60%～70%。有些灌区仍采用大水漫灌、串灌，实际灌水量超过定额50%～60%。此外，农业生产中大量使用化肥和农药，对水环境造成污染，沿河发展的工业及城镇，也使部分河段水资源受到污染，无法用于农业生产。

3. 可利用农业资源开发潜力巨大 甘肃还有大量未开发的但可用于农业生产的土地资源，大部分是不可利用或者至少现阶段还无法利用的戈壁、沙漠、山地，但还有一部分是经过开发可利用的土地。荒草地、盐碱地、沼泽地等开发潜力巨大。甘肃生物资源丰富，粮食作物有30多个物种，3 000多个品种。经济作物和园艺作物的品种达1 000多种。中药材资源丰富种类多，具有良好的开发前景。甘肃农业资源的数量、质量及分布复杂多样，对农业经济的发展有许多有利之处，但存在着种种制约，总体上呈现出长处与短处并存的态势。

（二）不同区域特点

甘肃省土壤墒情监测区域为河西灌溉农业区、陇东中部黄土高原旱作农业、陇南山地旱作农业三大节水农业区。其基本特点：一是陇东半干旱、半湿润旱作农业区，位于陇东（六盘山）以东，至甘陕交界，分布在平凉、庆阳二地全部及天水北部，旱地总面积1 710.2万亩，占耕地面积91%，海拔1 200～1 700米，年均降雨量350～550毫米，遇特干旱年份降水量仅200毫米。受泾河及支流的侵蚀，地貌呈塬、梁、峁、坪、谷相间并存，南部为黄土高原沟壑带，北部为残塬梁峁沟壑带，地形破碎，水土流失严重。地带性耕种土壤为黑垆土、黄绵土。区域粮食作物以冬小麦、玉米、秋杂粮为主；二是陇中黄土高原干旱、半干旱区，分布于兰州、白银、定西、临夏等地州市。区域耕地面积1 790.2万亩，占79.3%，年降水量200～400毫米，年蒸发量1 300～2 000毫米，年均气温5～9.1℃。地形为黄土梁峁丘陵，由河谷、川谷梁峁坡地和部分残塬组成，旱坡地1257.6万亩，占旱地的88.6%。耕种地带性土壤主要是灰钙土，土壤养分贫乏。粮食作物以春小麦、玉米和马铃薯为主，区域坡耕地面积大，受干旱及水土流失影响，作物产量低而不稳；三是河西走廊灌溉农业区辖武威、张掖、酒泉、金昌、嘉峪关五地市，年降水量40～200毫米，年蒸发量2 000～3 000毫米，春旱和干热风危害严重。耕地土壤以灌淤土为主，地势平坦，农业生产以灌溉为主，是典型的绿洲农业区。四是陇南旱作区位秦巴山区、青藏高原、黄土高原三大地形交汇区域，境内形成了高山峻岭与峡谷盆地相间的复杂地形，是长江流域北亚热带向暖温带的过渡地区，年平均气温10～15℃，年降雨量400～1 000毫米，无霜期120～260天，气候宜人，雨量充沛，光照充足。

（三）农业生产情况

2018年甘肃省各级农业农村部门认真贯彻落实中央1号文件精神，全盘谋划实施乡村振兴战略，扎实推进农业供给侧结构性改革，深入实施精准扶贫精准脱贫富民产业培育支持计划，农业农村经济运行总体平稳，保持在合理区间，农业农村经济发展势头良好。

2018年根据全省实际，继续进行结构调整，春播作物在布局上进一步向优势产区集中，调减非优势产区面积。在确保粮食安全的前提下，总体结构上适度调减粮食作物面积，依靠科技提高单产，提升粮食生产水平。为保障口粮安全，稳定小麦主产区面积，继续适当调减河西和沿黄灌区水地玉米面积，因地制宜发展青贮玉米。在稳定马铃薯面积的基础上，加大适宜马铃薯主食加工品种的引进和推广力度。发展经济作物，扩大蔬菜、油料及水果种植面积，增加农民收入。据农情统计，2018年全省粮食播种面积4 128万亩，比2017年减少39.8万亩，减幅0.95%；总产1 122.8万吨，比2017年减少10.8万吨，减幅0.96%；平均单产272千克，与2017年持平。其中，春播粮食作物面积3 102万亩，比2017年减少10.5万亩，主要粮食作物春小麦面积298.5万亩，比2017年减少1.5万亩，玉米面积1 401万亩，比2017年减少54万亩，春播马铃薯面积1 056万亩，比2017年增加6万亩；春播蔬菜面积548万亩，比2017年增加10万亩；油料面积272万亩，比2017年增加2万亩；春播棉花面积23万亩，与2017年基本持平。夏粮面积1 300万亩，其中主要作物冬小麦面积840万亩，普遍长势良好，取得好收成，为实现全年粮食丰收奠定了良好基础。蔬菜、水果等经济作物稳步发展，2018年蔬菜种植面积900万亩，较2017年增加30万亩，新增水果面积15万亩，达到755万亩（其中，苹果新增面积8万亩，达到520万亩）。中药材种植面积450万亩，但由于受入夏以来多地暴雨频发，尤其是药材产区冰雹等极端天气影响，中药材产量有所下降。

二、墒情状况分析

（一）气象状况分析

2018年1～9月全省平均降水量为近60年最多，祁连山周边、兰州市、白银市、定西市等地农作物长势良好。2018年1～9月全省平均降水量483.3毫米，为1961年以来最多，酒泉市、张掖市、武威市北部、白银市北部为30～300毫米，甘南藏族自治州大部、陇南市东南部、天水市东部、平凉市东部、庆阳市东部为600毫米以上，省内其余地方为300～600毫米。全省平均气温11.4℃，其中：

2018年3月降水量与常年同期相比，全省仅两当、迭部、玛曲偏多1～7成，省内其余地方偏少4～9成。

2018年4月降水量与常年同期相比，河东大部偏多2～4成，河西大部接近常年或偏少2成以内。

2018年5月降水量与常年同期相比，河西大部偏少6～9成，陇南市南部及临洮、武山、岷县等地偏少1～4成，兰州市、白银市、庆阳市大部、平凉市中部、天水市东部及华家岭、通渭、陇西、夏河、玛曲、迭部等地偏多7成～1倍，省内其余地方偏多1～4成。

2018年6月河西大部及白银市北部为5毫米以下，兰州市、庆阳市北部及康县等地为5～20毫米，省内其余大部为20～50毫米。与常年同期相比，河西大部及白银市北部偏少8成以上，兰州市及康县等地偏少2～8成，省内其余地方偏多2～6成，局部偏多1倍以上。

2018年7月降水量与常年同期相比，酒泉市西部及民乐、肃南、永昌、迭部、玛曲等地偏少1～6成，省内其余地方普遍偏多5成以上，其中陇东大部、天水市西北部及金塔、瓜州、榆中、景泰、会宁、渭源、陇西偏多1倍以上。

2018年9月降水量与常年同期相比，酒泉市西部及祁连山区偏少6～9成，陇东大部及定西市南部、天水市西北部、陇南市大部、甘南藏族自治州东部等地偏少2～5成，省内其余地方偏多2～6成，其中金塔、山丹、甘州、临泽、高台、民勤、皋兰、靖远等地偏多1～4倍。

2018年10月降水量与常年同期相比，甘南藏族自治州东南部及文县等地偏多1～6成，其中玉门偏多1倍以上，其余地方普遍偏少3～9成。

2018年11月，全省大部地方气温偏低，河西西部、河东大部降水偏多。目前，北部冬小麦已进入越冬期，南部处于分蘖期。与常年同期相比，河西西部、河东大部偏多，其中陇中大部偏多3～8倍，河西中东部及庆城、合水、宁县等地偏少2～9成。

2018年12月降水与常年同期相比，河西大部、陇中北部、陇南市大部、甘南藏族自治州南部等地偏多4成以上，其中河西大部偏多1～4倍，肃州、金塔偏多9倍，省内其余地方偏少4～9成。

（二）不同区域墒情状况分析

综合全省20个国家级墒情监测站相关资料分析，2018年全省各地降水量与历史同期相比属偏多年型，全省墒情普遍适宜，全省作物生长期降水偏多，未出现区域性干旱。2018年2～9月，全省农作物全生育期光、温、水匹配较好，降水适时，土壤水分补充及时，利于夏粮和秋粮生产。河东地区夏季高温日数近15年最少，仅7县（区）出现大于35℃高温天气。其中：

2018年1月全省出现4次降雪过程。全省平均气温零下6.7℃，较常年同期偏低0.8℃，全省平均降水量8.5毫米，较常年同期偏多1.4倍。16县（区）出现大雪，灵台县、西和县、正宁县和环县最大积雪深度超过10厘米。陇东南累积积雪日数为1961年以来最多，积雪覆盖时间长，利于冬小麦安全越冬和土壤蓄墒。

3月仅河西中东部、陇中北部、庆阳市北部和陇南市南部出现轻度干旱。省内其他大部分地方在60%以上，墒情适宜。

4月21土壤墒情监测显示，除白银市南部、临夏州北部、定西市西北部、陇南市南部及永登、榆中、泾川、灵台、武山、麦积、环县等地在60%以下外，省内其余地方墒情适宜。

5月11日测墒结果显示，0～30厘米土壤相对湿度：张掖市西部、武威市大部、庆阳市西北部、天水市西北部及肃州、凉州、天祝、榆中、会宁、临洮、崆峒、宕昌、舟曲等地在60%以下，其中高台、临泽、环县和武山等地在40%以下。50厘米土壤相对湿度：白银市南部、定西市西北部、临夏州北部、平凉市东部及高台、凉州、天祝、榆中、通渭、环县、武山、麦积、宕昌、文县等地在60%以下，其中临洮、通渭、永靖、环县、武山、宕昌等地在40%以下。

7月全省大部降水偏多、土壤墒情较好，对玉米及复种作物生长、苹果果实膨大非常有利；上、中旬多雨天气对夏收作物有一定不利影响，部分地方成熟小麦长芽霉变，田间湿度较大，也易于马铃薯晚疫病的侵染和扩散，同时河东局地性强降水造成农作物不同程度受灾。

2018年10月全省部分区域有效降水与常年同期相比，降水及时、雨量充沛，利于秋播作物的播种、出苗，对秋播作物冬前生产较为有利。

11月全省大部降水偏多，利于土壤水分补充及冬小麦越冬。11月1日测墒结果显示，0～30厘米土壤相对湿度：白银市东部、庆阳市西北部、天水市西北部及榆中、临洮、宕昌、玛曲、舟曲等地在60%以下，其中会宁、临洮在40%以下。50厘米土壤相对湿度：白银市东部及榆中、临洮、临夏、环县、武山、宕昌、临潭等地在60%以下，其中武山、宕昌在40%以下。

2018年12月冬小麦、冬油菜、果树等越冬作物为越冬休眠期，省内大部分区域基本无有效降水，气温偏低，冬麦区大部墒情适宜。整体利于冬小麦、冬油菜越冬。

（三）主要作物不同生育期墒情状况分析

1. 冬小麦播种期墒情适宜，出苗质量较好　2017年秋播墒情充足，虽然9月中、下旬受连阴雨干扰，约一半小麦产区播期推迟1周左右，但由于各地抢时播种，播种和出苗质量较好，基本做到一播全苗。据冬前调查，全省一类苗、二类苗、三类苗比例分别为48.0%、40.5%和11.5%，基本上没有旺苗田。与2016年同期相比，一类苗提高8.1个百分点，二类苗提高0.2个百分点，三类苗降低8.3个百分点。

2. 冬小麦返青期大部地区墒情适宜，利于返青及春耕春播　3月全省气温虽然偏高，但大部地区墒情适宜，全省冬小麦大部分处于返青期，当前土壤墒情较好，利于冬小麦的返青生长，对南部地方春耕春播比较有利。

3. 小麦拔节期孕穗、玉米三叶期墒情适宜，利于作物苗期生长　4月全省大部降水偏多、气温偏高。各地墒情适宜，促进作物苗期生长。利于冬小麦拔节期孕穗，春小麦分蘖和玉米三叶期出苗，以及冬油菜开花结荚。

4. 冬小麦抽穗开花期气温正常，降水正常略偏多 5月中旬气温正常，降水正常略偏多。冬小麦普遍为抽穗开花期，其中陇南市南部为乳熟期，春小麦为分蘖—拔节期，玉米为三叶—七叶期。

5. 冬小麦灌浆成熟期，各地墒情总体较好 6月全省气温河西偏高，河东正常或略偏低，冬麦区大部降水偏多，各地墒情总体较好，对冬小麦灌浆成熟、春小麦抽穗开花和玉米、马铃薯苗期生长有利。冬小麦普遍为乳熟—成熟期，春小麦为抽穗开花期，玉米为七叶—拔节期，马铃薯处于分枝期，冬油菜普遍为绿熟—成熟期。

6. 马铃薯块茎膨大期，降水偏多土壤墒情较好 7月全省大部降水偏多，土壤墒情较好，大部地方玉米处于吐丝—灌浆期，马铃薯为块茎膨大期，对玉米及复种作物生长、苹果果实膨大非常有利。上、中旬多雨天气对夏收作物有一定不利影响，部分地区成熟小麦长芽霉变，田间湿度较大，也易于马铃薯晚疫病的侵染和扩散。

7. 8月全省气温偏高，土壤墒情好，利于玉米马铃薯生长 8月全省气温偏高，降水分布不均，土壤墒情良好。整体利于玉米、马铃薯等农作物生长，大部地区玉米处于吐丝—灌浆期，马铃薯为块茎膨大期。

8. 9月以晴天为主，利于玉米、马铃薯生长成熟 9月以晴天或多云天气为主，无旱情出现，全省土壤墒情良好。玉米多为乳熟—成熟期，马铃薯为块茎膨大—淀粉积累期，冬小麦为播前准备阶段。

（四）旱涝灾害发生情况分析

2018年据西北区域气候中心分析资料显示，自6月下旬以来，甘肃省东南部降水明显偏多，全省平均降水量达到73.1毫米，较常年同期偏多28%，为近10年最多，雨水主要集中在甘南、定西南部、陇南、天水、平凉、庆阳等地。西北区域气候中心首席预报员林纾介绍，雨水偏多的主要原因是2018年6月以来，西太平洋副热带高压较常年出现了阶段性偏强、偏西、偏北特征，河东尤其是陇东南处于其西北边缘，在充沛水汽和频繁冷空气影响下，出现了多次强降水天气过程。

（1）2018年7月，甘肃遭遇了2018年入汛以来最强降水天气袭击，部分市州发生严重暴洪灾害。2018年7月9～11日，甘肃出现2018年以来最强降水，陇东南最大累积雨量达200～250毫米，造成多地农作物受灾。

（2）2018年7月14～15日，甘肃又将迎来一次较明显的降水过程。其中，14日酒泉、张掖、陇南三市局地有中雨，河西五市有5～6级西北风；15日武威、定西、陇南、天水、平凉、庆阳等市局地有中到大雨。

（3）7月中旬出现多次强降水，引发山洪地质灾害。7月9～11日，全省1 959个区域自动站（968个乡镇）出现降水，其中大暴雨37站，暴雨626站，陇南市文县中庙乡过程最大降水量达258.2毫米。舟曲县石门坪最大累计降水达219.6毫米。暴雨导致舟曲县南峪乡南峪村发生山体滑坡，造成白龙江河道堵塞。黄河上游降水导致刘家峡水库一度超出汛期限制水位。

（4）7月18日临夏、甘南、兰州、定西等市州共出现87站次短时强降水。

(5) 7 月 20 日，兰州市出现强降水天，出现严重城市内涝。11 个雨量站点出现暴雨到大暴雨，七里河区黄峪乡达 111.8 毫米，突破历史极值（兰州市区日最大降水量 96.8 毫米）。暴雨造成七里河区、安宁区、西固区积水内涝点 17 处，暴雨引发内涝，造成多处低洼积水，严重影响农作物生长。

(6) 2018 年 8 月全省出现 8 次区域性连阴雨，平均持续时间为 5～16 天，68 县（区）受到影响。日照时数较常年同期偏少，祁连山区、甘南、临夏、定西、平凉西部偏少，为 30 年以来最少。0～20 厘米土壤相对湿度河东普遍在 60%以上，平凉、临夏南部及陇南东南部在 90%以上。持续降水天气造成部分地方成熟小麦发芽霉变，马铃薯晚疫病发病期较常年明显偏早。

三、墒情监测体系

（一）监测站点基本情况

根据甘肃省区域类型和全省农业区划、地貌类型、降水时空分布特点，2018 年设置庆阳、华池、平凉、静宁、庄浪、榆中、会宁、秦州、秦安、武山、安定、永昌、武威、甘州、武都、徽县、临夏、甘南、酒泉、敦煌 20 个国家级土壤墒情监测站，建立了覆盖全省河西灌溉农业区、陇东中部黄土高原旱作农业、陇南山地旱作农业三大节水农业区的土壤墒情监测网络体系。

20 个国家级墒情监测站要以县为基本单元，根据气候类型、地形地貌、作物布局、灌排条件、土壤类型、生产水平等因素，选择有代表性的农田，平均每 10 万亩耕地设立 1 个农田监测点（每个县不少于 5 个）。

农田监测点应设立在作物集中连片、种植模式相对一致的地块。按照全国土壤墒情监测系统要求，墒情监测站（点）统一编号，进行数据填报，内容主要包括地理位置、气候条件、土壤类型、地力等级、田块面积、灌溉方式、田间持水量等指标。

1. 建立全省墒情指标体系 甘肃省 20 个各国家级土壤墒情监测站，根据本地区主要作物种类、分布区域、播种面积和耕作制度；作物不同生育阶段需水规律和灌溉试验研究结果；主要作物不同生育阶段气候特征和变化规律；农田水利设施条件和作物灌溉制度等，总结不同土层深度主要作物不同生育期土壤适宜相对含水量，观测记载作物生长期间的各生长发育指标和作物受旱表象，建立不同土壤含水量与作物生长发育和旱涝表象之间的数据关系，以及作物受旱和受涝表象指标，经过多年的墒情监测数据研究，建立了甘肃省主要农作物土壤墒情等级评价指标体系，各主要农作物不同生育期土壤墒情等级评价指标如表 1 所示。

2. 加强评价体系建设和完善 一是已建立陇东黄土高原旱作农业区旱情与墒情、陇中黄土丘陵区旱作农业区、河西灌溉农业区 3 个大区域的旱情与墒情评价指标体系基础上，进一步对主要技术指标进行研究与修订；二是结合全省历年形成的“三情”（墒情、苗情、病虫情）调查结果，将田间苗情、土壤水分状况、产量变化及旱情对其影响等紧密结合，对墒情与旱情评价指标进行校验与必要修订，完善墒情监测指标评价体系建设工作。

（二）土壤墒情监测工作措施

1. 强化工作责任 加强土壤墒情监测技术领导，落实工作责任制。各国家级土壤墒情监测站所属的市、县（区）农技中心主任（土肥站站长）为第一责任人，负责墒情监测的技术人员为技术工作责任人。严格落实墒情监测工作主管责任人和工作人员职责，开展土壤墒情监测工作。

表1　甘肃省主要作物不同生育期土壤墒情等级评价指标

作物	生育阶段	过多（%）	适宜（%）	不足（%）	干旱（%）	重旱（%）
冬小麦	幼苗期	＞80	80～60	60～50	50～40	＜40
	分蘖期	＞80	80～60	60～50	50～40	＜40
	拔节期	＞80	80～70	70～60	60～45	＜45
	孕穗期	＞80	80～70	70～60	60～45	＜45
	开花期	＞80	80～70	70～60	60～45	＜45
	灌浆期	＞80	80～70	70～60	60～45	＜45
	成熟期	＞70	80～60	60～50	50～40	＜40
春小麦	幼苗期	＞80	80～60	60～50	50～40	＜40
	拔节期	＞80	80～60	60～50	50～40	＜40
	灌浆期	＞90	90～70	70～55	50～40	＜45
	成熟期	＞80	80～60	60～50	50～40	＜40
玉米	播种期	＞80	80～60	60～55	55～45	＜45
	幼苗期	＞70	70～60	60～55	55～40	＜40
	拔节期	＞75	75～60	70～60	55～50	＜50
	抽雄期	＞80	80～70	60～55	60～45	＜45
	开花期	＞80	80～70	60～70	50～60	＜50
	灌浆期	＞80	80～70	70～60	60～55	＜55
	成熟期	＞70	70～60	60～55	55～40	＜45
大豆	幼苗期	＞70	70～60	60～50	50～40	＜40
	分枝期	＞80	70～60	60～50	50～40	＜40
	开花期	＞80	80～70	70～60	60～50	＜50
	结夹期	＞60	60～50	50～45	45～35	＜35
	成熟期	＞60	60～50	50～45	45～35	＜35
棉花	幼苗期	＞70	70～60	60～50	50～40	＜40
	现蕾期	＞80	80～60	60～50	50～45	＜45
	开花结铃期	＞80	80～70	70～60	60～50	＜50
	吐穗期	＞70	70～55	55～40	40～35	＜35
谷子	幼苗期	＞60	60～50	50～40	40～35	＜35
	拔节期	＞70	70～60	60～45	45～35	＜35
	抽穗期	＞80	80～70	70～60	60～40	＜40
	灌浆期	＞80	70～60	60～50	50～40	＜40
	成熟期	＞70	70～60	60～50	50～40	＜40

（续）

作物	生育阶段	过多（%）	适宜（%）	不足（%）	干旱（%）	重旱（%）
	幼苗期	>60	60～50	50～40	40～35	<35
	拔节期	>70	70～60	60～50	50～40	<40
糜子	抽穗期	>80	80～70	70～60	50～40	<40
	灌浆期	>70	70～60	60～50	50～40	<40
	成熟期	>70	70～60	60～50	50～40	<40
	幼苗期	>60	60～50	50～40	40～35	<35
	拔节期	>70	70～60	60～50	50～40	<40
马铃薯	抽穗期	>80	80～70	70～60	50～40	<40
	灌浆期	>70	70～60	60～50	50～40	<40
	成熟期	>70	70～60	60～50	50～40	<40

2. 抓好信息平台完善 各国家级土壤墒情监测站的监测站点尽快纳入全国土壤墒情监测系统信息平台，确定站点编号，规范数据格式，实现自动远程传输。基本信息和手动监测数据通过登录全国土壤墒情监测系统在线填报。开展数据核查，补充缺报漏报数据，提高数据质量。

3. 建立健全工作制度 各国家级土壤墒情监测站制定工作计划和管理制度，严格布点、监测、汇总、分析、评价等工作程序，提高监测质量，按时上传数据和发布墒情信息。定期检修仪器设备，按要求进行维护、保养和校正。推行绩效管理，逐步实现墒情监测工作规范化、标准化和程序化。

4. 培养专业技术队伍 配备专业技术人员负责墒情监测工作，保持相对稳定，确保工作开展的连续性。层层开展技术培训，提升基层技术人员业务能力。

（三）主要作物墒情指标体系

按照耕地利用类型确定评价等级标准，根据土壤水分、作物表象、生产状况等因素综合评价墒情等级，并逐步建立本区域主要农作物墒情评价指标体系。

2018 年青海省土壤墒情监测技术报告

一、农业生产基本情况

（一）农业资源特点

青海省位于中国西部，地处东经 89°35′～103°04′，北纬 31°9′～39°19′之间，东西长 1 200多千米，南北宽 800 多千米，总面积 72.23 万千米^2，列全国各省、市、自治区的第四位，其中平原占全省总面积 28.3%，山地占全省总面积 48.9%，丘陵占全省总面积 14.6%，台地占全省总面积 8.2%。全省地势总体呈西高东低，南北高中部低的态势。西部海拔高峻，向东倾斜，呈梯形下降，东部地区为青藏高原向黄土高原过渡地带，地形复杂，地貌多样。全省 4/5 以上的地区为高原，东部多山，西部为高原和盆地，兼具青藏高原、内陆干旱盆地和黄土高原 3 种地形地貌。

青海省地处青藏高原，属于高原大陆性气候。其气候特征是：日照时间长，辐射强；冬季漫长，夏季凉爽；气温日较差大，年较差小；降水量少，地域差异大，东部雨水较多，西部干燥多风，缺氧、寒冷。青海省境内各地区年平均气温在－5.1～9.0℃之间，年平均气温受地形的影响，其总的分布形式是北高南低。年平均气温在 0℃以下的祁连山区、青南高原面积占全省面积的 2/3 以上，较暖的东部湟水、黄河谷地年气温在 6～9℃。全省年降水量总的分布趋势是由东南向西北逐渐减少，境内绝大部分地区年降水量在 400 毫米以下，祁连山区在 410～520 毫米之间，东南部的久治、班玛一带超过 600 毫米，其中久治为降水量最大的地区，年平均降水量达到 745 毫米；柴达木盆地年降水量在 17～182 毫米之间，盆地西北部少于 50 毫米，其中冷湖为降水最少的地区。无霜期东部农业区为 3～5 个月，其他地区仅 1～2 个月，三江源部分地区无绝对无霜期。全省年太阳辐射总量仅次于西藏高原，平均年辐射总量可达5 860～7 400兆焦/米^2，日照时数在2 336～3 341小时之间，太阳能资源丰富。

青海省地跨黄河、长江、澜沧江、黑河四大水系。集水面积在 500 千米^2 以上的河流达 380 条。全省年径流总量为 611.23 亿米^3，水资源总量居全国第十五位，人均占有量是全国平均水平的 5.3 倍，黄河总径流量的 49%，长江总径流量的 1.8%，澜沧江总径流量的 17%，黑河总径流量的 45.1%。每年有 596 亿米^3 的水流出青海。地下水资源量为 281.6 亿米^3。全省面积在 1 千米^2 以上的湖泊有 242 个，省内湖水总面积 13 098.04 千米^2，居全国第二。青海水资源总量丰富，但由于时空分布不均，加上复杂的地形地貌，用水难度大。长江、澜沧江流域水资源丰富，但农业经济总量少。

青海土地类型多样，垂直分异明显，大致以日月山、青南高原北部边缘为界，以西为牧区，以东为农耕区，自西而东，冰川、戈壁、沙漠、草地、水域、林地、耕地梯形分布，东部农业区形成川、浅、脑立体阶地，地块分散，难以连片开发集约利用。全省现有耕地面积 882.03 万亩，其中水浇地 278.65 万亩，占 31.59%，旱地 603.38 万亩，占 68.41%，属于畜牧业用地面积大、农业耕地少、林地比重低的地区。耕地主要分布在东部农业区，占全省总耕地面积的90.8%，宜耕后备资源主要分布在柴达木盆地、海南台地、环青海湖地区及东部地区。

农业生态环境具有复杂多样的特色，一是光能资源丰富；二是热能资源差；三是水资源丰富，但利用难度大；四是农业气候灾害种类多且发生频繁，如干旱、霜冻、冰雹、大风、雪灾等。

（二）不同区域特点

根据自然及资源条件，将全省农业区划分为东部农业区、环青海湖农业区、柴达木盆地绿洲农业区和三江源小块农业区。

1. 东部农业区 该区包括西宁市及所辖大通县、湟中县、湟源县，海东市的民和县、乐都区、平安区、互助县、循化县、化隆县，海南藏族自治州的贵德县，黄南藏族自治州的尖扎县、同仁县和海北州的门源县，是全省耕地面积最大、人口最多、经济较发达地区。耕地面积675.58万亩，占全省耕地的76.6%，已建成高标准农田112.64万亩，计划到2020年高标准农田达到247.27万亩。

该区地处祁连山支脉大坂山南麓和昆仑山系余脉日月山东坡，属于黄土高原向青藏高原过渡镶嵌地带，由祁连山系的一系列西北至东南走向的山脉和谷地组成。自北至南有：冷龙岭、达坂山、拉脊山等山脉和大通河、湟水、黄河3个谷地。气候属于高原大陆性干旱气候，高寒、干旱，日照时间长，太阳辐射强，昼夜温差大。年平均气温6.9℃，年降水量323.6毫米，总蒸发量为1 644毫米。水资源较丰富，作物生长季长，是全省重要的粮、油、特色蔬菜、果品生产基地。土壤受海拔、地形、气温、降水影响，呈水平—垂直复合分布规律性。主要耕种土壤有灌淤土、灰钙土、栗钙土、黑钙土等。

该区气候条件受垂直地带性和纬度地带性的影响，差异很大。东部农业区形成了川水、浅山、半浅半脑、脑山4种生态类型区。

（1）川水地区（灌溉水浇地）。该区海拔在1 700～2 400米之间，耕地面积约300万亩。土壤以灌淤土、灰钙土、栗钙土等为主。是全省最温暖的地方，生长季180～220天以上，期内≥0℃积温2 434～3 401℃，年降水量254～400毫米。

（2）干旱山区（俗称浅山）。该区海拔在1 800～2 700米之间，耕地面积约170万亩，土壤以灰钙土、淡栗钙土、栗钙土为主，土壤有机质含量10克/千克左右。山高坡陡，森林覆盖率只有2.3%，水土流失面积达4 000万亩，25°以上坡地年流失表土2 000～5 000吨/千米^2。气候较温暖，生长季180～220天以上，期内≥0℃积温1 800～2 500℃，最暖月气温14～18℃，年降水量300～400毫米，年蒸发量1 737～2 224毫米。

（3）半浅半脑地区。本区位于全省浅山与脑山的过渡地带，因此也称半浅半脑或浅半山地区，耕地面积约170万亩，多分布于湟水上游山旱地。海拔高度在2 500米～2 800米之间，生长季短，约130天左右，年降水量在400～500毫米，春旱也时有发生。

（4）高寒山区（俗称脑山）。该区海拔2 700～3 200米之间，耕地约260万亩，土壤以栗钙土、暗栗钙土和黑钙土为主，分布于大坂山、拉瘠山等山坡和冲积扇。自然肥力较高（有机质含量20～40克/千克），由于土壤湿度大，土性凉，有机质分解缓慢，养分利用率低。4～9月总辐射量为351.7～364.2千焦/厘米^2，全年日照时数为1 300小时左右，生长季120～180天左右，≥0℃积温为966～1 748℃，≥10℃积温654～1 098℃，年降水量500毫米左右。

东部农业区也是全省干旱主灾害区。由于降水变化的不确定性和地区降水的差异性，旱灾频发。据有关资料统计，该区旱灾以春旱最为频繁，出现频率在35%～60%，其次是夏旱，出现频率为8%～45%，春夏连旱较少，发生频率在5%～25%。区内有“三年两头旱，五年一大旱，十年有九旱”之说。

2. 环青海湖农牧交错区 该区包括海北州的祁连县、刚察县、海晏县、共和县环青海湖的4个乡镇。耕地面积31.66万亩，占全省耕地的3.6%，已建成高标准农田3.66万亩，计划到2020年高标准农田达到17.21万亩。

该区位于祁连山南侧及青海湖盆地北部。境内有祁连山及其支脉，自西北向东南蜿蜒贯穿全境，高山深谷相错，地形复杂。该区为高寒气候的祁连山地，是全省两个冷区之一。由于纬度和海拔较高，气候寒冷，作物生长期短。水资源比较丰富，但分布不均。本区土壤类型由低到高垂直分布，依次为风沙土、栗钙土、黑钙土、高山草甸土，主要栽培的作物为青稞和白菜型小油菜，产量低而不稳。

3. 柴达木盆地绿洲农业区 该区主要包括海西蒙古族藏族自治州的都兰、乌兰、德令哈、格尔木4县（市）和大柴旦行政工委。耕地面积59.58万亩，占全省耕地的6.75%，已建成高标准农田34.96万亩，计划到2020年高标准农田达到57.70万亩。

柴达木盆地底部自西北向东南微倾，海拔高度在2 675～3 200米之间，是一个封闭的内陆高原盆地。种植业主要集中在盆地北部自西到东的马海至希里沟2 800～3 000米的地方；南部自西到东的乌图美仁至察汗乌苏两条狭长地带中，这里地势平坦，地块面积较大，适宜大中型机械耕作。柴达木盆地属干燥大陆性气候，海拔高，雨量少，蒸发量大，种植业区年降水量在100毫米左右。大部分地区属荒漠植被，主要耕作土壤为灰棕漠土、棕钙土、盐土。适宜的作物有小麦、青稞、豆类、油菜、马铃薯、藜麦等。

4. 三江源小块农业区 该区包括海南藏族自治州的共和、贵南、兴海、同德4县，黄南藏族自治州的泽库县，玉树藏族自治州的玉树市、囊谦县、称多县，是全省重要的农牧业生产基地之一。耕地面积112.64万亩，占全省耕地的12.8%，已建成高标准农田46.32万亩，计划到2020年高标准农田达到71.17万亩。

本区自然条件复杂多样，境内高山、丘陵、平摊、盆地、沙漠、台地、谷地交错分布。整个地形由西南向东北倾斜。气候条件和土壤，因地势不同差异较大。海拔较低，气候温暖，海拔一般在2 800米以下，年平均气温2～5.8℃，土壤以淡栗钙土、栗钙土为主，可种植小麦、青稞、油菜等作物。在海拔2 800～3 400米的滩地，年平均气温1.0～3.1℃，主要土壤有栗钙土、淡栗钙土、棕钙土和灰棕漠土。地势平坦，土壤较肥沃。

（三）农业生产情况

全省农作物总播种面积837.9万亩，其中粮食作物播种417.9万亩，油料作物播种223.3万亩。粮食作物产量在100万吨左右，油料作物产量在30万吨左右。全省农业总产值为162.4亿元，全省农民人均可支配收入达到31 195元。

现有种植结构比较单一，农作物以春小麦、春油菜、马铃薯、蚕豆、豌豆和青稞六大作物为主。小麦主要分布在除脑山与三江源小块农业区以外所有生态区域，其中河湟灌区与柴达木绿洲农业区是主要的种植区域；青稞主要分布在环湖农业区、三江源小块农业区、东部农业区脑山地区，柴达木绿洲农业区也有种植；豌豆主要分布在东部农业区浅山地区，柴达木绿洲农业区也有种植；蚕豆主要分布在东部农业区中高位水地、半浅半脑山地区；马铃薯在全省各生态类型区都有种植，东部农业区浅山地区是主要的商品薯产业带，脑山地区是种薯产业带，川水地区是菜用薯产业带；油菜在全省各生态类型区都有种植，主要产区是东部农业区的半浅半脑地区、脑山地区、环青海湖农牧交错区。

二、墒情状况分析

（一）气象状况分析

2018 年全省年平均气温 3.3℃，较常年偏高 1.0℃。其中青南牧区偏高 1.2℃，环青海湖地区偏高 1.0℃，东部农业区、柴达木盆地均偏高 0.9℃。全省平均降水量为 484.0 毫米，较常年偏多 3 成，为历史最多。其中青南牧区偏多 2 成，东部农业区及环青海湖地区偏多 3 成，柴达木盆地偏多 6 成；东部农业区气温偏高、降水偏多、日照偏少。春季首场透雨普遍偏早，有利于农作物的生长发育；作物生长期间，春末夏初阶段性干旱、夏季暴雨洪涝以及冰雹灾害等农业气象灾害频发，对农作物生长发育造成了不利影响，对农业生产造成一定损失。农业区气候生产潜力与近 5 年平均相比增加 31.2%，较去年增加 36.4%；全省实际粮食单产比去年增加 49.3 千克/公顷，与近 5 年平均值持平，农业气候年景综合评定为“平年”。

（二）不同区域墒情状况分析

由于全省农业主要集中在东部农业区的，且东部农业区的浅山、半浅半脑地区容易出现旱情，因此全省土壤墒情监测工作区域也主要分布在这两个区域，并在 3～10 月土壤未封冻时进行墒情监测。

浅山地区墒情：东部农业区 3 月初开始解冻，3 月大部分地区降水偏少、气温偏高，呈现暖干的气候特征。墒情表现为大通、乐都、互助、湟中部分地区中旱，循化、平安出现轻旱，其余地区适宜；4 月上旬墒情表现为轻旱至中旱。4 月中旬至下旬有两次大的降水过程，墒情普遍适宜。5 月 9～10 日有 1 次普遍降水过程，5 月上、中旬除民和墒情为中旱外其余基本适宜。5 月下旬至 6 月下旬，东部农业区降水大部偏少 5 成以上，气温偏高 1.2℃。农业区大部出现中旱至轻旱，平安、互助、乐都、民和、湟中局部出现重旱。7～9 月，降水偏多，墒情适宜，个别地区出现墒情过多。

半浅半脑地区墒情：3 月大通、乐都、平安、互助、湟中出现轻旱，其余地区墒情基本适宜；4 月上旬部分地区轻旱。4月中旬至下旬有两次大的降水过程，墒情普遍适宜。5 月 9～10 日有 1 次普遍降水过程，5 月上、中旬除民和墒情为中旱、大通为轻旱外其余基本适宜。5 月下旬至 6 月下旬，东部农业区降水大部偏少 5 成以上，气温偏高 1.2℃。大部出现轻旱，平安、互助、乐都、民和、湟中局部出现中旱。7～9 月，降水偏多，墒情适宜，个别地区出现墒情过多。

川水和脑山地区墒情：6～9 月个别地区墒情出现过多外，全年墒情基本适宜。

（三）主要作物不同生育期墒情状况分析

2018 年农作物整个生育前期如苗期土壤墒情基本适宜，出苗较好。生长中期出现中旱至轻旱，但后期又降水偏多，作物成熟期推迟，综合对农作物影响不大，马铃薯块茎膨大受其影响，薯块普遍较小（表1）。

表1　马铃薯不同生育期墒情状况分析

地区＼生育期	苗期	块茎形成期	块茎增长期	淀粉形成期	成熟期
浅山地区	适宜	适宜	轻旱	过多	适宜
半浅半脑	适宜	适宜	轻旱	过多	适宜

（四）旱涝灾害发生情况分析

1. 全省年降水量偏多创历史极值　2018年，全省平均降水量为484.0毫米，较常年偏多3成，为历史最多。其中青南牧区偏多2成，东部农业区及环青海湖地区偏多3成，柴达木盆地偏多6成；德令哈、同仁、贵南等12个气象台站降水量列历史首位。

2. 初春东北部无降水日数列历史首位　2017年10月至2018年4月，青海东北部大部分地区最长连续无降水日数超60天，其中祁连114天、大通70天、互助65天，最长连续无降水日数列当地历史首位，天峻131天、刚察100天，分别列当地历史第二位和第三位，持续无降水导致初春东北部局地旱象露头。

3. 东部农业区较早出现30℃以上高温天气，晴热少雨　5月中旬至6月下旬，受晴热少雨天气影响，农业区大部出现不同程度干旱，互助出现旱情，34.6千公顷农作物受灾，直接经济损失达8.8千万元。

4. 全省夏季降水异常偏多强降水频次为历史最多　6～8月，全省夏季平均降水量较常年偏多3成，列历史第一位，其中柴达木盆地偏多最明显；夏季全省大雨以上天气为历史同期最多，多地日降水量突破历史极值，洪涝灾害频发，其中7月18日和8月2～4日，东部地区2次强降水灾情最重；乐都中坝乡8月3日和4日连续出现大暴雨，两日降水量合计250.3毫米，属历史罕见。

5. 冰雹　6～9月，西宁市、大通、互助、乐都、门源共出现8起冰雹灾害，各地农作物遭受不同程度损失，农作物受灾面积达10千公顷，合计经济损失约为5.5千万元，其中9月11日互助灾情最重。

三、墒情监测体系

（一）监测站点基本情况

截至2018年12月，全省已建成84个墒情监测站点，其中固定监测点43个、人工农田动态监测点41个，主要分布在浅山、半浅半脑地区，覆盖了我省23个县（市、区），占全省主要农业县的74.2%，除果洛、玉树及三江源小块农业区外，实现了全省农业区土壤墒情监测工作基本覆盖，2019年计划将墒情监测点信息全部纳入省级耕地质量大数据平台，进行系统化管理。

目前，全省自动监测站点是采用针式土壤温湿度传感器，应用FDR频域反射原理测定土壤水分。农田监测点墒情测定以人工速测仪为主，部分地区采用烘干法测定土壤水分。

（二）工作制度、监测队伍与资金

1. 工作制度 为了做好墒情监测工作，我们建立了完善的工作制度。一是要求 23 个监测县依据《农田土壤墒情监测技术规范》（NY/T 1782—2009）开展监测工作，确保监测数据的正确、有效；二是为了保证监测数据的时效性，建立以简报形式的及时上报制度，在春播期间，实行墒情监测一周一报制度，2018 年共发布简报 159 期；三是为了保证墒情工作的持续性，建立专人负责制，固定项目负责人和技术责任人；四是为了提升监测质量，建立培训制，每年开展监测培训，系统讲解墒情监测知识，不断规范墒情监测工作，进一步提升了专业技术人员的监测水平；五是为了保证墒情监测的系统化，建立监测网络管理制度，通过网络上报监测信息，实现信息共享。

2. 监测队伍与资金 全省共有墒情监测技术人员 41 人，其中省级 2 人、市级 2 人、县级 37 人，承担墒情监测工作的县级单位是各县（市、区）农业技术推广中心（站）。

2018 年初对全省所有固定监测点进行运转情况排查，积极争取省级财政资金 18 万元，用于固定监测点设备的维修。由于经费紧张，先综合考虑各站点损坏情况、建站时间等条件，进行优先级排序，对损坏较小，建站时间较短的站点先进行维修。

（三）主要作物墒情指标体系

由于种植结构比较单一，种植农作物较少，全省尚未建立分作物的墒情指标体系。墒情评价指标继续沿用全国的土壤墒情监测评价指标，即严重干旱（土壤相对含水量小于 30%），中旱（土壤相对含水量 30%～50%），轻旱（土壤相对含水量 50%～60%），适宜（土壤相对含水量 60%～80%），过多（大于 80%），同时参考青海省地方标准《土壤干旱等级》。

2018年宁夏回族自治区土壤墒情监测技术报告

一、农业生产基本情况

（一）农业资源特点

1. 地理位置及行政区划 宁夏是我国5个少数民族自治区之一，位于西北地区东部，黄河中上游，与内蒙古自治区、陕西省、甘肃省毗邻。地理坐标东经104°17′～107°40′，北纬35°14′～39°23′。海拔高度1 100～3 400米。土地总面积6.64万千米^2，总人口681.79万人（2017年年底），其中回族人口247.57万，占全区总人口的36.31%，是全国最大的回族聚居区。现辖5个地级市、22个县、市（区）。

2. 气候条件 宁夏属大陆性气候，基本特点是日照长，太阳辐射强，干旱少雨，蒸发强烈，风沙大，气温多变，年、日较差大。无霜期短，年际多变。

（1）日照及太阳辐射。宁夏受极地大陆气团控制时间长，云雾频率低，多晴朗干燥天气。年日照时数为2 250～3 100小时，日照百分率50%～70%，二者都由南向北递增。一年之中，6月日照时数最多，2月日照时数最少。宁夏光能资源高于同纬度的华北地区，仅次于青藏高原，属我国的光能资源高值区之一。太阳年辐射总量为4 935.27～6 101.34兆焦/米^2，由南向北增加，同心和灵武为高值区，5 816.52～6 101.34兆焦/米^2，泾源、隆德县为低值区，4 521.74～4 982.29兆焦/米^2。太阳辐射量随季节变化很明显，夏季高，冬季较低。

（2）温度及热量。年平均气温为8～9℃。一般海拔相差100米，气温相差0.52～0.62℃。自南而北气温逐渐增高。气温月变化以7月最高，1月最低。气温的日较差较大，平均为10～16℃。

年日均气温稳定≥0℃为230～250天，积温2 600～4 000℃；年日均气温稳定≥5℃为180～210天，积温2 100～3 700℃；年日均气温稳定≥10℃为130～170天，积温1 900～3 300℃；年日均气温稳定≥15℃为50～110天，积温800～2 700℃。热量资源比较丰富，自南而北逐渐递增。而且春温上升快，秋温下降迅速的大陆性气候特点，使日平均气温稳定通过各界限温度的初、终期相应比较集中，因而积温的有效性高，多数地区种一季有余。

（3）降水与蒸发。平均年降水量180～650毫米，由南向北递减，固原市在400毫米以上，泾源县达650毫米，中部和北部为300～180毫米。降水分布极不均匀，6～9月的降水量占全年降水量的70%左右，3～5月的降水量仅占全年降水量的10%～20%。宁夏可能蒸发量为650～1 000毫米，干燥度1～5，自南而北蒸发量和干燥度增大。

（4）主要气象灾害。宁夏主要农业气象灾害有干旱、霜冻、冰雹、热干风、水稻冷害和大风等。以干旱危害最大，其次为霜冻，冰雹等发生在局部地区。

3. 土壤类型与面积分布。宁夏耕地总面积1 938万亩，人均占有耕地居全国第四位。耕地主要土壤类型有黄绵土、灰钙土、新积土、黑垆土、灌淤土、潮土、红黏土、灰褐土、风沙土等。其中，以黄绵土和灰钙土面积最大，占耕地总面积的55%左右；其次为黑垆土、新积土和灌淤土，占耕地总面积的42%左右，潮土、红黏土、灰褐土和风沙土面积较小，占耕地总面积的8%左右。宁夏耕地土壤类型中土壤肥力水平最高的为灌淤土和黑垆土，其表层土壤有机质含量多大于10克/千克。灰钙土和风沙土土壤肥力水平最低，表层有机质含量多小于10克/千克。9种耕地土壤类型中以灌淤土生产力水平最高，宜种性最广，适宜种植各种作物。

宁夏耕地土壤有效土层深厚，土壤质地以壤质土为主，保水保肥能力较强，地下水位较深，适宜种植多种作物。

4. 灌排条件 宁夏位于黄河上中游，除中卫甘塘一带为内流区外，其余地区皆属黄河流域，盐池县东部为流域内之必流区，是鄂尔多斯内流区一部分。宁夏境内黄河支流水系有祖历河水系、清水河水系、苦水河水系、葫芦河水系、泾河水系及黄河两岸诸沟。全自治区水资源总量157亿米^3，黄河过境水量325亿米^3，国家分配可耗用黄河水量40亿米^3。除黄河以外，宁夏综合地表、地下水资源总量为10.5亿米^3。地表水资源8.89亿米^3（不包括黄河水），地下水资源1.6亿米^3。

宁夏具有灌溉条件的耕地面积为795万亩，占全区总耕地面积的41.02%。主要采用引黄灌溉（引黄灌溉分为自流灌溉和扬水灌溉）和库井灌溉两种方式。引黄自流灌溉区又称为自流灌区，分为青铜峡灌区和卫宁灌区，青铜峡灌区主要涉及宁夏北部惠农区、大武口区、平罗县、贺兰县、西夏区、金凤区、兴庆区、永宁县、灵武市、吴忠市、青铜峡市11个县（市、区）；卫宁灌区（含南山台子扬水）主要涉及宁夏中北部中卫和中宁2县（市）。扬黄灌区有陶乐灌区、盐池灌区、红寺堡灌区和固海灌区，主要涉及平罗县河东地区、盐池县、红寺堡开发区、同心县、海原县和原州区。库井灌区主要涉及海原县、原州区、西吉县、彭阳县、隆德县和泾源县。

宁夏自流灌区尤其是银川北部地区地下水位高，土壤易发生盐渍化，为了降低地下水位，防治土壤盐化，在发展灌溉的同时，也修建了大量的排水设施。初步形成了沟、井、站相结合的排水系统。

（二）不同区域特点

按照自然地理条件和经济社会发展水平，全自治区分为北部引黄灌区、中部干旱带和南部山区三大区域。

1. 北部引黄灌区 含惠农区、平罗县、大武口区、贺兰县、兴庆区、金凤区、西夏区、永宁县、灵武市、青铜峡市、吴忠城区、中宁县、中卫城区13个县（市、区），黄河流经397千米，有2000多年灌溉史的银川平原地势平坦，土地肥沃，已经形成以优质粮食、草畜、蔬菜、枸杞、葡萄等为主的现代产业体系，素有“塞上江南”、“西部粮仓”的美誉。

2. 中部干旱带 含盐池县、海原县、红寺堡、中卫及中宁的部分地区，属半农半牧区，雨少风大沙多，十年九旱，生态极为脆弱。扬黄灌区，粮经饲三元结构已初步建立，粮饲兼用玉米和苜蓿种植面积逐年扩大，肉羊、肉牛养殖业与草畜结合的农牧并重的路子已初步形成；旱作区，推广集雨补灌、覆膜保墒等旱作高效节水技术，挖掘覆膜玉米、马铃薯、硒砂瓜规模增收潜力，做大做强以滩羊为主的清真牛羊产业，形成以滩羊养殖、特色种植为主的旱作农业产业体系。

3. 南部山区 含西吉县、隆德县、原州区、彭阳县、泾源县5县（区），属黄土高原丘陵区，水土流失严重，部分地域阴湿高寒，是国家重点扶贫开发地区之一。库井灌区及河谷川道区，以大中拱棚为主的设施农业、冷凉蔬菜；雨养农业区，推广覆膜保墒等旱作节水技术，实施生态移民迁出区生态修复工程及退耕还林还草工程，重点发展以肉牛羊为主的草畜、马铃薯产业，形成以草畜、马铃薯、冷凉蔬菜、小杂粮、油料、苗木为主的生态农业产业体系。

（三）农业生产情况

宁夏耕地面积1 938万亩，其中，粮食作物播种面积1 164万亩，占全区耕地总面积60.1%，特色优势作物种植面积420万亩，占全区耕地总面积21.7%。

1. 粮食作物及油料作物 宁夏种植的主要粮食作物有小麦、玉米、水稻、马铃薯及小杂粮等，2018年全自治区粮食作物种植面积1 164万亩，粮食总产394.3万吨，其中，玉米229.3万吨、水稻67.4万吨、小麦40.7万吨、马铃薯40.5万吨、豆类2.9万吨、其他小谷物13.5万吨。全自治区玉米种植面积最大达466.4万亩，占全区粮食作物种植总面积的40.1%，平均亩产491.6千克；其次为马铃薯，种植面积207.8万亩，占全区粮食作物种植总面积的17.9%，平均亩产194.9千克（折粮）；位居第三的是小麦，198.4万亩（春小麦103.1万亩，冬小麦95.3万亩），占17.0%，平均亩产205.1千克；小杂粮种植面积146.3万亩，占12.6%，平均亩产92.3千克；水稻种植面积112.3万亩，占9.7%，平均亩产600.2千克；豆类种植面积较小，33.0万亩，占2.8%，平均亩产87.9千克。

2. 优势特色作物 近年来，宁夏在大力发展粮食作物的同时，蔬菜、枸杞、葡萄、瓜果也得到较快发展，种植面积和产量大幅度提高。2018年全自治区蔬菜全年种植面积207.5万亩，产量512.5万吨；瓜类种植面积112.7万亩，总产量112.7万吨；枸杞种植面积90.0万亩，产量14.5万吨；葡萄种植面积60.0万亩，产量30.0万吨。另外，苹果、红枣等果类在种植规模和产量上都有较大幅度的突破。

二、墒情状况分析

（一）气象状况分析

2018年2月，平均气温总体偏低，各地平均气温－6.6～－2.0℃，除永宁、吴忠较常年同期略偏高，其他大部地区偏低0.5～2.0℃，但月内气温变化剧烈，上旬全区平均气温为近34年第二低值；降水北部偏少南部偏多，全区平均降水量为2.3毫米，较常年同期偏少23%；各地日照时数偏多。

3月全区平均气温8.4℃，创同期新高。全区平均降水量4.9毫米，大部地区较常年同期偏少；大部地区日照时数较常年同期偏多，中卫日照时数创历史同期极值。

4月全区平均气温12.8℃，全区平均降水量23.6毫米，较常年同期偏多71%；除石炭井、中卫、麻黄山偏少，其他地区偏多10%～267%，其中六盘山为建站以来历史第三高值。全区平均日照时数258小时，较常年同期偏多8小时。部分地区首场透雨较常年偏早22～43天。

5 月全区平均气温 17.5℃，较常年同期偏高 1.4℃；中旬气温异常偏高（偏高 4.4℃），平均气温、平均最高气温、平均最低气温分别偏高达 4.4℃、5.4℃、3.4℃。中南部大部地区降水量偏多；月内极端气候事件频发，中旬中北部今年首次高温天气之早历史少见。5 月 26 日，日最高气温 24 小时降温幅度突破历史极值。5 月 21 和 25 日大风天气造成青铜峡、惠农区、平罗县农业设施和农作物受灾严重，直接经济损失 1 836.52 万元。5 月 21～22 日，沙坡头区部分地区出现的低温冷冻天气，造成直接经济损失 576.4 万元。

6 月全区平均气温 21.6℃，较常年同期偏高 1.4℃，其中下旬惠农、银川、灵武、吴忠、中卫、中宁、兴仁平均气温创 1961 年以来同期极值；全区平均降水量 36.7 毫米，较常年同期偏少 4%，降水量南多北少，下旬南部山区降水量异常偏多，泾源创 1961 年以来同期极值，其中 6 月 25 日泾源日降水量为 75.8 毫米，突破 1961 年以来该站 6 月日降水量极值；日照总体偏少。月内强降水、冰雹天气频发，造成一定经济损失。

7 月全区平均气温较常年同期普遍偏高；降水量异常偏多，全区平均降水量为 1961 年以来同期第三高值；局地暴雨频发，贺兰山现百年一遇特大暴雨，暴雨导致多地出现山洪、城市内涝等衍生灾害，给农业生产、交通运输、水利设施等造成严重影响。

8 月全区气温异常偏高，为 1961 年以来同期第三高值；降水量偏多，日照偏少；全区多地强降水频发，其中 8 月 20～21 日大部地区有大雨到暴雨，累计雨量 20～80 毫米，中卫、韦州、西吉日降水量创有气象记录以来 8 月下旬日降水量新高。暴雨导致多地出现山洪、城市内涝等衍生灾害，给农业生产、交通设施、房屋设施等造成严重影响。

（二）不同区域墒情状况分析

2018 年引黄灌区总体墒情基本适宜，南部山区部分地区在个别时段偏旱，中部干旱带整体偏旱。

全区最好墒情出现在 7 月，土壤含水量为 16.77%～21.00%，这是由于连续降雨造成的。最低墒情出现在中南部的 6 月 10～23 日，是由于持续高温造成的。6 月全区降水偏少，持续高温，土壤水分蒸发加快，墒情下降，中部干旱带大部分地区出现中旱现象。自 7 月下旬以来，降水逐渐增多，有效解除了前期旱情，有利于晚秋作物生长。9、10 月降雨较多，对秋季覆膜、冬小麦播种较有利。通过对土壤墒情与旱情监测的预报，引导和组织农民适时调整种植结构，合理安排农业生产，采取积极应对措施，缓解和减轻旱灾威胁，稳定提高农业生产水平（图 1）。

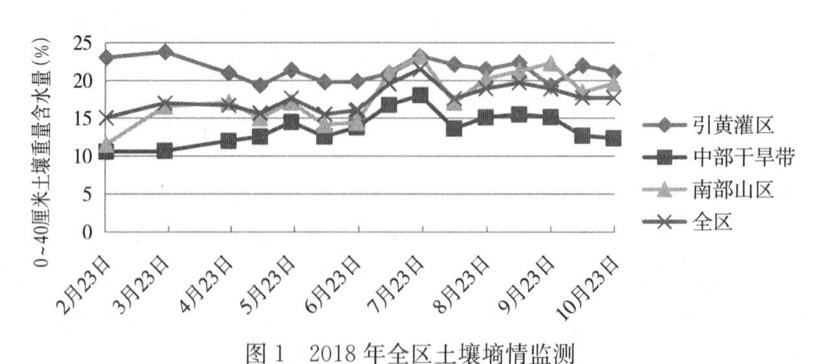

图 1　2018 年全区土壤墒情监测

1. 引黄灌区　引黄灌区墒情总体适宜，平均在 21.38%，与 2017 年相差不大。土壤含水量最高出现在3月23日，土壤含水量为23.76%；最低在9月23日，土壤含水量为19.29%，基本满足该区域玉米、春小麦以及水稻等作物的需水要求（图2）。

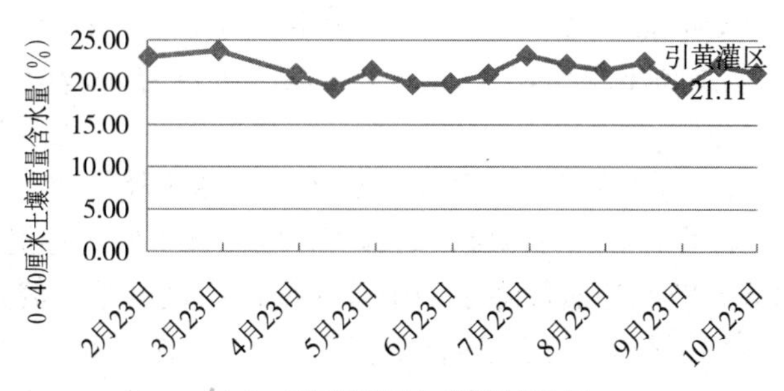

图2　引黄灌区土壤墒情监测

2. 中部干旱带　墒情总体不足，平均在13.74%，同比增加0.62%～11.16%。2月23日到5月8日监测露地及大部区域土壤含水量为8.60%～11.57%，露地不利于小麦、玉米等作物春播；覆膜及部分区域土壤含水量为14.52%～16.33%，对小麦、玉米等春播有利。5月10日以后随着降雨的增多及扬黄水的补灌，墒情好转，小麦、玉米、饲草、硒砂瓜等都能良好生长。最低墒情出现在6月10～23日，由于持续高温，全区降水偏少，土壤水分蒸发加快，墒情下降，中部干旱带大部分地区出现中旱现象。墒情最好在7月23日，原因是连续降雨，土壤含水量为18.07%；基本满足该区域玉米、春小麦以及水稻等作物的需水要求，为宁夏粮食十五连增奠定了基础（图3）。

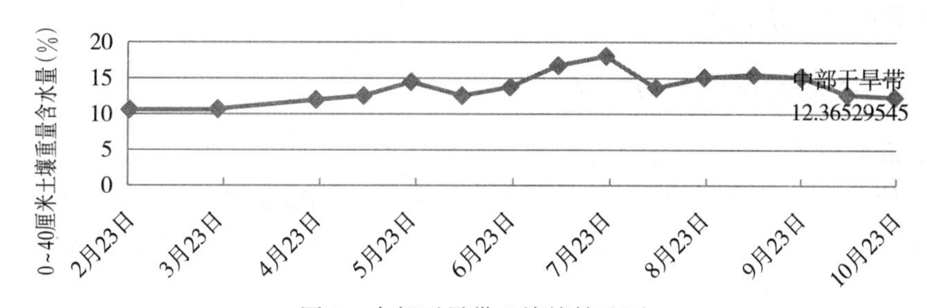

图3　中部干旱带土壤墒情监测

3. 南部山区　墒情总体适宜，平均在13.74%，同比增加0.34%～11.08%。最低墒情出现在6月10～23日，由于持续高温，全区降水偏少，土壤水分蒸发加快，墒情下降，部分地区出现旱现。进入7月土壤重量含水量为16.01%～23.19%，满足作物生长对水分的要求。泾源县级原州区张易等部分低洼区域土壤重量含水量大于24.99%，需排水才能使作物正常生长（图4）。

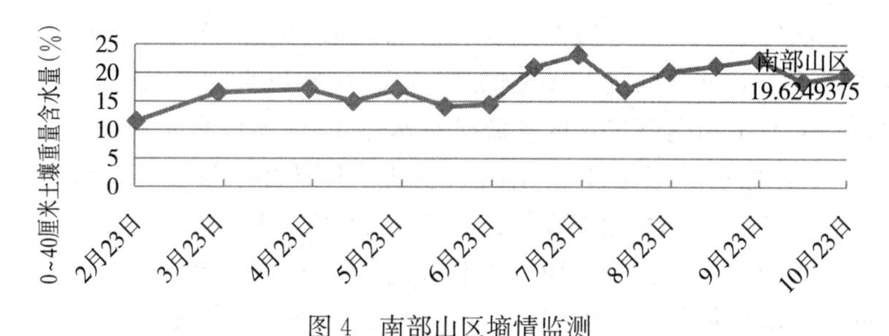

图4　南部山区墒情监测

（三）主要作物不同生育期墒情状况分析

2018宁夏土壤墒情基本能满足小麦、玉米、水稻、小杂粮、饲草、果菜的生长发育。

3月灌区土壤含水量最高出现在3月23日，土壤含水量为23.76%，满足该区域春小麦播种及出苗。

4月，气温升高，大风天气频繁，农田蒸发强烈，土壤失墒严重，旱象持续加重。中南部旱作区墒情不足，影响了玉米、马铃薯、胡麻等作物春播进度，春播质量降低。

5月2～3日，中部干旱带各地普降小到中雨，南部山区各地普降中雨，局地大雨。盐池县各地降雨量10.4～24毫米；同心县各地降雨量8.8～21.8毫米，多数地方在12毫米以上；原州区各地降雨量9.4～39.1毫米，多数地方在20毫米以上；西吉县各地降雨量13.7～33.3毫米，多数地方在18毫米以上。此次降水过程区域分布之广泛、持续时间之长、雨量之均衡，在山区同期多年未有，特别是盐池南部麻黄山地区、同心县东部旱塬区、西吉县西部黄土丘陵区、海原中北部园河流域等传统重旱区降雨量反而偏多，此次降雨可满足玉米、马铃薯、小杂粮等作物的播种、出苗及苗期生长的水分需求。中部干旱带争取在5月10日以前完成播种，南部山区安全播期可推迟到5月20日前后。前茬地秋覆膜、留膜留茬越冬保护性耕作为其抗旱播种和顺利出苗创造了较好的土壤墒情条件；秋杂作物除谷子有少量播种，糜子、荞麦等尚未开始种植。

6月以后随着降雨的增多及扬黄水的补灌，墒情好转，小麦、玉米、马铃薯、饲草、硒砂瓜及秋杂等都能良好生长。

（四）旱涝灾害发生情况分析

1. 大风低温冻害 2上旬月气温偏低，平均气温−6.6～−2.0℃，全区平均气温为近34年第二低值；5月21和25日大风天气造成青铜峡、惠农区、平罗县农业设施和农作物受灾严重，直接经济损失1 836.52万元。5月21～22日，中卫沙坡头区部分地区出现的低温冷冻天气，造成直接经济损失576.4万元。

2. 持续高温 3月全区平均气温8.4℃，创同期新高。平均气温、平均最高气温、平均最低气温偏高达5.4℃、6.7℃、4.3℃，均创1961年以来各月偏高幅度之最。4月全区平均气温12.8℃，位列1961年以来历史同期第三位；4月上、中旬全区平均最高气温分别为20.4、18.9、20.6℃，分别较常年同期偏高2.4℃、2.4℃、2.6℃，高温干旱导致春播推迟，面积减少10%。5月全区平均气温17.5℃，较常年同期偏高1.4℃；中旬气温异常偏高（偏高4.4℃），平均气温、平均最高气温、平均最低气温分别偏高达4.4℃、5.4℃、3.4℃，创1961年以来同期偏高幅度之最。6月全区平均气温21.6℃，其中惠农、银川、灵武、吴忠、中卫、中宁、兴仁平均气温创1961年以来同期极值。8月全区气温异常偏高，为1961年以来同期第三高值。

3. 暴雨冰雹 6月下旬南部旱作区泾源县降水创1961年以来同期极值，其中6月25日泾源日降水量为75.8毫米，突破1961年以来该站6月日降水量极值；日照偏少。强降水、冰雹天气造成经济损失。7月贺兰山现百年一遇特大暴雨，暴雨导致多地出现山洪、城市内涝等衍生灾害，给农业生产、交通运输、水利设施等造成严重影响。8月20～21日中南部中卫、韦州、西吉日降水量创有气象记录以来8月下旬日降水量新高。暴雨导致多地出现山洪、城市内涝等衍生灾害，给农业生产、交通设施、房屋设施等造成严重影响。

三、墒情监测体系

（一）监测站点基本情况

1. 监测站点基本情况 宁夏共有11个县常年开展墒情监测，其中，国家级监测县4个，省级监测县7个。建立农田人工监测点48个、自动监测站4个、临时监测点31个，基本涵盖了宁夏引黄灌区、中部扬黄灌区及中南部干旱带。监测技术人员12人，包括省级1人、县级11人，配套移动速测仪10台，建设省级土壤墒情监测数据管理平台1个，建立了基本能够服务全区农业生产的墒情监测体系。

2. 监测方法 采用烘干法测定为主。在田间用土钻(或取土器)采集有代表性的土样，刮去土钻上部浮土，将中部所需深度处的土壤10～20克捏碎后迅速装入已知准确质量的大型铝盒内，盖紧，装入木箱或其他容器，带回室内，将铝盒外表擦拭干净，立即称重，测定水分。

（二）工作制度、监测队伍与资金

1. 工作制度、监测队伍 在全区盐池、海源、中宁、同心、西吉、隆德、泾源、彭阳、永宁、平罗及原州区11个县（区）建立83个墒情监测点，52个墒情监测点纳入全国土壤墒情监测系统，监测点覆盖全区三大生态区域，主要在旱作农业区监测小麦、玉米、水稻、马铃薯、小杂粮等农作物；各墒情监测点在2月底至11月初，每月8日、23日按照《农田土壤墒情监测技术规范》（NY/T 1782—2009）积极开展监测工作，并在农作物播种及关键生育期加密监测频率和报告次数；全年共发布墒情信息193期次，其中自治区级发布墒情信息20期次，通过每月10日、25日及时上传和发布农田土壤墒情、作物旱情监测信息，指导全区节水灌溉292.69万亩、适墒播种70.48万亩。

墒情服务当地农业的典型案例：宁夏固原市原州区2018年在头营镇马园村、彭堡镇将口村、张易镇陈沟村、官厅镇刘店村、中河乡油坊村5个土壤墒情监测点种植的玉米、豌豆、冬小麦、马铃薯，根据墒情监测情况，指导农户在农作物各个生长生育期抓好肥水管理和病虫防治，确保了作物的优质高产，提高经济效益的同时，也产生了很好的社会效益（表1）。

表1　2018年原州区头营镇墒情服务点经济效益统计

村组	作物	墒情服务措施	实施面积（亩）	采取措施平均亩产（千克）	无措施平均亩产（千克）	亩增产（千克）	市场价（元/千克）	亩增收（元）	总增收（元）
彭堡镇将口村	豌豆	自动监测墒情	2	180	150	30	4.0	120	240
张易镇陈沟村	马铃薯	自动监测墒情	5	2 800	2 000	800	0.8	640	3 200
官厅镇刘店村	冬小麦	自动监测墒情	4	180	150	30	2.8	84	336
头营镇马园村	地膜玉米	便携式移动监测墒情	6	810	720	90	1.8	162	972
中河乡油坊村	地膜玉米	便携式移动监测墒情	5	965	800	165	1.8	297	1 485

2. 资金情况 按照财务支出经济分类科目的要求，2018 年拨付项目资金 10 万元。其中泾源、海原、西吉和中宁县监测经费各 1.5 万元；原州区和隆德县监测经费各 2.0 万元。本项目没有相关科目的调整，也没有支出超预算的科目。

（三）主要作物墒情指标体系

2018 年结合农业遥感和地面样方监测，坚持监测结果与技术应对措施相结合，以监测结果为主要依据，使监测结果尽快反应到生产实际，结合生产农时，提出了补水灌溉、镇压保墒、病虫害防治等一系列行之有效的技术应对措施，并以信息简报形式，向广大农户推荐土壤是否干旱、缺水，体现了墒情监测服务农业生产的根本宗旨。通过多年实践与探索，并经过多次修订，制定出了宁夏主要农作物不同生育期墒情与旱情等级评价指标（表 2）。

表 2 宁夏主要农作物不同生育期墒情等级评价指标

作物名称	生育期	相对含水量（%）		
		过多	适宜	不足
小麦	幼苗期	≥80	60～75	≤60
	返青期	≥80	60～75	≤60
	拔节期	≥85	65～80	≤65
	灌浆期	≥85	60～80	≤60
	成熟期	≥80	60～75	≤60
玉米	苗　期	≥80	65～80	≤65
	拔节期	≥80	70～80	≤70
	抽穗期	≥85	70～85	≤70
	灌浆期	≥80	65～80	≤65
	成熟期	≥70	60～70	≤60
马铃薯	播种—出苗	≥70	50～70	≤50
	苗期	≥70	50～70	≤50
	现蕾期	≥75	65～75	≤65
	块茎形成及膨大期	≥80	70～85	≤70
	淀粉积累期	≥70	60～70	≤60
	成熟收获期	≥60	40～60	≤40

2018年黑龙江农垦总局土壤墒情监测技术报告

一、农业生产基本情况

（一）农业资源特点

黑龙江垦区地处我国东北部小兴安岭南麓、松嫩平原和三江平原地区。辖区土地总面积5.54万千米^2，现有耕地4 448万亩、林地1 362万亩、草地507万亩、水面388万亩，是国家级生态示范区。

黑龙江垦区地处欧亚大陆东部，属中温带大陆季风气候区，夏季受副热带高压和海洋暖湿气流影响，温暖湿润短促；冬季受蒙古高压和西伯利亚寒流影响，寒冷干燥而漫长；春秋两季是过渡时期，气温变化剧烈，春季多大风而少雨。

降水：垦区降水较充沛，年平均降水量由西至东为500～600毫米，但年际间变幅较大，多达800毫米以上，少则不到300毫米。降水年内分配也不均衡；夏季6～8月占全年降水量的60%～70%。春季降水量只占全年的10%～15%，常遇春旱。

气温：垦区南北纵跨6个纬度，气候差异大，年平均气温在1.0～4.0℃之间，最高7月平均气温为20～22℃，极端最高气温达36.0～40.0℃；最低1月平均气温在－19.0～－22.0℃之间，极端最低气温为－36.0～－40.0℃。

热量：垦区年≥10℃活动积温平均为2 000～3 000℃，东部和南部为2 400～3 000℃，西部和北部为2 000～2 400℃。初霜东部为9月下旬，北部为9月中旬；终霜东部为5月中旬，北部为5月下旬。无霜期东部为120～140天，北部为100～120天。全年结冻期约在150～200天，冻层深1.5～2.5米。

日照：农作物生长季节日照时间长，光照强度大。全年日照时数为2 400～2 900小时。

（二）农业生产情况

黑龙江垦区作为我国农业先进生产力的代表，发展现代化大农业具有得天独厚的优势。土地资源富集，人均占有资源多，耕地集中连片，基础设施完备，基本建成防洪、除涝、灌溉和水土保持四大水利工程体系，有效灌溉面积2 394万亩，占耕地面积的53.8%。建成生态高产标准农田2 715万亩，占耕地总面积的61%。主要农作物耕种收获综合机械化水平达99.9%。拥有农用飞机100架，年航化作业能力2 328万亩。农业科技贡献率达68.2%，科技成果转化率达82%，居世界领先水平。

2018年，黑龙江垦区扎实推进现代农业建设，积极发展粮食生产，全局农作物总面积达4 339.5万亩，粮食播种面积4 301.7万亩，适应转方式、调结构的需要，水稻播种面积2 336.8万亩，大豆818.9万亩，玉米1 062.9万亩，马铃薯20.2万亩，小麦11.3万亩，其他作物89.5万亩。为进一步提高粮食综合生产能力，推进土壤墒情监测工作有序开展，在垦区9个管理局、23个农牧场建立了115个土壤墒情监测点，开展墒情监测工作，发布墒情信息。

二、气象与墒情状况分析

（一）气象状况分析

2018年垦区整体降水充沛，光热条件充足，能够满足作物生长需求。气温波动较大，有明显低温时段；降水分布不均匀，旱灾和涝灾为近年来较重的一次。

春季（3～5月），垦区降水整体接近常年，东西分布不均，东部平均降水量比常年多1成，西部比常年少1成；5月底，北安管理局北部农场和齐齐哈尔、绥化管理局南部农场出现旱象。垦区气温整体偏高，回暖早，3月下旬、4月下旬和5月中旬气温偏高较为明显，分别比常年高6.4℃、3.7℃和4.2℃；5月22日下午，北安、九三和齐齐哈尔管理局出现雨夹雪，夜间未发生霜冻。

夏季（6～8月），垦区降水整体偏多，东部降水量较常年多1～3成，西部较常年多2～4成；降水主要集中在6、7月，分别比常年多4成和3成，垦区各场发生不同程度的涝灾。垦区气温整体略高，6月中、下旬和7月上旬均有明显低温时段，旬平均气温分别比常年低1.0℃、0.9℃、0.3℃。日照整体偏少，各月日照时数分别比常年少46.9小时、21.5小时和8.4小时。

秋季（9～10月），垦区整体降水偏多，东部接近常年，西部比常年多5成。垦区气温整体偏高，呈先低后高，9月上旬比常年低1.2℃，其余各旬平均气温比常年高1～3℃之间；9月9日凌晨，北安、九三管理局大部分农场和齐齐哈尔管理局克山农场出现霜冻。日照整体略多，其中，东部比常年多33.8小时，西部比常年少18.2小时。封冻前土壤相对含水量多在70%～90%之间，较为适宜。

（二）主要作物墒情状况分析

2018年春季（3～5月）垦区降水整体接近常年，东西分布不均，气温偏高，回暖早。垦区春季平均降水84.2毫米，接近常年（85.8毫米），比去年（68.9毫米）多2成。其中，垦区东部平均降水量105.0毫米，比常年（94.5毫米）和去年（95.6毫米）均多1成；垦区西部平均降水量63.4毫米，比常年（73.4毫米）少1成，比去年（42.1毫米）多5成。垦区春季气温整体偏高，3月下旬、4月下旬和5月中旬气温偏高较为明显。5月22日下午，北安、九三和齐齐哈尔管理局出现雨夹雪，夜间未发生霜冻。

垦区6～8月降水偏多，降水主要集中在6、7月，分别比常年多4成和3成，各管理局分布不均匀。垦区大部分农场耕层土壤相对含水量在70%～90%之间，较为适宜；局部耕层土壤相对含水量在60%左右。垦区秋季整体降水偏多，土壤相对含水量多在70%～90%之间。

三、土壤墒情监测体系建设

1. 建立墒情监测网络体系 按照全国农业技术推广服务中心的统一部署，在全局范围内推进土壤墒情监测工作，强化土壤墒情监测成果应用。根据土壤类型质地、区域布局、降水特点、地形地貌和种植制度等情况，在牡丹江、北安等9个管理局七星、二九一、八五五、格球山、克山等23个旱作农场建立了5个国家级和18个总局级土壤墒情监测点，监测点作物以玉米、大豆、马铃薯和小麦等主要粮食作物为主，兼顾经济作物，每月10日和25日开展常规监测，发布墒情信息。据不完全统计，全年监测2 000余次，采集数据3 000个，发布土壤墒情信息300余条，提出生产建议800余条。

2. 开展墒情监测技术研究 在组织开展农田土壤墒情监测的同时，进一步加强对墒情监测技术体系的研究，寻找土壤墒情监测与农业生产实际紧密结合的方法。与八一农垦大学、农垦科学院的科研院校合作，根据不同区域、不同土壤类型及不同农作物生育时期需水特性，开展土壤墒情与旱情评价指标体系的研究工作。

通过项目实施，开展土壤墒情监测工作，加大墒情监测和数据分析力度，实现定点、定时土壤墒情监测，建立土壤墒情定期报告制度，及时垦区不同农作物种植区域的土壤墒情，为指导垦区春播阶段农业种植结构调整、抗春涝、抢农时、夺积温、保全苗；夏管阶段抗洪涝、促早熟、提品质、保增产；秋收阶段及时收获、适墒整地以及农业抗旱减灾、指导科学灌溉、节水技术推广提供信息服务和技术支撑。指导玉米、大豆等旱田作物适墒播种面积1 000多万亩，节水农业技术推广面积200万亩，增产20万吨以上。有效地促进了垦区农业增产、企业增效、职工增收。

附件　全国土壤墒情信息

农技信息

第 1 期（总第 397 期）

全国农业技术推广服务中心　　2018 年 1 月 5 日

中东部大范围降雪　华北麦区降水不足

据近期土壤墒情监测结果，我国中东部大部分地区迎来了 2018 年首场降雪，西北地区东部、黄淮、江淮、江汉等地出现中到大雪，部分地区大到暴雪，利于土壤增墒和冬小麦越冬，但影响油菜等在地作物生长。华北冬麦区 60 日无有效降水和积雪覆盖，不利于冬小麦安全越冬，如后期持续无有效降水，各地应提早做好抗旱准备工作，确保冬小麦顺利返青。南方长江以南地区将出现大范围降雨、低温、局地冻雨等天气，应提早采取措施，防范冻害渍涝。

一、中东部出现大范围降雪，墒情总体适宜，利于冬小麦安全越冬

1 月 2 日以来，陕西中部和南部、山西南部、河南、湖北、山东南部、安徽中部、江苏等地先后出现中到大雪，其中河南东南部、湖北北部和东部、安徽中部、江苏南部等局地出现大暴雪，降水量达 25～53 毫米。上述地区普遍出现深度 5～10 厘米积雪，部分地区达 15～33 厘米，利于土壤保墒增墒和冬小麦安全越冬，不利于油菜等在地作物生长。据气象预报，西北地区东部、黄淮、江淮等地还将有新一轮小到中雪过程。降雪地区应采取覆盖等措施做好在地作物防寒保温。雪后及时清扫大棚积雪，防止倒塌。控制棚内浇水，降低棚室湿度，减少通风，提高地温。

二、华北冬麦区 60 日无降水，应提早做好抗旱准备工作

华北冬麦区自 2017 年 11 月以来，大部降水量不足 10 毫米，较常年偏少 9 成以上，无积雪覆盖，部分地区出现气象干旱。据气象预报，近期华北仍维持降水偏少态势，不利于冬小麦安全越冬。应密切关注天气变化和墒情状况，对于前期整地质量较差、未浇封冻水、墒情不足的麦田，应利用天气回暖时机，适时镇压，弥补裂缝、保墒增温。适时喷施叶面肥，

增强作物抗旱防冻能力。

三、长江以南地区将出现大范围降雨、低温、局地冻雨等天气，应防范冻害渍涝

前期南方大部分地区墒情适宜，利于油菜、露地蔬菜、果树等在地作物生长。据天气预报，6～8日西南地区东部、江南、华南将出现新一轮小到中雨过程，其中江南东南部、华南北部有大雨，局地暴雨。湖北西南部、贵州北部、湖南西北部等地部分地区将出现冻雨天气，影响在地作物生长。应继续做好防寒防冻和田间管理工作，雨后及时清沟理墒、排湿降渍。喷施水溶性肥料，提高抗寒能力，促进作物恢复生长。低温地区可采取秸秆、地膜覆盖等措施保温防冻。注意大棚加固及温湿调控，防止蔬菜遭受低温冻害。

（节水农业技术处供稿）

报：余欣荣副部长。

送：农业部发展计划司、财务司、种植业管理司。

发：各省、自治区、直辖市土肥（耕保、农技）站（总站、中心、处），新疆生产建设兵团农业技术推广总站，黑龙江省农垦总局农业局。

全国农技中心办公室　　2018年1月5日印发

农技信息

第 3 期（总第 399 期）

全国农业技术推广服务中心　　　　2018 年 1 月 29 日

中东部雨雪冰冻　设施农业应保温补光

据近期土壤墒情监测结果，华北中北部、东北西部降水偏少、墒情不足，南方部分地区墒情过多，其他区域墒情适宜。近期，我国西北地区东部、黄淮南部、江汉、江淮、江南北部等地出现中到大雪，黄淮西南部、江汉、江淮、江南东北部等地部分地区出现暴雪到大暴雪，湖北、湖南、贵州、江西等省部分地区出现冻雨，各地温度持续偏低，影响油菜、蔬菜、果树、茶树等在地作物生长，部分设施大棚出现垮塌。

中东部地区 1 月份出现 2 次大范围降雪低温，严重影响设施农业生产。据气象预报，2 月 1～3 日，中东部大部地区自北向南先后有 4～5 级偏北风，阵风 6～7 级，大部地区气温下降 4～6℃，部分地区降温幅度达 8℃以上，低温天气将持续到 2 月上旬。各地应根据实际情况加强设施农业管理。一是维护加固。在棚室或拱棚内临时增加立柱，防止棚体坍塌。在棚外如温室的后屋面顶部和墙体外斜面覆盖塑料薄膜或石棉瓦等防雨雪设施，避免墙体受损。检查薄膜是否完好，及时修复破损。拉紧压膜线，防止大风揭膜。据测算，20 厘米厚的积雪重量可达 10～20 千克/米^2，应及时清理棚上的积雪。二是覆盖保温。棚外草帘或保温被上加盖棚膜，利于雪自动滑落，加强保温。大棚内扣小拱棚，夜间覆盖薄膜，薄膜上覆盖草苫，增温保温。棚内底部用薄膜作围裙，堵塞棚内缝隙，减少底部冷空气侵入和散热。三是增温补光。当棚内白天温度低于 15℃，夜间温度低于 5℃时，用火炉、电炉、电灯、沼气灯等提高棚内温度。用补光灯进行补光并张挂反光膜。四是调控温湿度。减少或停止浇水，采用膜下滴灌等方式灌溉，防病药剂选用烟雾剂或粉尘剂，减少水分蒸发，避免增加湿度、降低温度。五是适时揭帘。雪停后适时揭去草帘等覆盖物使植株见光。连续阴雪天气后骤然转晴，应先“揭半帘”或间隔揭帘，观察棚内作物变化，发现萎蔫立即回帘，恢复后再揭开。

南方地区应加强油菜、露地蔬菜、果树、茶树等作物田间管理，露地蔬菜、油菜等作物可用薄膜、草苫、秸秆等覆盖，防寒保温。果树和茶树采取基部培土、树干包扎、园区熏烟等措施防寒防冻。低洼地雨雪后及时清除积雪、清沟理墒、排涝降湿。

北方冬麦区应加强小麦分类管理，及时采取保温保墒措施，加强晚弱苗管理，确保冬小麦安全越冬。

（节水农业技术处供稿）

附件　全国土壤墒情信息

报：余欣荣副部长。

送：农业部发展计划司、财务司、种植业管理司。

发：各省、自治区、直辖市土肥（耕保、农技）站（总站、中心、处），新疆生产建设兵团农业技术推广总站，黑龙江省农垦总局农业局。

全国农技中心办公室　　　　2018年1月30日印发

农技信息

第5期（总第401期）

全国农业技术推广服务中心 2018年2月11日

全国墒情基本适宜　抓好受冻作物恢复

据近期土壤墒情监测结果，全国大部分地区墒情适宜，华北东北部、东北西部降水持续偏少，春季可能出现墒情不足，南方部分降水偏多地区墒情过多。前期中东部出现大范围低温雨雪冰冻天气，部分在地作物出现冻害。各地应抓好受冻作物恢复，做好春耕准备。

冬小麦：南方麦田冻害发生后尽快调查受冻程度，茎蘖受冻死亡率10%～30%的麦田，亩追施尿素4～5千克；茎蘖受冻死亡率超过30%的麦田，每增加10个百分点，亩尿素施用量增加2～3千克，最高不超过15千克。抓住晴天开好麦田三沟并及时疏通，确保通畅，做到雨止田干、沟无积水。

油菜：抢抓晴好天气及时清沟沥水，养护根系。对受冻严重的油菜，割除枯死菜薹，打掉油菜基部受冻叶片，通风透光。及时中耕培土，冻害较重的田块，亩施5～10千克尿素或喷施磷酸二氢钾、含氨基酸水溶肥料等，促进油菜恢复生长。

设施蔬菜：连续阴雨天或降雪后应间隔揭开覆盖物，避免急剧升温使植株受冻的组织坏死。及时剪去受冻带病斑的茎叶，以免组织霉变诱发病害。可在棚内使用烟熏剂预防病害。受冻植株缓苗后，尽早喷施2%尿素溶液或0.2%磷酸二氢钾溶液，促弱转壮。冻害严重的温棚，应及时清园、调整茬口，改种苋菜、小白菜、菠菜等速生叶菜。

（节水农业技术处供稿）

报：余欣荣副部长。

送：农业部发展计划司、财务司、种植业管理司。

发：各省、自治区、直辖市土肥（耕保、农技）站（总站、中心、处），新疆生产建设兵团农业技术推广总站，黑龙江省农垦总局农业局。

全国农技中心办公室 2018年2月　日印发

农技信息

第 6 期（总第 402 期）

全国农业技术推广服务中心　　2018 年 3 月 2 日

春耕期间全国土壤墒情

据 2 月 28 日全国墒情会商，目前主要农区墒情总体适宜，利于冬小麦、油菜等作物生长。东北地区大部积雪覆盖，中西部应提早做好抗旱播种准备，东北部应预防低温春涝；华北、黄淮、西北冬麦区大部墒情适宜，山东中部和西南部、河北北部地区墒情不足。冬小麦苗情整体偏弱，应早施返青拔节肥，适时灌水，促弱转壮。西北和华北春播区墒情基本适宜，应以保墒增温为重点抓好春耕春播。南方大部墒情适宜，江淮、江汉、江南北部墒情过多，应注意清沟降渍。春季气温变化大，要特别注意防范倒春寒。

一、东北大部处于封冻期，中西部可能发生春旱，应做好抗旱播种准备

目前东北大部积雪厚度 5～40 厘米。辽宁西南部、吉林西部、内蒙古中西部去年 11 月以来降水较常年同期偏少 2～6 成，底墒不足。

据气象预测，3～5 月东北地区东北部气温偏低、降水偏多，可能出现低温湿涝；中西部气温偏高，降水偏少，加上前期底墒不足，春旱发生几率加大。东部墒情适宜地块，及时开展春播整地，抢墒播种；东北部低温湿涝地块，提早耙雪促化、挖沟排水、疏通沟渠、排涝散墒、提高地温，防止内涝；中西部可能发生春旱地块，提前做好抗旱水源、播种机械、水泵水箱等准备，大力推广“抗旱坐水种”、滴灌水肥一体化等技术。晚播地块选择生育期短、早熟的耐旱作物品种。

二、华北和黄淮大部墒情适宜，冬小麦苗情偏弱，应抓好麦田分类管理

去年入冬后华北大部、黄淮东北部降水偏少 5～8 成，目前山东中部和西南部、河北部分地区 0～20 厘米土壤相对含水量 45%～60%，表墒不足。其他地区因去年播种期降水偏多，且今年 1 月普降大雪，目前 0～40 厘米土壤相对含水量 70%～85%，墒情适宜。由于小麦播期偏晚，长势较弱。

据气象预测，3～5 月冬麦区气温偏高 1～2℃，华北北部降水偏少 2～5 成，可能遭遇旱情。目前正值春管关键时节，要因苗因墒抓好分类管理，早施返青拔节肥，适时灌水，促弱转壮。晚播弱苗麦田及时划锄，适时镇压，增温保墒，在返青期、拔节期分两次灌水追肥；适播麦田控促结合，推迟到返青期或拔节期追肥。地下水超采漏斗区大力推广测墒春灌一水

减量灌溉和水肥一体化，减少抽取地下水。旱地麦田在土壤化冻后及时中耕镇压，提墒保墒、促根增蘖。春季气温变化大，应注意预防倒春寒。北部春播区做好备耕，合理调整种植结构，积极推行膜下滴灌、地膜覆盖等抗旱节水措施。

三、西北总体墒情适宜，冬麦区应抓好田间管理，春播区应做好准备

目前大部分地区0～40厘米土壤相对含水量70%左右，墒情适宜。甘肃陇中和陕北部分地区0～20厘米土壤相对含水量小于55%，表墒不足。受秋播期间降雨和低温寡照天气影响，麦苗长势较弱，分蘖少，目前三类苗约占30%。

据气象预测，3～5月降水接近常年，气温偏高1～2℃。春季土壤失墒加快，可能出现旱情，应采取以下措施：一是加强麦田管理。对苗情偏弱田块在返青期及早灌水追肥，促弱转壮。旱地小麦返青前镇压划锄，撒施农家肥，保墒增温。小麦拔节期重施拔节肥。二是及时开展春播。适时适墒顶凌覆膜，在适宜地区推广地膜替代、膜侧种植、全膜改半膜、宽膜改窄膜技术，应用增厚膜（厚度大于0.01毫米）和新型多功能地膜，促进地膜减量和残膜回收。三是做好防灾减灾。关注天气变化，适时喷施叶面肥、水溶肥及抗旱抗逆制剂，预防倒春寒。

四、西南大部墒情适宜，利于春耕春播

大部分地区0～40厘米土壤相对含水量63%～84%，墒情适宜。四川西南和云南中部干热河谷区0～20厘米土壤相对含水量41%～60%，表墒不足。

据气象预测，3～5月西南大部气温、降水与常年持平，云南气温偏低0.5～1℃，降水偏多1～2成。一是做好小春作物水肥管理，稻油轮作区注意清沟降渍，油菜追施硼肥；小麦追施拔节孕穗肥，促进穗大粒重。二是做好大春播种育苗，推行集中育苗育秧，预防倒春寒；推广地膜覆盖、聚土垄作、等高种植、水肥一体化等节水技术，增强抗旱能力。三是整修库塘蓄水设施，维修提灌设备，推广软体集雨窖池，及早翻耕冬闲田，增强雨水积蓄能力。

五、南方墒情基本适宜，局部过多，应抓好春管春播

去冬以来，江淮、江汉、江南北部气温偏低，降水偏多，0～40厘米土壤相对含水量80%以上，墒情过多，油菜、小麦等作物长势偏弱；其他地区土壤相对含水量60%～80%，墒情适宜。

据气象预测，3月上旬江汉、江淮、江南、华南北部等地降水较常年偏多3～7成；3月中旬至5月江淮、华南西南部降水偏多1～2成，江南和华南中东部偏少2～5成。一是抓好小麦、油菜田清沟降渍，因苗适时追肥，喷施锌、硼等微量元素肥料；马铃薯注意开沟排水，适时采收。二是趁晴好天气及时播种早稻，搞好防寒育秧。三是做好玉米、甘蔗、花生等旱地作物春播，推广地膜覆盖、水肥一体化等技术。四是春季冷空气活动频繁，注意防范倒春寒；江南东部可能发生春旱的地区，注意蓄水保墒。

（节水农业技术处供稿）

报：余欣荣副部长。

送：农业农村部发展计划司、财务司、科技教育司、种植业管理司。

发：各省、自治区、直辖市及计划单列市土肥（耕保、农技）站（总站、中心、处），新疆生产建设兵团农业技术推广总站，黑龙江省农垦总局农业局。

全国农技中心办公室　　2018年3月5日印发

农技信息

第8期（总第404期）

全国农业技术推广服务中心　　2018年3月27日

北方墒情基本适宜　南方局部出现渍涝

据近日土壤墒情监测结果，全国墒情基本适宜，利于冬小麦返青拔节、油菜等在地作物生长和春耕春播。东北地区墒情基本适宜，局部应防春涝，西部提早做好抗旱坐水种准备。黄淮及华北冬麦区大部墒情适宜，部分墒情不足地块应及时灌水追肥，大力推广小麦微喷水肥一体化技术。西北冬麦区墒情普遍适宜，部分春播区墒情不足，适时适墒做好春季覆膜。南方墒情基本适宜，局部降水偏多的低洼地块应做好清沟排水，大力推广水稻集中育秧和机插秧。

一、东北地区墒情基本适宜，局部应防春涝，西部应防春旱

东北大部天气晴好，气温逐步回升，土壤开始解冻。前期降水偏多地区，积雪融化可能出现墒情过多甚至积水内涝。西部前期降水偏少，春季温高风大地区可能发生春旱。墒情适宜地区应及时清理田间秸秆根茬，深松整地。北部可能发生春涝的地区应充分利用机械及早耙耢，融雪散墒。对化冻后明水过多的地块，采取挖排水沟、积水坑、疏通沟渠和机械排涝等措施除涝散墒。西部墒情不足地区大力推广抗旱坐水种、膜下滴灌水肥一体化技术，确保一播全苗。

二、华北和黄淮麦区大部墒情适宜，部分地区墒情不足，局地旱情持续

大部分地区0～40厘米土壤相对含水量为65%～85%，墒情适宜，利于冬小麦返青拔节。河北中部和南部、山西南部部分地区土壤相对含水量低于65%，墒情不足。其中河北中南部自去年11月以来，降水持续偏少，部分地区土壤相对含水量低于50%，旱情持续。据气象预报，未来一周温度较常年同期偏高2～4℃，土壤失墒较快，河北中南部旱情可能加剧。应加强田间水肥管理，墒情不足的麦田要千方百计开发水源，浇好返青拔节水，亩灌水约30米^3，结合浇水适量追肥，及时划锄，破除地表板结。长势较好、墒情适宜的麦田可在拔节中后期适量浇水，亩灌水20～25米^3。大力推广小麦微喷水肥一体化技术，提高水肥利用效率。春季气温变化快，密切关注天气变化，做好“倒春寒”防御。

三、西北冬麦区墒情适宜，部分春播区墒情不足，应及时覆膜春播

大部分麦田土壤相对含水量为60%～80%，墒情适宜。陕西陕北和渭北、甘肃陇中和

陇东、宁夏中南部部分地区土壤相对含水量低于60%，墒情不足。应加强冬小麦水肥管理，墒情不足的弱苗地块应早浇返青水，早施返青肥，促进苗情转化升级。旱地小麦撒施农家肥提温保墒，适时追施返青肥。今年春季气温普遍偏高，春播地区土壤解冻后及时耙耱整地，适墒覆膜，防止水分蒸发，适时适墒播种。

四、西南墒情基本适宜，应做好库塘蓄水

西南大部分地区土壤相对含水量为64%～85%，墒情适宜。四川南部和云南北部部分地区降雨偏少，土壤相对含水量低于60%，墒情不足。据气象预报，近期西南地区大部将出现10～30毫米降雨，部分地区达50毫米左右。墒情不足地区应合理调配水资源，确保春播用水，充分利用天然降水开展稻田和库塘蓄水，为水稻移栽做好准备。大力推广水稻集中育秧、机插秧、玉米半膜覆盖、覆膜育苗等技术。

五、南方大部墒情适宜，局部渍涝

3月中下旬以来南方普遍降水，其中江南北部、华南北部出现60～90毫米降雨，局地超过100毫米，部分低洼排水不畅地块出现渍涝。据天气预报，近期江汉、江南中西部、华南中西部等地将出现中到大雨、局地暴雨，低洼地块应防渍涝。降水偏多地区应及时清理三沟，确保排水畅通，防范农田渍害。果园应清沟排渍，除草施肥。做好早稻、棉花等春播作物备播工作，大力推广水稻集中育秧和机插秧。

（节水农业技术处供稿）

报：余欣荣副部长。

送：发展计划司、财务司、种植业管理司。

发：各省、自治区、直辖市土肥（耕保、农技）站（总站、中心、处），新疆生产建设兵团农业技术推广总站，黑龙江省农垦总局农业局。

全国农技中心办公室　　2018年3月28日印发

农技信息

第12期（总第408期）

全国农业技术推广服务中心　　2018年4月26日

全国墒情普遍适宜　抓好小麦果树冻害恢复

据近期土壤墒情监测结果，全国主要农区墒情较好，利于冬小麦、油菜等在地作物生长和春播春管。东北大部墒情适宜，应加快播种进度，西部墒情不足地区大力推广抗旱坐水种、膜下滴灌、水肥一体化，确保一播全苗。华北和黄淮麦区墒情适宜，要加强小麦冻害灾后管理，保穗增粒。西北墒情较好，注意加强果树冻害灾后恢复，保产增效。西南和南方墒情基本适宜，降水偏多地区要确保排水畅通，防范农田渍害。

一、东北大部墒情适宜，西部墒情不足

东北大部分地区土壤相对含水量为65%～85%，墒情适宜。东北部局部地区土壤相对含水量大于85%，墒情过多。吉林西部、辽宁西北部、内蒙古中东部部分地区土壤相对含水量低于65%，墒情不足，局部土壤相对含水量低于50%，出现干旱。据气象预测，近期东北地区以晴为主，春季风大，土壤失墒加快，墒情不足地区要大力推广抗旱坐水种、膜下滴灌、水肥一体化等节水保墒技术，确保一播全苗。墒情过多地块应及时整地散墒、适墒播种。墒情适宜地区应及时整地，抢墒播种。控制井灌稻面积，抓好水稻大棚集中育秧，大力推广稻田激光平地技术，提高灌水和农机作业效率，改传统淹水灌溉为“浅、薄、湿、晒”节水灌溉。

二、华北和黄淮墒情普遍适宜，加强小麦冻害灾后管理

目前大部分地区土壤相对含水量为65%～85%，墒情适宜，利于冬小麦生长。4月5～7日部分地区出现强降温天气，降温幅度达15℃，局部处于拔节后期和孕穗期的冬小麦冻害严重，出现幼穗干死和半截穗。对发生冻害较轻的麦田，应加强田间水肥管理，气温回升后及时浇水，追施速效氮肥、喷施磷酸二氢钾等叶面肥，提高抗逆能力，促进恢复生长，保穗增粒。受灾严重的麦田，可改种花生、甘薯、大豆等作物，弥补灾害损失。加强小麦中后期水肥管理，在拔节后期适量浇水施肥，亩灌水20～25米^3。大力推广小麦微喷水肥一体化技术，提高水肥利用效率。

三、西北墒情较好，加强果树冻害灾后恢复

目前大部分地区土壤相对含水量为65%～85%，墒情适宜，利于冬小麦生长和春玉米

等作物播种。甘肃陇中和宁夏中部部分地区土壤含水量低于65%，墒情不足。4月5～7日陕西、甘肃部分地区遭受强降温天气，苹果花期冻害严重。遭受冻害的果园，暂停疏花疏果，待坐果稳定后，再根据坐果高低、冻害轻重、幼果优劣和树势强弱灵活疏留。冻害较重的果园，要充分利用迟开的边花果、叶丛花和腋花芽的中心果保产增效。加强冬小麦田间管理，及时灌水追肥，旱地小麦应趁墒追肥，促进苗情好转。春播区应抓住墒情较好的有利时机，加快地膜玉米、马铃薯等作物播种进度。

四、西南大部墒情适宜，局部不足

西南大部分地区土壤相对含水量在65%～90%，墒情适宜。四川南部、云南北部地区土壤相对含水量低于65%，墒情不足。墒情不足地区应合理调配水源，保证春耕用水。渍涝地块应清沟排水，降渍除湿。大力推广水稻集中育秧、机插秧、玉米半膜覆盖、覆膜育苗等技术。

五、南方大部墒情适宜，局部渍涝

4月中旬以来南方普遍降水，其中江南北部、江汉南部和华南中部出现50～100毫米降雨，局部地区超过100毫米，部分低洼排水不畅地块出现渍涝。据气象预报，近期江南、华南中西部将出现中到大雨、局地暴雨。降水偏多地区应及时清理排水沟，确保排水畅通，防范农田渍害。果园应清沟排渍，除草施肥。做好早稻、棉花等春播作物备播工作，推广水稻集中育秧和机插秧。

（节水农业技术处供稿）

报：余欣荣副部长。

送：农业农村部发展计划司、财务司、种植业管理司。

发：各省、自治区、直辖市土肥（耕地、农技）站（总站、中心、处），新疆生产建设兵团农业技术推广总站，黑龙江省农垦总局农业局。

全国农技中心办公室　　2018年4月26日印发

农技信息

第14期（总第410期）

全国农业技术推广服务中心　　2018年5月11日

夏收夏播期间全国土壤墒情

据5月8～9日全国墒情会商，目前主要农区墒情总体适宜，利于冬小麦扬花灌浆、油菜结实、玉米播种出苗。东北大部墒情适宜，应加快播种进度，适墒扩种大豆，控制井灌稻面积。华北和黄淮墒情总体适宜，做好小麦“一喷三防”增粒重，实施测墒灌溉少浇一水。西北大部墒情适宜，应加强水肥调控，促进受冻果树恢复。西南和南方大部墒情适宜，局部过多，注意防范高温和渍涝。

一、东北大部墒情适宜，应加快播种进度，控制井灌稻面积，扩大大豆种植

入春以来，气温回升快，土壤解冻早，春播较常年略有提前。但气温起伏较大，4月上旬局部最低气温低于0℃，发生霜冻，影响已播作物出苗生长。4月下旬普遍降水，目前大部分地区土壤相对含水量60%～80%，墒情适宜。内蒙古中西部和东南部、吉林西部、辽宁西部部分地区土壤相对含水量50%～60%，墒情不足，局部地区土壤相对含水量低于50%，发生干旱。

据气象预测，5月东北地区气温偏高，吉林西部、辽宁西部和南部降水偏少。6～8月黑龙江大部降水偏少1～2成，内蒙古中西部降水偏多2～5成。目前正处于春播高峰期，要全力做好春耕春种春管工作。一是加快春播进度，适墒扩种大豆，墒情不足地区积极推广抗旱坐水种等措施；因旱晚播地区改种短生育期作物或中早熟品种。二是做好在地作物管理，玉米及时查苗定苗，春小麦适时追肥。三是抓好水稻插秧，加强秧苗管理，及时泡田整地，适时移栽；在地下水超采区控制井灌稻面积，实施轮作休耕和“水改旱”，大力推广浸润灌溉、控制灌溉等稻田节水技术。

二、华北和黄淮冬麦区墒情总体适宜，做好“一喷三防”增粒重，实施测墒灌溉少浇一水

立春过后，气温回升，墒情适宜，小麦苗情转化升级，一二类苗比例提高，但总体弱于常年。4月以来降水充足，目前大部分地区0～40厘米土壤相对含水量60%～88%，墒情适宜，利于小麦扬花灌浆。山西中部部分地区土壤相对含水量低于60%，墒情不足。沿淮部分地区低洼地块墒情过多。

据气象预测，5月华北北部高温少雨，可能出现干热风，6～8月大部降水偏多。一是做

好小麦“一喷三防”，及时喷施磷酸二氢钾、水溶肥、锌肥等，预防脱肥早衰，增加粒重，提高品质。二是实施测墒节灌，指导农户因墒少灌一水，实现节水压采。积极采用喷灌微灌水肥一体化等节水措施，减轻干热风危害，促进小麦灌浆。三是夏玉米、大豆等作物及时趁墒播种，墒情不足地块浇水造墒，大力推广水肥一体化和种肥同播技术，确保苗齐苗匀苗壮。

三、西北大部墒情适宜，应加强水肥调控，促进受冻果树恢复

4月以来，西北大部降水偏多，目前0～40厘米土壤相对含水量60%～80%，墒情适宜，陕北、渭北、陇中、陇东和宁夏中部的部分地区0～40厘米土壤相对含水量低于60%，墒情不足。4月上旬，西北东部出现0℃以下低温，影响冬小麦孕穗抽穗，部分地区苹果、猕猴桃、樱桃、核桃、葡萄等果树遭遇冻害。

据气象预测，6～8月大部气温偏高0.5～2℃，西北东部降水偏多2～5成。一是抓好冬小麦“一喷三防”，及早做好机收准备。二是春玉米要及时查苗补苗，确保苗全苗齐；马铃薯苗期及早追肥，中耕培土；春小麦及早施肥，促进分蘖。三是冬小麦收获后趁墒夏播，争取一播全苗。四是加强受冻果树水肥管理，增施有机肥、磷钾肥和锌肥，促进树体恢复，提高单果重，改善品质。

四、西南地区墒情适宜，注意抓好育秧育苗

目前大部分地区0～20厘米土壤相对含水量60%～79%，20～40厘米土壤相对含水量62%～86%，墒情适宜。四川西南和云南西北局部0～20厘米土壤相对含水量54%～58%，表墒不足。

据气象预测，6～8月西南大部气温和降水与常年持平，重庆大部、四川东南局地降水较常年偏少1～2成。一是抓住晴好天气及时收晒冬小麦、油菜、马铃薯等小春作物。二是做好水稻、玉米等大春作物育秧育苗，加强苗期管理，趁墒移栽，力争满栽满插。三是抓好在地作物水肥管理，及时追肥，因墒补灌。

五、南方大部墒情适宜，局部过多，要注意防范高温和渍涝

目前大部分地区土壤相对含水量60%～85%，墒情适宜。华南、江汉、江淮、江南部分地区出现强降水，墒情过多。局地出现大风、冰雹、暴雨等灾害天气，春耕春播受到影响。

据气象预测，南方大部5月气温偏高、降水正常或偏少，利于冬小麦和油菜收晒。6～8月长江中下游降水偏少，高温日数偏多，可能出现高温热浪和阶段性干旱；华南大部降水偏多，局地可能出现洪涝。一是密切关注天气变化，油菜和冬小麦等作物应抢晴收割晾晒。二是旱地趁墒播种，水田及时栽插，加强田间水肥管理。三是及时清沟排渍，防范短时强降水引起的洪涝渍害。四是长江中下游可能出现高温热浪和阶段性干旱的地区，提早做好引水灌溉准备，抗旱降温。

（节水农业技术处供稿）

报：余欣荣副部长。

送：农业农村部发展计划司、财务司、科技教育司、种植业管理司。

发：各省、自治区、直辖市及计划单列市土肥（耕保、农技）站（总站、中心、处），新疆生产建设兵团农业技术推广总站，黑龙江省农垦总局农业局。

全国农技中心办公室 2018年5月11日印发

农技信息

第 16 期（总第 412 期）

全国农业技术推广服务中心　　2018 年 5 月 25 日

东北大部旱情缓解　抓好节水保墒促苗全

据近期土壤墒情监测结果，东北大部分地区墒情适宜，旱情缓解，但中西部局部降水持续偏少，墒情不足，旱情持续。今年 3 月以来，东北西部降水偏少 3～8 成，气温偏高 1～2℃，墒情持续不足。局部地区因旱未播，已播地块作物出苗率低，苗情较差。5 月 21～23 日出现大范围降水，有效补充了土壤表墒，辽宁旱情基本解除，但吉林中部、黑龙江西南部、内蒙古燕山丘陵区和阴山北麓部分地区旱情持续。各地应抢抓雨后墒情适宜有利时机，加快玉米播种进度，扩大耐旱、生育期短的杂粮杂豆种植面积，大力推广抗旱坐水种。

黑龙江：5 月 22 日全省自西向东迎来降雨，目前大部分地区 0～20 厘米土壤相对含水量 60%～85%，墒情适宜。前期出现旱情的齐齐哈尔、大庆、牡丹江等地降水超过 10 毫米，旱情缓解。西南部哈尔滨、绥化大部地区降雨不足 10 毫米，0～20 厘米土壤相对含水量低于 60%，墒情不足，旱情持续。

吉林：5 月 21～23 日出现降雨，平均降雨量为 8.5 毫米，补充了土壤表墒，部分缓解了旱情，目前中东部地区 0～10 厘米、10～20 厘米土壤相对含水量分别为 65%～85%、60%～85%。西部地区 0～10 厘米、10～20 厘米土壤相对含水量均低于 60%，墒情不足，旱情持续。

辽宁：5 月 21～23 日全省大部降水超过 10 毫米，其中阜新及锦州的部分地区雨量超过 30 毫米，目前大部分地区 0～20 厘米、20～40 厘米土壤相对含水量分别为 60%～80%、60%～85%，墒情适宜。降水补充了表墒，接上了底墒，旱情得到有效缓解。朝阳和葫芦岛部分地区降水不足 10 毫米，土壤相对含水量低于 60%，墒情不足，旱情持续。

内蒙古：5 月 21～22 日出现降水过程，目前大部分地区土壤相对含水量 60%～85%，墒情适宜。但燕山丘陵区北部和阴山北麓部分地区降雨偏少，土壤相对含水量低于 60%，墒情不足，旱情持续。

据气象预报，未来 10 天，东北将出现大范围降雨，但黑龙江西部、吉林西北部降水不足 10 毫米。各地应积极采取有效措施，全力抗旱保苗。一是加快未播地块播种进度。雨后墒情适宜地块，应抢抓农时加快播种，采取保墒措施，提高播种质量；墒情不足地块，要大力推广抗旱坐水种，确保一播全苗。二是查田补种改种。对坏种或芽干的玉米地块，采取育苗移栽、催芽坐水等措施进行补种。对于出苗率低于 50%的玉米地块，引导农民改种杂粮杂豆，扩大大豆种植面积。三是大力推广高效节水灌溉。充分挖掘水利设施潜力，积极准备各种抗旱设备，扩大供水能力，大力推广喷灌、滴灌、水肥一体化等抗旱节水技术。四是适时开展夏季田管。提早深松铲趟，切断土壤毛细管，减少表面水分蒸发。五是加快水稻插秧进度。统筹水源管理，合理调度、科学轮灌，确保水稻插秧。推广“浅、薄、湿、晒”灌溉、控制灌溉和水肥一体化等水稻节水技术。

（节水农业技术处供稿）

报：余欣荣副部长。

送：农业农村部发展计划司、财务司、科技教育司、种植业管理司。

发：各省、自治区、直辖市及计划单列市土肥（耕保、农技）站（总站、中心、处），新疆生产建设兵团农业技术推广总站，黑龙江省农垦总局农业局。

全国农技中心办公室　　2018 年 5 月 25 日印发

农技信息

第 20 期（总第 416 期）

全国农业技术推广服务中心　　　　2018 年 7 月 10 日

做好台风防御　应对南涝北旱

据近期土壤墒情监测结果，华南、江淮、江汉、西南大部分地区墒情过多，部分地区出现渍涝。东北西南、华北北部、西北北部及内蒙古中西部部分地区墒情不足，局部干旱。据气象预报，今年第 8 号台风“玛莉亚”将在福建、浙江沿海登陆，带来强降雨和大风天气，与前期降水叠加，农田渍涝加重，影响水稻、玉米、蔬菜、水果、茶叶等作物生长。

华南、江淮等台风登陆影响地区：积极做好台风防御准备。一是抓紧抢收已成熟的早稻、玉米、大豆、瓜菜等作物，减少损失。二是抓紧对大棚设施进行检查加固，可以通过割膜减少大风对大棚的影响。三是及时清理疏通田间沟渠，确保排灌畅通，防止发生大面积内涝。

台风过后及时采取恢复措施。水稻应尽快扶苗清苗，冲洗叶片泥浆，及时施肥喷药，恢复作物生长，防治病虫害。玉米等旱地作物及时排涝除渍，追施速效氮肥，加快植株恢复生长。倒伏作物及时扶苗，培土施肥，促使新根下扎。蔬菜尽快清沟排水，采收受灾蔬菜，减少损失，喷施水溶肥料，恢复生长。桑果茶园开沟排除积水，清洗枝叶泥浆，扶正冲倒树体，培土覆盖外露根系。伤根果树应疏枝剪叶，剪除断裂树枝，摘去部分或全部果实，减少树体养分消耗。适时松土，防止水淹园地土壤板结。喷施水溶肥料，待树势恢复后再土施有机肥，促发新根。

东北、华北、西北墒情不足地区：做好墒情监测，根据作物水分需求和土壤墒情进行补灌，一般亩灌水 20～40 米^3。结合灌水采用水肥一体化方式进行追肥。无灌溉条件的地区可喷施磷酸二氢钾等水溶肥和抗旱抗逆制剂，提高作物抗逆能力。

（节水农业技术处供稿）

报：余欣荣副部长。

送：农业农村部发展计划司、财务司、种植业管理司。

发：各省、自治区、直辖市土肥（耕地、农技）站（总站、中心、处），新疆生产建设兵团农业技术推广总站，黑龙江省农垦总局农业局。

全国农技中心办公室　　2018 年 7 月 11 日印发

农技信息

第 24 期（总第 420 期）

全国农业技术推广服务中心　　2018 年 8 月 29 日

东部降水偏多　抓好灾后生产恢复

据近期土壤墒情监测结果，全国主要农区大部墒情适宜，东北东部、黄淮东部、江淮东部降水偏多，局部出现内涝，应尽快排涝除渍，抓好灾后生产恢复。华北北部、西北东部、内蒙古中西部部分地区墒情不足，应采取多种方式抗旱补墒。南方沿海地区近期降水偏多，墒情过多，要及时排涝降渍，做好水肥管理，增强植株抵御渍涝的能力。

一、东部连续出现强降水，应加快排出积水

受台风“温比亚”影响，17～20 日东北东部、黄淮东部、江淮东部出现强降水，辽宁东部、山东、河南东部、苏皖北部等地出现大暴雨、局地特大暴雨，降水量 100～250 毫米，部分地区 250～400 毫米，鲁豫苏皖四省交界区域降水量达 300～520 毫米，强风暴雨使农田出现内涝，农作物倒伏，高秆作物茎秆折断，设施大棚棚体和棚膜损毁，果园被淹。24～25 日，吉林北部、黑龙江南部部分地区再次出现暴雨和大暴雨，内涝地区灾害叠加。据气象预测，8 月 29 日至 9 月 2 日，东北地区自西向东将出现中到大雨。受灾内涝严重地区要调动人力和机具，加快抽水排涝。温室大棚防止棚墙垮塌，棚内尽快排水，清除田间残留的杂物，退水后及时进行菜园消毒。对倒伏的玉米、棉花、大豆等作物，要及时扶固植株，促进通风，喷施叶面肥加快成熟，喷施杀菌剂预防病害。倒伏严重的玉米尽快抢收，尽可能用于鲜食、加工或青贮。

二、北方部分地区墒情不足，应采取多种方式抗旱保墒

由于前期降水不足，西北东部、华北北部、东北西部和内蒙古中西部部分地区土壤相对含水量低于 65%，墒情不足。目前春玉米处于灌浆期，需水需肥量大，应密切关注天气和土壤墒情状况，加强玉米水肥管理，旱情较重地块应及时灌溉，亩灌水 20～40 米^3，结合浇水及时追肥。大力推广玉米滴灌水肥一体化技术，提高水肥利用效率。旱地玉米在雨后及时追施速效氮肥。马铃薯应适时培土、喷施叶面肥。

三、南方部分地区墒情过多，注意防范极端天气

台风“温比亚”过后，25～28 日福建、浙江、广东沿海地区再次出现较强风雨天气，

局部出现100～200毫米降雨，墒情过多，农田出现渍涝。据气象预测，8月29日至9月1日，江南南部、华南和云南等地多降雨，部分地区有大到暴雨，局地大暴雨。各地应密切关注天气变化，做好应对极端天气的准备，雨后及时排涝降渍，适时喷施叶面肥、水溶肥和抗逆制剂，增强植株抵御渍涝的能力。

（节水农业技术处供稿）

报：张桃林副部长。

送：农业农村部发展规划司、计划财务司、种植业管理司。

发：各省、自治区、直辖市土肥（耕地、农技）站（总站、中心、处），新疆生产建设兵团农业技术推广总站，黑龙江省农垦总局农业局。

全国农技中心办公室　　2018年8月29日印发

农技信息

第 25 期（总第 421 期）

全国农业技术推广服务中心　　2018 年 9 月 7 日

秋冬种期间全国土壤墒情

据 9 月 5～6 日全国墒情会商，目前全国主要农区墒情总体适宜，利于秋粮作物产量形成。山西中南部、陕西渭北和陕北、西南北部局部部分地区墒情不足，华南大部、江南南部、西南南部墒情过多。据气象预测，9～11 月北方冬麦区大部气温偏高，华北和黄淮西部、西北地区东部降雨偏多，应适时抢晴收获玉米等秋粮作物，趁墒播种冬小麦。江淮大部、江南东北部气温偏高，降水偏少，应注意防旱。华南大部、江汉北部降水偏多，应做好农田排涝降渍。江南华南做好晚稻田间管理，预防寒露风。

一、东北大部墒情适宜，抓好秋粮作物后期管理，适时收获

8 月中下旬出现大范围降水，目前大部地区土壤相对含水量 60%～80%，墒情适宜。内蒙古东部偏南土壤相对含水量 50%～60%，墒情不足，呼伦贝尔岭东地区持续降雨，发生渍涝。

据气象预测，未来十天东北大部将出现 10～50 毫米降水，局部可能出现秋涝。内蒙古呼伦贝尔、黑龙江黑河北部可能出现初霜冻。9 月中下旬，内蒙古大部降雨偏多、气温偏低，其他地区与常年持平。目前正值玉米、水稻、大豆、马铃薯等作物产量形成关键时期，应抓好田间管理：一是适时喷施叶面肥，促进营养物质转化，增强抗逆性，防止早衰。二是玉米、大豆、水稻等作物适时晚收，增加粒重，提高产量。三是做好防霜冻准备，适时采用熏烟、灌水、喷雾、覆盖等方法减缓降温速率，防御霜冻。

二、华北和黄淮墒情基本适宜，做好秋收和秋冬种

夏播以来，华北和黄淮大部气温偏高，降水与常年基本持平，目前 0～40 厘米土壤相对含水量 65%～85%，墒情适宜；山西中南部部分地区土壤相对含水量低于 65%，墒情不足。受 8 月中旬台风影响，山东部分地区、安徽淮北东部、河南商丘周口等地玉米倒伏，部分低洼地块渍涝，影响作物正常生长，山东寿光设施大棚损毁严重。

据气象预测，未来十天天气晴好，利于前期降水偏多地区排涝降渍。9～11 月大部气温偏高，中西部降水偏多。一是适时收获秋粮作物，确保颗粒归仓。玉米收获后，及时粉碎秸秆还田，提高还田质量。二是坚持足墒备播，0～40 厘米土壤相对含水量低于 70%墒情不足

地块应及时浇造墒水，小水细灌、灌匀灌透，保证小麦足墒播种，旱地小麦应抢墒播种。三是精细整地，适时深耕深松，打破犁底层，增加土壤通透性。播前耙耱，提高播种质量，秸秆还田地块播后要镇压，提高出苗率，增强抗旱保墒能力。四是地下水超采区，积极推广抗旱品种、深松蓄水、播后镇压、保水剂、测墒节灌、水肥一体化抗旱等全程节水技术，力争少浇 1～2 水。前期遭受洪涝灾害受损大棚要及时整修，做好晾墒、整地、补种、补栽。及时修复水淹损坏的机井、沟渠、道路等农田设施。

三、西北墒情整体适宜，秋粮作物适时晚收，因墒做好地膜覆盖

8 月以来，西北大部气温偏高、降水偏多，0～40 厘米土壤相对含水量 70%～80%，墒情适宜，利于秋粮作物产量形成；陕西陕北和渭北、甘肃河西局地高温少雨，0～40 厘米土壤相对含水量低于 60%，墒情不足。

据气象预测，9 月气温接近常年同期，大部降水偏多，利于土壤蓄墒；西北南部局地可能出现暴雨、短时强降水等强对流天气。应因地制宜，切实加强田间管理。一是玉米及时打顶摘叶去病株，通风透光，降雨量大的田块及时排水晾田，促进成熟。二是适时晚收，在玉米苞叶变黄、籽粒变硬、籽粒乳线消失至 2/3 后及时收获。三是抓住墒情适宜时机趁墒播种，确保苗全苗齐苗壮。四是因墒做好地膜覆盖，推广 0.01 毫米以上加厚地膜，配合施用保水剂和长效肥料，做好地膜管护。

四、西南大部墒情适宜，抓好库塘堰坝蓄水

目前大部分地区土壤相对含水量 61%～88%，墒情适宜；云南及贵州局部土壤相对含水量超过 90%，墒情过多，西南地区北部局地土壤相对含水量低于 60%，墒情不足。

据气象预测，未来十天四川盆地、云南等地部分地区降雨量较常年同期偏多 2～4 成，局地多 1 倍以上。9～11 月，西南大部气温偏高、降水正常，利于秋冬种。应抓好以下措施：一是充分利用晴好天气，及时收获大春作物。二是墒情过多地块及时清沟理墒，做好秋冬作物播栽准备。三是充分利用秋雨时节，抓好库塘堰坝蓄水，推广新型集雨窖，确保秋冬作物生产用水。

五、南方大部墒情适宜，后期降水偏少，做好蓄水保墒和抗旱准备

目前大部分地区土壤相对含水量 65%～90%，墒情适宜；华南大部、江南南部土壤相对含水量超过 90%，墒情过多。

据气象预测，9～11 月江汉北部和华南地区出现多雨低温天气。应抓好以下措施：一是中稻、玉米适时收割晾晒，棉花打顶控长，吐絮棉花及时采收。二是做好晚稻田间管理，采用灌深水、喷施水溶肥叶面肥等措施预防寒露风危害。三是及时翻耕腾茬，适时播种或移栽油菜。做好马铃薯地膜覆盖，保温保墒。适时适墒播种稻茬麦，充分利用冬闲田种植绿肥。四是做好库塘堰窖蓄集雨水，预防秋冬干旱。

（节水农业技术处供稿）

报：张桃林副部长。

送：农业农村部发展规划司、计划财务司、种植业管理司。

发：各省、自治区、直辖市土肥（耕地、农技）站（总站、中心、处），新疆生产建设兵团农业技术推广总站，黑龙江省农垦总局农业局。

全国农技中心办公室　　2018年9月7日印发

农技信息

第29期（总第425期）

全国农业技术推广服务中心　　2018年11月2日

黄淮江淮冬麦区墒情不足　应抓好抗旱保秋种

根据近期土壤墒情监测结果，黄淮江淮部分冬麦区墒情不足，影响冬小麦播种和出苗，应积极采取抗旱措施保秋种，提高播种质量，加强田间水肥管理，促进苗全苗壮。江南中部、华南西部及云南南部部分地区墒情过多，应及时清沟理渠，排涝降渍。其他农区墒情适宜，利于在地作物生长。

一、黄淮江淮冬麦区墒情不足，应采取抗旱措施保苗全促苗壮

10月上旬以来，黄淮江淮麦区降水不足10毫米，较常年偏少5成到1倍，气温偏高，土壤失墒较快，土壤相对含水量低于65%，墒情不足，影响冬小麦播种出苗。各地应千方百计采取措施保秋种。一是加快播种进度。及时抢墒、造墒、补墒播种，尽量适期播种。部分晚播麦田适当加大播量，一般每晚播1天增加0.5万～1万基本苗，最多不超过25万基本苗，基施复合（混）肥或配方肥，适当减少氮肥施用量和比例，以种补肥。二是浇好蒙头水。抢墒播种墒情不足或稻茬麦茬口紧的麦田，为保证出苗，应在播完后小水细灌，最好喷灌，保持地面湿润即可，确保苗全。三是及时播后镇压。选用带镇压装置的小麦播种机械，播种时随种随压，也可在播种后用镇压器镇压。秸秆还田地块尤其要注意播后镇压，提高抗旱能力，培养壮苗。四是浇好越冬水。当5厘米耕层土壤平均地温5℃，气温3℃，表土“夜冻日消”时进行冬灌，应小水细浇，灌水量应以当天完全下渗为宜。缺肥麦田可结合冬灌追肥。灌水后要及时进行划锄保墒，提高地温，防止地面板结。

二、南方局部墒情过多，应及时排涝降渍

大部分地区旱地土壤相对含水量为65%～85%，墒情适宜。江南中部、华南西部以及云南南部降水量偏多，局地出现70～120毫米降水，土壤含水量超过85%，墒情过多，影响油菜等在地作物生长，应及时清沟沥水，排涝降渍。据气象预报，受26号台风“玉兔”影响，近期我国南部海域及闽粤东部沿海等地将出现较大风雨天气，应提前采取防范措施，降低台风灾害影响。

三、西北春播区做好秋覆膜，南方丘陵易旱区应加强雨水集蓄

西北春播区应根据墒情和降水情况适时覆膜，底施长效肥，严格用膜标准，大力推广加

厚地膜和新型功能地膜，实现秋雨春用，做好覆膜地块防护，压实地膜，避免被风揭起。南方丘陵易旱区已收获田块要及时翻耕整地、倒茬保墒，做好下茬播种准备。充分利用库塘堰坝和窖池等设施蓄集雨水，预备秋冬农业生产用水。

（节水农业技术处供稿）

报：张桃林副部长。

送：农业农村部发展规划司、计划财务司、种植业管理司、农田建设管理司。

发：各省、自治区、直辖市土肥（耕肥、耕环、农技）站（总站、中心、处），新疆生产建设兵团农业技术推广总站，黑龙江省农垦总局农业局。

全国农技中心办公室　　2018年11月2日印发

农技信息

第 35 期（总第 431 期）

全国农业技术推广服务中心 2018 年 12 月 28 日

华北麦区墒情不足　南方应防冷害冻害

据近期土壤墒情监测结果，华北西北冬麦区降水偏少，干土层加厚，墒情不足，旱象露头；四川南部降水偏少，墒情不足；江淮、江汉、江南、华南大部多阴雨天气，局部土壤墒情过多；其他地区墒情适宜。目前，西南东部出现低温雨雪天气，贵州中南部出现冻雨，低温雨雪天气向长江中下游推进。各地应密切天气变化，提早采取措施，防范冷害、冻害。据国家气候中心预测，明年 2 月之前北方冬麦区降水仍偏少，华北中部和西部、西北东部可能出现旱情，应提早做好抗旱准备。

一、华北西北冬麦区降水偏少，墒情不足，应积极采取抗旱措施

9 月以来，北方冬麦区温度较常年偏高 0.2℃，累计降水量仅 85 毫米，为近十年最少。华北冬麦区自 11 月以来，大部降水量不足 10 毫米，较常年偏少 5～8 成，墒情不足，无积雪覆盖。据国家气候中心预测，明年 2 月之前北方冬麦区降水仍偏少，不利于冬小麦安全越冬和返青。应密切关注天气变化和墒情状况，对于前期整地质量较差、未浇封冻水、墒情不足的麦田，应利用天气回暖时机镇压划锄，弥补裂缝、保墒增温。适时喷施叶面肥，增强作物抗旱防冻能力。墒情不足地块，待开春天气回暖后选择日均温度 3℃以上的晴天中午进行小水细灌。大力推广微喷水肥一体化技术，针对弱苗田块结合灌水追施速效氮肥、抗旱抗逆制剂等，促苗转化升级。

二、西南东部出现低温雨雪天气，向长江中下游推进，应防范冷害冻害

四川和贵州大部、重庆局部出现低温雨雪天气，其中贵州部分地区出现冻雨。据天气预报，低温雨雪天气正向东、向南推进，长江中下游部分地区将出现中到大雪，局地暴雪，影响油菜、蔬菜、果树等作物生长。应做好防寒防冻工作，在地作物可用秸秆、地膜、草木灰、谷糠等覆盖，保温防冻。注意加固大棚，可采用多重覆盖，科学调控温湿度，防止蔬菜低温冻害。果树和茶树采取基部培土、树干包扎、园区熏烟等措施。冷害或冻害发生后，及时清沟排水，乘天晴及时清理冻死枝条或叶片，培土壅根，追施尿素或喷施水溶肥，促进作物恢复生长。受灾严重地块及时改种其他作物。

三、其他地区因地制宜抓好田间管理

江淮、江汉、江南、华南前期多阴雨天气，局部土壤墒情过多，应及时清沟理墒，排涝降渍，增强畦面透气性。四川南部降水偏少，旱地土壤相对含水量低于60%，墒情不足，应做好库塘窖池和冬水田蓄水工作，确保明年春季农业生产用水。华北黄淮出现大风降温，应全面检查温室棚架，加固压膜线，压牢裙膜，防止大风掀揭棚膜。控制灌水量，降低棚内湿度，减少通风，提高地温。雪后及时清扫，避免大棚倒塌。

（节水农业技术处供稿）

报：张桃林副部长。

送：农业农村部发展规划司、计划财务司、种植业管理司、农田建设管理司。

发：各省、自治区、直辖市土肥（耕肥、耕环、农技）站（总站、中心、处），新疆生产建设兵团农业技术推广总站，黑龙江省农垦总局农业局。

全国农技中心办公室　　2018年12月28日印发

图书在版编目（CIP）数据

2018年全国农田土壤墒情监测报告/全国农业技术推广服务中心编著．—北京：中国农业出版社，2020.8

ISBN 978-7-109-27098-5

Ⅰ．①2…　Ⅱ．①全…　Ⅲ．①土壤含水量—土壤监测—研究报告—中国—2018　Ⅳ．①S152.7

中国版本图书馆CIP数据核字（2020）第129466号

中国农业出版社出版
地址：北京市朝阳区麦子店街18号楼
邮编：100125
责任编辑：贺志清
版式设计：王　晨　　责任校对：赵　硕
印刷：中农印务有限公司
版次：2020年8月第1版
印次：2020年8月北京第1次印刷
发行：新华书店北京发行所
开本：787mm×1092mm　1/16
印张：12.75
字数：310千字
定价：60.00元

版权所有・侵权必究
凡购买本社图书，如有印装质量问题，我社负责调换。
服务电话：010-59195115　010-59194918